リサイクルの法と実例

代表編者　小賀野　晶一
編者　松嶋隆弘・野村創・常住豊・伊藤浩

三協法規出版

はしがき

環境法は新しく形成されてきた法分野であり、民法や行政などの展開分野として位置づけられている。基礎となる民法についてみると、1898年に民法典が施行されて120年が経過した。近代法としての民法は所有権絶対、契約自由、過失責任の各原則を市民生活の規律の基礎に据えたが、その後の民法現代化のなかで近代法原則は修正され、所有権の制限、契約自由の制限、無過失責任化が進められてきた。そして、民法におけるこのような修正は、環境法における今日の考え方に強く影響している。

「所有から利用へ」、私たちの社会や生活は大きく変化してきたが、環境分野では、環境基本法及び循環型社会形成推進基本法のもとにリサイクル法が形成されている。そして、個別リサイクル法が整備され、多種多様なビジネスの展開が期待されている。

環境法の発展とともに、リサイクル法を解説する優れた文献も刊行されているが、本書は従来の文献とは異なり、法律実務書としてリサイクル法、さらにリサイクルビジネスに光を当てて検討、解説を試みた。

リサイクルとひとくちにいっても、アプローチの視点は多様である。全体を見通すためには体系化が求められるとともに、当然のことながら、実務に有用な実用性も必要不可欠である。本書はこの双方の要請を視野に入れることに努めた。第1・第2編は、リサイクルに関する法律と法制度を概説し、全体を鳥瞰できるようにした。また、第3編は、実務において問題となる実例をいくつか紹介した。さらに、スペシャリストによる「コラム」を加え、多様な観点からリサイクルの法律問題を概観した。

本書の読者各位には、リサイクルビジネスに関する法律問題に関心をもち、リサイクル法実務への理解を深めていただければ幸いである。

最後に、本書を刊行することができたのは、執筆者各位のご協力と、編集においてご尽力を賜った木精舎・有賀俊朗氏によるものである。ここに心から感謝の意を表したい。

2019年8月

編者を代表して　小賀野晶一

第1編　解説

第2編　リサイクル法制度の課題と展望

第3編 実例

第2章　自動車リサイクル事業者——登録・許可申請の留意点

■法令略称

環境基　環境基本法
循環推進基　循環型社会形成推進基本法（循環推進基本法）
廃棄物処理　廃棄物の処理及び清掃に関する法律（廃棄物処理法）
廃棄物処理施令　廃棄物の処理及び清掃に関する法律施行令
資源利用促進　資源の有効な利用の促進に関する法律（資源有効利用促進法）
製造物　製造物責任法
グリーン購入　国等による環境物品等の調達の推進等に関する法律（グリーン購入法）
容器リサイクル　容器包装に係る分別収集及び再商品化の促進等に関する法律（容器包装リサイクル法）
家電リサイクル　特定家庭用機器再商品化法（家電リサイクル法）
食品リサイクル　食品循環資源の再生利用等の促進に関する法律（食品リサイクル法）
食品リサイクル施令　食品循環資源の再生利用等の促進に関する法律施行令
自動車リサイクル　使用済自動車の再資源化等に関する法律（自動車リサイクル法）
小型家電リサイクル　使用済小型電子機器等の再資源化の促進に関する法律（小型家電リサイクル法）
小型家電リサイクル施規　使用済小型電子機器等の再資源化の促進に関する法律施行規則
古物　古物営業法
古物施令　古物営業施行令
古物施規　古物営業施行規則
質屋　質屋営業法
質屋施規　質屋営業法施行規則

第1編　解説

リサイクルと環境法

1　循環型社会形成推進基本法の考え方

1　はじめに

日本は、1960年代の高度経済成長期に出現した深刻な大気汚染、水質汚濁等の公害問題を克服し、その後は公害問題を含む環境問題に取り組んでいる(公害問題から環境問題へ)。この中で「大量生産、大量消費、大量廃棄」の社会から節約、省エネを基礎にした持続的社会へ、私たちの意識・行動、あるいは制度の変化が求められている。ここでの考え方の一つが、資源が循環するという循環型社会の確立である。

循環型社会形成推進基本法（循環推進基本法）は環境法の基本法の一つとして、私たちが目指すべき社会として循環型社会を掲げ、循環型社会に必要な法の基本的考え方を明らかにしている。ここでの理論、政策の柱となるのは、後述する発生抑制（リデュース）、再使用（リユース）、再生利用（リサイクル）であり、さらに熱回収、廃棄物の適正処分である。以上の全体を広義のリサイクルと称し、リサイクルに関するビジネス（企業活動、産業活動）をリサイクルビジネスと称することができる。

環境問題は新規の技術開発を促すなど、企業・産業界にとってはビジネスチャンスでもある。かつて日本車が排ガス規制の試練を克服し省エネ（燃費節約）において世界トップレベルの品質を誇ることができたように、地域で形成されつつあるリサイクルビジネスの芽を健全に育てあげることが必要である。

2　環境法の展開とビジネスの法的基礎

(1)　公害法から環境法へ

リサイクルの法はリサイクルビジネスの基礎になることが必要である。そこで、環境法がどのように形成、展開してきたかを概観しよう（小賀野晶一「環境問題と環境配慮義務――地球環境主義の条件と課題」環境法研究40号〔野村好弘先生追悼号〕（有斐閣、2015年）、同「環境法の本質――環境法の学習にあたって」白門68巻1号8頁（2016年）、同「環境問題と環境権」白門70巻2号（2018年））。

1960年代の産業公害に対して、旧公害対策基本法を基礎に公害立法が制定され、規制を中心に公害政策・公害行政が推進された。企業も公害防止に尽力し、住民も公害問題への関心を高めた。こうして冒頭に述べたように深刻な公害問題を克服することができたが、その後今日までの間に新たな公害問題・環境問題が出現している（複合大気汚染、化学物質汚染、土壌汚染、廃棄物の不法投棄、近隣騒音等のほか、日照、景観、自然保護、生態系、地球環境問題など）。

環境問題に関する法律をみると、日本の環境立法は1967年の公害対策基本法の成立、1993年の環境基本法の成立（公害対策基本法の廃止）を画期とする。こうした「公害問題から環境問題へ」の変化に対応して、公害立法は環境立法に修正、深化する。地方公共団体の条例も国の動きと前後して、ほぼ同様の展開をしている。日本における「公害対策基本法から環境基本法へ」の展開は、制度、政策、理論等について「公害から環境へ」の展開を促した。リサイクルの法の形成と発展はここに位置付けられる。

環境基本法は廃棄物・リサイクルに適切に対応することを明らかにし（環境基8条、24条）、環境基本法15条に基づく環境基本計画は廃棄物・リサイクルの政策を明らかにしている。研究者は循環管理法として整理している（大塚直

『環境法〔第3版〕』445頁（有斐閣、2010年)）。

第4次環境基本計画（2012年）は、環境行政の究極目標である持続可能な社会を、「低炭素」・「循環」・「自然共生」の各分野を統合的に達成することに加え、「安全」がその基盤として確保される社会であると位置付けている。そして、持続可能な社会を実現するうえで重視すべき方向として、次の4点が示されている。①政策領域の統合による持続可能な社会の構築、②国際情勢に的確に対応した戦略をもった取組みの強化、③持続可能な社会の基盤となる国土・自然の維持・形成、④地域をはじめ様々な場における多様な主体による行動と参画・協働の推進。そして、「経済・社会のグリーン化とグリーン・イノベーションの推進」、「国際情勢に的確に対応した戦略的取組の推進」、「持続可能な社会を実現するための地域づくり・人づくり、基盤整備の推進」のほか6つの事象面で分けた重点分野から構成される、9つの優先的に取り組む重点分野を設定している。

2018年4月に閣議決定された第5次環境基本計画は、2015年9月採択の「持続可能な開発目標（SDGs)」、2015年12月採択のパリ協定など国際的政策課題に関する考え方の潮流を踏まえ、経済、国土、地域、暮らし、技術、国際の分野横断的な6つの重点戦略を設定し、重点戦略を支える環境政策の一つに循環型社会の形成を掲げ、循環型社会形成推進基本計画に掲げられた各種施策を実施するとしている。

(2)　環境法の思想――人間中心主義から地球環境主義へ

1972年国連人間環境会議（ストックホルム）は、「人間環境の保全と向上に関し、世界の人々を励まし、導くため共通の見解と原則が必要である」と述べ、人間環境宣言をした。また、1992年国連環境開発会議（リオデジャネイロ）は、地球温暖化、酸性雨等顕在化する地球環境問題を人類共通の課題と位置付け、「持続可能な開発」（sustainable development）という理念の下に環境と開発の両立を目指した考え方を示している。

持続可能な社会が成立するためには、その基礎に地球の持続性が確保されなければならない。これは当然のことといえるが、地球環境問題への取組みが必要とされている今日、考慮されるべき要点であろう。環境問題に関する思想は多岐にわたるが、考え方の根底に、地球・生命・生態系を尊重し、将来世代の生存、生活を尊重することが自覚されるべきであろう。本稿ではこのような考え方を地球環境主義という。これに対しては、現行法体系は人間の権利を中心に組み立てられているので人間を中心に考えるべきであるとする考え方があり、本稿ではこれを人間中心主義という。環境問題に対する検討の軸足が地球環境主義と人間中心主義のいずれにあるかによって、環境法の解釈論、運用論、制度論が変わるか。また、より根底に、解釈論、運用論、制度論のそれぞれを支える規範論が違ってくるかが問題になる。

環境問題に関する人間中心主義も地球環境主義もともに、人間の尊厳を追求し、人間の利益を尊重するものであることは疑問がない。人間中心主義と地球環境主義がともに共通の利益を追求し、結論が一致する場合も少なくないであろう（どちらに立ってもあまり変わらないとする専門家の意見もある）。しかし、地球環境問題の解決や地球の持続性という観点から評価すると、地球環境主義がより優れているように思われる。もっとも、この問題は必ずしも論理的に優劣の結論が出るものではなく、研究者を含む地球上の人々にどちらに依拠するかを自覚させることに意義があるともいえる。そうすると、かかる自覚のもとに、環境問題に対するアプローチの方法および内容の優劣が問われてくるといえよう。

人間中心主義や地球環境主義の考え方が人々の意識・行動に浸透し環境保全の実効性をあげるためには、思想としての段階を越えそれぞれの主体が規範（論）を自覚することが必要である。規範論を先導してきた環境権論は、権利の主体である人間に基礎をおき、人間中心主義の権利体系の中で形成された（環境権論の限界はここに求めることができる。アマミノクロウサギ訴訟：鹿児島地判平成13年1月22日、同控訴審：福岡高宮崎支判平成14年3月19日裁判所ホームページ、地球温暖化に関するいわゆるシロクマ訴訟：東京地判平成26年9月10日（裁判所ホームページ）などを参照）。ちなみに、環境基本法に環境権は明記されていないが、その理由として憲法に環境権が明記されていないこと（憲法改正の手続が厳格であることも要因）、行政立法としての環境基本法に明記するには環境権はいまだ成熟した概念とはいえないことなどをあげることができる。

憲法における近時の議論は権利論とともに義務論の重要性に言及している。ここでは人間のあり方を根本的に問うことから思想に深みを増し、人間中心主義からの脱却を意図しているようである。憲法において主張されている新しい人権としての環境権や、さらには環境保護義務・環境保全義務は、環境法における地球環境主義のもとに位置付けることができるのではないか（環境配慮義務論として後述する）。

以上の環境法における規範の考え方は、ビジネスの基本としても参考にされるべきであろう。

■循環型社会を形成するための法体系

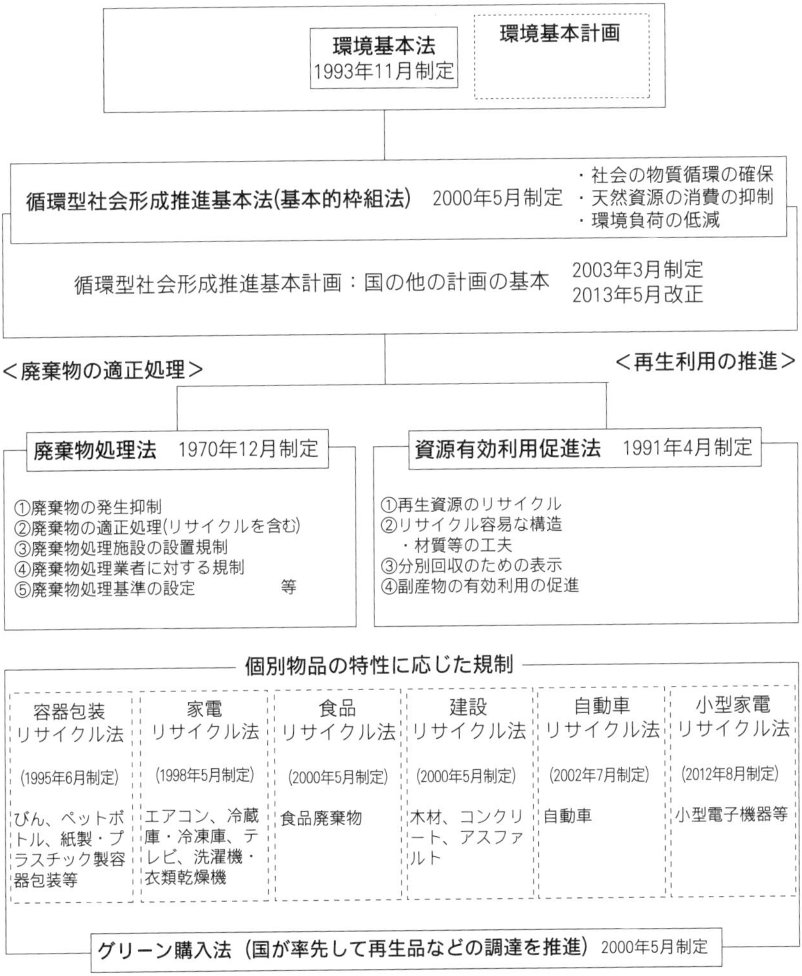

環境基本法
1993年11月制定

環境基本計画

循環型社会形成推進基本法(基本的枠組法)　2000年5月制定
・社会の物質循環の確保
・天然資源の消費の抑制
・環境負荷の低減

循環型社会形成推進基本計画：国の他の計画の基本　2003年3月制定　2013年5月改正

<廃棄物の適正処理>

<再生利用の推進>

廃棄物処理法　1970年12月制定

①廃棄物の発生抑制
②廃棄物の適正処理(リサイクルを含む)
③廃棄物処理施設の設置規制
④廃棄物処理業者に対する規制
⑤廃棄物処理基準の設定　等

資源有効利用促進法　1991年4月制定

①再生資源のリサイクル
②リサイクル容易な構造・材質等の工夫
③分別回収のための表示
④副産物の有効利用の促進

個別物品の特性に応じた規制

容器包装リサイクル法	家電リサイクル法	食品リサイクル法	建設リサイクル法	自動車リサイクル法	小型家電リサイクル法
(1995年6月制定)	(1998年5月制定)	(2000年5月制定)	(2000年5月制定)	(2002年7月制定)	(2012年8月制定)
びん、ペットボトル、紙製・プラスチック製容器包装等	エアコン、冷蔵庫・冷凍庫、テレビ、洗濯機・衣類乾燥機	食品廃棄物	木材、コンクリート、アスファルト	自動車	小型電子機器等

グリーン購入法（国が率先して再生品などの調達を推進）2000年5月制定

環境省大臣官房廃棄物・リサイクル対策部企画課循環型社会推進室「日本の廃棄物の歴史と現状」17頁参照

3　循環型社会形成推進基本法――廃棄物・リサイクル法制の基本法

(1)　立法の背景と法律の趣旨

廃棄物・リサイクル法制の基本となるべき法として、2000年に循環型社会形成推進基本法が制定された。

本法は、①廃棄物の発生量の高水準での推移、②リサイクルの一層の推進の要請、③廃棄物処理施設の立地の困難性、④不法投棄の増大、の問題の解決のため、「大量生産・大量消費・大量廃棄」型の経済社会から脱却し、生産から流通、消費、廃棄に至るまで物質の効率的な利用やリサイクルを進めることにより、資源の消費が抑制され、環境への負荷が少ない「循環型社会」を形成することが急務となっていることを踏まえ、循環型社会の形成を推進する基本的な枠組みとなる法律として、ⓐ廃棄物・リサイクル対策を総合的かつ計画的に推進するための基盤を確立するとともに、ⓑ個別の廃棄物・リサイクル関係法律の整備と相まって、循環型社会の形成に向け実効ある取組みの推進を図るものである（2000年6月環境庁資料参照）。なお、本法と一体的に整備された法律は、①廃棄物処理法の改正、②一般法とされる資源有効利用促進法の改正、③建設リサイクル法、④食品リサイクル法、⑤グリーン購入法、等がある。広義のリサイクル法制度は、上述した基本法、一般法の下、個別リサイクル法が制定されている。制定年順に掲げると、容器包装リサイクル法（1995年）、家電リサイクル法（1998年）、建設リサイクル法（2000年）、食品リサイクル法（2000年）、自動車リサイクル法（2002年）、小型家電リサイクル法（2012年）となる。このように個別対応をしているのは、それぞれリサイクルの対象の特徴を考慮した結果である。

本法は、環境基本法の基本理念にのっとり、循環型社会の形成について、基本原則を定め、ならびに国、地方公共団体、事業者および国民の責務を明らかにするとともに、循環型社会形成推進基本計画の策定その他循環型社会の形成に関する施策の基本となる事項を定めることにより、循環型社会の形成に関する施策を総合的かつ計画的に推進し、もって現在および将来の国民の健康で文化的な生活の確保に寄与することを目的とする（循環推進基1条）。

(2)　循環型社会の定義

本法において「循環型社会」とは、製品等が廃棄物等となることが抑制され、ならびに製品等が循環資源となった場合においてはこれについて適正に循環的な利用が行われることが促進され、および循環的な利用が行われない循環資源については適正な処分（廃棄物としての処分をいう）が確保され、もって天然資源の消費を抑制し、環境への負荷ができる限り低減される社会をいう（循環推進基2条1項参照）。

「循環資源」とは、廃棄物等のうち有用なものをいい（循環推進基2条3項）、「循環的な利用」とは、再使用、再生利用および熱回収をいう（循環推進基2条4項）。処理の優先順位は後述するように、①発生抑制、②再使用、③再生利用、④熱回収、⑤適正処分と法定される。

「環境への負荷」とは、環境基本法2条1項に規定する環境への負荷をいう（循環推進基2条8項）。環境基本法2条1項は、「環境への負荷」とは、人の活動により環境に加えられる影響であって、環境の保全上の支障の原因となるおそれのあるものをいう、と定めている。

本法において「廃棄物等」とは、次の①②に掲げる物をいう（循環推進基2条2項）。

①　廃棄物：ごみ、粗大ごみ、燃え殻、汚泥、ふん尿、廃油、廃酸、廃アルカリ、動物の死体その他の汚物または不要物であって、固形状または液状のもの（不要物の解釈につき、おから事件：最判平成11年3月10日判時1672号156頁参照）

②　一度使用され、もしくは使用されずに収集され、もしくは廃棄された物品（現に使用されているものを除く）または製品の製造、加工、修理もしくは販売、エネルギーの供給、土木建築に関する工事、農畜産物の生産その他の人の活動に伴い副次的に得られた物品（①に掲げる物を除く）

(3)　3Rの推進

循環推進基本法における広義のリサイクルの位置を確認するため、以下に本法の関係規定を掲げる。

ア　循環型社会の形成の実現と役割分担（循環推進基3条～6条）

循環型社会の形成は、環境への負荷の少ない健全な経済の発展を図りながら持続的に発展することができる社会の実現が目指されている（循環推進基3条参照）。

このために必要な措置が国、地方公共団体、事業者および国民の適切な役割分担の下に講じられ、かつ、当該措置に要する費用がこれらの者により適正かつ公平に負担されることにより、行われなければならない（循環推進基4条）。

ここでの原則は発生抑制であり、本法は原材料、製品等が廃棄物等となることを抑制し（循環推進基5条）、循環資源の循環的な利用および処分を求めている（循環推進基6条）。

イ　循環資源の循環的な利用および処分の基本原則（循環推進基7条）

環境への負荷の低減にとって有効であると認められるときは、第1：循環資源の全部または一部のうち、再使用をすることができるものについては、再使用がされなければならない。第2：循環資源の全部または一部のうち、前号の規定による再使用がされないものであって再生利用をすることができるものについては、再生利用がされなければならない。第3：循環資源の全部または一部のうち、第1の規定による再使用および前号の規定による再生利用がされないものであって熱回収をすることができるものについては、熱回収がされなければならない。第4：循環資源の全部または一部のうち、第1～第3による循環的な利用が行われないものについては、処分されなければならない。

以上の基本原則は「3R」の略称で示される。3Rの優先順位は、発生抑制（リデュース）、再使用（リユース）、再生利用（リサイクル）の順であり、さらに熱回収、適正処分がこれらに続く（循環推進基7条参照）。資源循環法制において狭義のリサイクルの位置は、第3順位に位置付けられている。なお、3Rの優先順位は循環推進基本法における論理を考慮し、政策の順序を示している3Rの順序はあるが、それぞれに有益な方法であることを確認したい。

ここに、再使用とは、次に掲げる行為をいう（循環推進基2条5項）。すなわち、①循環資源を製品としてそのまま使用すること（修理を行ってこれを使用することを含む）、②循環資源の全部または一部を部品その他製品の一部として使用すること。再生利用とは、循環資源の全部または一部を原材料として利用することをいう（循環推進基2条6項）。熱回収とは、循環資源の全部または一部であって、燃焼の用に供することができるものまたはその可能性のあるものを熱を得ることに利用することをいう（循環推進基2条7項）。

ウ　施策の有機的な連携への配慮（循環推進基8条）

循環型社会の形成に関する施策を講ずるにあたっては、自然界における物質の適正な循環の確保に関する施策その他の環境の保全に関する施策相互の有機的な連携が図られるよう、必要な配慮がなされるものとする。

エ　国の責務（循環推進基9条）、地方公共団体の責務（同法10条）、事業者の責務（同法11条）、国民の責務（同法12条）

個別環境立法では各主体に対する責務規定が置かれている。本法は国、地方公共団体、事業者の責務、国民の責務を定めている。そして、国、地方公共団体、事業者および国民の役割分担と責任を明確化し、①事業者・国民の排出者責任と、②生産者の拡大生産者責任を明確にしている。

(4)　循環型社会形成推進基本計画の策定

政府は循環推進基本法に基づき循環型社会形成推進基本計画を策定する。本計画は、循環型社会の形成に関する施策の総合的かつ計画的な推進を図ることを目的としている。

本計画はおおむね5年ごとに見直しを行うものとされており、2013年に第3次循環型社会形成推進基本計画が閣議決定された。第3次計画は、最終処分量の削減など、これまで進展した廃棄物の量に着目した施策に加え、循環の質にも着目し、①リサイクルにくらべ取組みが遅れている発生抑制・再使用の取組強化、②有用金属の回収、③安心・安全の取組強化、④3R国際協力の推進、等を新たな施策の柱とした。また、廃棄物等の発生抑制のための措置として、排出者責任の徹底のための規制等の措置、拡大生産者責任を踏まえた措置（製品等の引取り・循環的な利用の実施、製品等に関する事前評価）、再生品の使用の促進、環境の保全上の支障が生じる場合に原因事業者にその原状回復等の費用を負担させる措置を掲げた。

2018年6月には第4次循環型社会形成推進基本計画が閣議決定された。第4次計画では、持続可能な社会づくりとの統合的取組みとして、第1に、誰もが持続可能な形で資源を利用でき、環境への負荷が地球の環境容量内に抑制され、健康で安全な生活と豊かな生態系が確保された世界、第2に、環境的側面、経済的側面および社会的側面の統合的向上を掲げたうえで、重要な方向として、①地域循環共生圏形成による地域活性化、②ライフサイクル全体での徹底的な資源循環、③適正処理のさらなる推進と環境再生、④災害廃棄物処理体制の構築、適正な国際資源循環体制の構築と循環産業の海外展開を掲げ、その実現に向けておおむね2025年までに国が講ずべき施策を示している。

(5) 責任の考え方

循環推進基本法における責任の考え方は次のとおりである。第1に、本法は、事業者の排出者責任（循環推進基11条1項、12条2項）を認め、国に法制度化の義務（循環推進基18条1項）を課している。これは汚染者支払原則：PPP（Polluter Pays Principle）に基づくものである。第2に、本法は、拡大生産者責任：EPR（Extended Producer Responsibility）の考え方を採用している（循環推進基11条2項・3項・4項、18条3項）。拡大生産者責任は従来の行政法にはみられなかった責任であり（岩手県のある検討会の折、座長を務めた南博方先生が委員・事務局職員に問題提起をされていたのが印象的である）、以上の2つの責任を、以下にとりあげる環境配慮義務に位置付けるべきではないかと考える。

4　環境法規範の基礎となる環境配慮義務

環境問題は根本的に、私たちの生活のあり方を問うている。規範論としては、環境問題について人々の意識および行動に働きかけ一定の法的効果を導く規範として、環境配慮義務を位置付けることが必要である。

環境配慮義務が認められるべき根拠は、司法、立法、行政、その他のそれぞれの営みにその基礎を求めることができる。すなわち、環境基本法をはじめとする環境立法の各種規定や、そこから導かれる解釈論・運用論（主として判例法に負うところが大きい）と、それらが拠り所とする環境の価値に求めることができる。環境訴訟の成果として蓄積した判例法理は、環境配慮義務の重要な根拠になる。環境の価値を軽視すると生態系が破壊され、人をはじめとする生物の生存に脅威が及ぶのである。

環境配慮義務は、主として規範の根拠、形式の違いから、一般的環境配慮義務と具体的環境配慮義務に分けることができる（以下の詳細は小賀野晶一「環境配慮義務論---環境法論の基礎的検討」千葉大学法学論集17巻3号21頁以下（2002

年）参照)。一般的環境配慮義務は行政法、民法などの一般的規範として要請されるものであり、人々が一般的に負担すべき義務である。他方、具体的環境配慮義務は行政法、民法など実定法に規定として明示され、あるいは、実定法の規定の解釈・運用の結果として導き出され、あるいは判例法として要請されるものである。具体的環境配慮義務は行為規範と裁判規範になり得るが、一般的環境配慮義務も行為規範・裁判規範の基礎になりうる。

環境配慮義務については、環境基本法が国、地方公共団体、事業者、国民のそれぞれの責務を明確にしていること（6条〜9条）に注目すべきである。それらは、環境の保全についての基本理念（3条〜5条）にのっとり、各主体が担う基本的責務として位置付けられるものである。かかる責務規定に続けて、環境基本法は環境配慮のための個別規定をおいている。環境法の教科書では環境配慮義務として、国の施策の策定等にあたっての配慮（19条）を掲げることがあるが、本法はさらに環境影響評価の推進（20条)、経済的措置（22条)、環境教育・環境学習の推進（25条)、環境情報の提供（27条)、国際協力等（32条〜35条）について規定し、原因者負担（37条)、受益者負担（38条）の各原則を掲げている。これらの規定も、環境法における環境配慮義務として認めることができるであろう。

循環推進基本法は環境基本法に基づく個別環境立法の一つとして、循環型社会の形成（3条)、適切な役割分担等（4条）の各規定をおき、各主体の責務、すなわち国の責務（9条)、地方公共団体の責務（10条)、事業者の責務（11条)、国民の責務（12条）について定めている。これらの義務は公的、私的性質を有しており、環境配慮義務に位置付けることができる。具体的には、3Rの推進において前述したように、循環推進基本法の原則は発生抑制であり、本法は原材料、製品等が廃棄物等となることを抑制し（5条)、循環資源の循環的な利用および処分を求めている（6条)。また、循環資源の循環的な利用および処分の基本原則（7条）は、環境への負荷の低減にとって有効であると認められるときは、①循環資源の全部または一部のうち、再使用をすることができるものについては、再使用がされなければならないこと、②循環資源の全部または一部のうち、①の再使用がされないものであって再生利用をすることができるものについては、再生利用がされなければならないこと、③循環資源の全部または一部のうち、①の再使用および②の再生利用がされないものであって熱回収をすることができるものについては、熱回収がされなければならないこと、④循環資源の全部または一部のうち、①〜③による循環的な利用が行われないものについては、処分されなければならないこと、を定める。さらに、施策の有機的な連携への配慮（8条）は、循環型社会の形成に関する施策を講ずるについては、自然界における物質の適正な循環の確保に関する施策その他の環境の保全に関する施策相互の有機的な連携が図られるよう、必要な配慮がなされるものとする。

以上の循環推進基本法における義務や責任に関する規定は、環境法の新しい規範の存在を示すものである。とりわけ、拡大生産者責任は、環境法において形成された環境配慮義務の考え方の応用としてとらえることができ、同時に環境配慮義務をより鮮明にするものといえる。事業者の排出者責任、その背景にある汚染者支払原則、拡大生産者責任は、具体的環境配慮義務を示すものと位置付けることができる。なお、容器包装リサイクル法における拡大生産者責任のあり方が具体的に問われたライフコーポレーション事件（東京地判平成20年5月21日判タ1279号122頁）は、同法の仕組みは拡大生産者責任の考え方に沿っており合理性を欠くものではないと判断した。

5　おわりに

本稿ではリサイクルビジネスと法に関連して、地球環境問題や省エネに言及した。循環型社会形成の基本に省エネを位置付けるとわかりやすいであろう。省エネの思想は国民を含むあらゆる主体に求められるべき行動様式の基礎に位置付けられなければならない。政策は規範によって検証されることを必要とする。物は循環することによって経済が成り立つ。本稿冒頭で環境問題はビジネスチャンスであると述べたが、これは経済的利益のみを意味するものではなく、企業の社会貢献を含む、環境問題に関する行為規範の深化を望むものである。規範に根ざした社会貢献が基礎になければ利益の獲得もないと考えるべきであろう。これはリサイクルビジネスが21世紀の産業として位置付けられる基本条件である。

リサイクルビジネスの発展を願い、この世界において環境配慮義務に基づいた事業モデルが確立されることを期待したい。

コラム：ところ変われば……

2014年のことである。メキシコ環境省が中米各国からの参加者を募り、3Rの研修会を開催した。日本の専門家アドバイザーとして、なぜか私も参加することになった。後で聞いた話だが、この研修会の主催は中米のリーダーを自負するメキシコ政府だが、経費はJICAがほとんど供与しており、そのような関係で日本から一人、暇人が派遣されることになったとのこと。

当時、メキシコシティの治安は悪く、JICAの事前説明では「日が暮れたらホテルから出るな」との指示あり。実際に、欧州からの旅行者が路線バスの中で強盗に射殺されたなど、物騒なニュースも連日放送されている。加えて、メキシコシティは2200メートルを超える高地であり、高山病？と時差ボケ、さらに現地の激辛食により私の体調はすこぶる悪く、とても街並みを楽しめる状況ではなかった。

そんな1週間が過ぎたころ、研修期間中、唯一のバス視察旅行の日がやってきた！　行先はプエブラ市。ラサリア教会礼拝堂やタラベラタイルが有名で、美しい世界遺産の街である。名目は「プエブラ市の3Rの状況視察」であるが、そこはラテン系。当然、午後の視察コースに観光名所もちゃんと組み込んである！

行く途中のハイウエイ。峠の茶屋からは有名な3火山やメキシコシティ全体が眺められる。晴天で素晴らしい景色。でも、ちょっと待てよ。メキシコシティは街全体が黄色くガスっている。これは、もしかして窒素酸化物による大気汚染か？　日本では写真で見たことがある昭和40年代の東京の空の色。メキシコシティは盆地なので、大気汚染の教科書に出てくる「接地逆転層」の現象がはっきりと見て取れる。日本では過去のものとなった大気汚染の現象が、まさかここで観測できるとは……。

さて、道路渋滞で1時間半も遅れてプエブラ市の研修会場に着いた。市幹部の挨拶が始まる。これが長い（1人30分以上）。おまけに○○所長など3人も挨拶が続いたため、午前中はそれで終わり。ランチタイムは隣の公園で昼食が振るまわれた。辛さにも慣れたころなので、おいしくいただき、「早く教会へ行きたいなぁ」。ところが、食後の休憩がこれまた長～いラテン系。ようやく2時過ぎに休憩を終え、3R製品を展示した公園内を視察したら、午後3時。その後、隣接する動物園を見ることになった。なんでも、中米にしか生息しない貴重な動物たちとのことだが、日本の動物園でも飼育されている動物ばかりなのである。そうこうしているうちに午後4時に。帰りの渋滞を考えて教会や旧市街地には寄らずに帰ることに。3Rの前に時間管理をきちん学んでほしい！

無念の想い出はここで終え、本題に戻そう。研修は、毎朝の挨拶「オラー」とハグから始まる（特に、コロンビアのおばさんのハグはきつかった）。ここまではラテン系。いざ研修が始まると、皆真剣である。研修生は各国を代表するエリートであり、研修期間中に各自の3Rプロジェクトを作り上げるという使命を負っている。もし、この研修で了承されれば、その後には世銀の支援が約束されているのである。

講師には世銀や欧州環境委員会、メキシコ環境省などの専門家が招かれている。国別のプロジェクトを検討する時間には、私も専門家？としてアドバイスすることになっており、研修生から質問攻めにあう。いくつかを紹介しよう。①エクアドルでは、漁師が古い漁網を海に投棄する。近年はナイロン製のため、ウミガメ等に絡みつき被害を与えているとのこと。漁師に適正処理を説いても、資金がなくできない。解決策としてエコツーリズムを導入したいとのこと。私は、ホテルに帰ってからネットで必死にエコツーリズムの成功例や課題を検索し、それを彼女にもっともらしく伝えたのである。②キューバは今、建設ラッシュでコンクリートガラが大量に出る。これを既存の砕石場で破砕しリサイクルするプロジェクトを検討している。私は、今のスカベンジャーが職を失わないよう教育訓練し、リサイクル施設の運営に携わらせるようアドバイスした。リサイクルの促進と環境改善＋スカベンジャー福祉政策。都市マネージメントとしての総合力を発揮できる面白いプロジェクトになりそうだ。

さて、日本では清掃法に始まり、廃棄物処理法、そして循環型社会形成推進基本法ができるまで50年を要している。しかし、途上国では50年間も待てない。日常的なごみ問題を抱えたまま、一気に3R社会へ突入するのである。これは、途上国では固定電話の普及を飛び越して、一気にスマホ社会に突入したのに似ている。そう考えると、中米諸国が3Rの時代を迎えるのも遠くはないだろう。日本が「これは一廃か、産廃か」で悩んでいる間に、追い越されそうな懸念を抱いて帰国した。

〔伊藤 秀明〕

2　リサイクルビジネスと取引法
——商法、民法とのかかわり

1　はじめに

本書は、環境法の観点から、リサイクルビジネスの法と実務につき解説する実務書であり、リサイクルビジネスの前提となる環境法の発展と理念については、本章1において、そして各論である諸法規制については、次章以降で、それぞれ詳しく解説される。

循環型社会におけるリサイクルの要請は、そもそも商品が新品である段階からはじまる。その例として、①家電リサイクル法が、いわゆる家電4品目（家庭用エアコン、テレビ（ブラウン管式・液晶式（電源として一次電池または蓄電池を使用しないものに限り、建築物に組み込むことができるように設計したものを除く）・プラズマ式）、電気冷蔵庫・電気冷凍庫、電気洗濯機・衣類乾燥機）につき、小売業者による引取りおよび製造業者等（製造業者、輸入業者）による再商品化等（リサイクル）を義務付けていること、②資源有効利用促進法が、家庭系パソコンや二次電池等につき、使用済物品および副産物の発生抑制のための原材料の使用の合理化、再生資源および再生部品を利用、使用済物品や副産物の再生資源・再生部品としての利用の促進に努める義務を課していること等をあげることができる（資源有効利用促進法については、第3章を参照）。

ここでは、中古品（リユース部品、リビルド部品）を再利用する際における取引法上の諸問題につき、裁判例を中心に簡単にコメントすることにしたい。

2　中古品、再生品に関する責任

(1)　製造物責任法への該当性

製造物責任法は、①「製造物」（製造または加工された動産：製造物2条1項）に関する②「欠陥」（当該製造物の特性、その通常予見される使用形態、その製造業者等が当該製造物を引き渡した時期その他の当該製造物にかかる事情を考慮して、当該製造物が通常有すべき安全性を欠いていること：製造物2条2項）に関し、③製造業者等（製造物2条3項）が責任を負うべき旨規定する（製造物3条）。

中古品に関しては、当初の製品の製造に加え、その後メンテナンスや再加工が加わる。再加工によって単なるリユースを超え、新製品となることもある。そのため、同法の適用を考えるうえで、何が「製造物」であるか、何が「欠陥」であるか、誰が「製造業者等」であるかがそれぞれ問題となる。

ア　中古品そのものが再利用される場合

まずは、中古品そのものが再利用される場合についてみてみよう。典型例としては、販売された中古自動車が事故を起こした場合である。

中古品や廃棄品であっても、「製造又は加工された動産」に該当する以上、「製造物」に該当する[1]。

そして中古品の販売業者は、欠陥を創出し自己の意思をもって市場に供給したとはいえないため、通常は「製造業者等」（製造物2条3項）に該当せず、製造物責任法上の責任を負担せず（ただし、輸入販売した場合は別：製造物2条3項1号参照）、責任追及の対象となるのは、当初の製造者である。当初の製造者は、製造物の引渡し時に欠陥があり、その欠陥と損害との間に相当因果関係がある場合、製造物責任を負う[2]。

ただ、中古品につき、当初の製造者の「欠陥」を立証するためには、前所有者の使用態様やメンテナンスの態様等が介在しているため、困難を伴わざるをえない。たとえば、中古自動車が走行中に発火して燃焼した事案につき、大阪地判平成14年9月24日（判タ1129号174頁）は、当該中古自動車につき、前所有者の使用していた際や整備の際に異物が混入して発火の原因となった可能性も否定できず、当該自動車の「欠陥」があったと認定できない旨判示し、当該自動車の製造者の製造物責任を否定した。

また、製造物責任法制定前の判決であるが、大阪地判平成6年3月29日（判時1493号29頁）は、Xが、Y製造にかかるカラーテレビを知人から譲り受け、事務所で使用していたところ、同テレビから出火し、事務所を焼損したため、

1）　土倉澄子『逐条講義製造物責任法——基本的考え方と裁判例』（勁草書房、2014年）39頁。

2）　土倉・前掲注1）39頁。

Yに対し、債務不履行または不法行為に基づき損害賠償責任を追及した事案である。この事案において、裁判所は、テレビ製造者の安全性確保義務につき言及したうえ、製品としての性質上、テレビには、合理的利用の範囲内における絶対的安全性が求められる旨判示するとともに、「介在事情」に関し、Xがテレビに手を加えたり、第三者が修理をした事実が認められないから、欠陥原因は、Yがテレビを流通に置いた時点で存在していたものと推認した。

イ　再加工されて利用される場合

これは、当初の製品を加工して新たな製品（再生品）が生み出されたような場合（たとえば、使用済自動車から回収された部品等が再利用された場合）である。この場合、再生品自体が「製造物」とされ、再生品を「製造又は加工」した者が、新たに「製造者」として、責任を負うことになる。具体例でみてみる。Aは、Bが製造した製品甲から、有用な部品乙を取り出し、新たに製品（再生品）丙を作ったとする。この場合、丙が製造物とされ、丙を製造したAが、その製造者として製造物責任を負う。原材料乙の製造者であるBは、丙の利用に際して生じた損害が乙に起因する場合には、製造物責任を負う場合がありうる[3)]。

ウ　廃棄品

関連して「廃棄品」についても言及する。廃棄品も、「製造又は加工された動産」に該当する以上、「製造物」に該当する[4)]。ただし、もはや製品として利用することが予定されていないのであるから、通常は「欠陥」を認定することは困難であろう。

⑵　目的物の種類または品質に関する担保責任（民法566条）

「中古品」「再生品」を販売する際には、「新品」を販売する場合以上に製品の瑕疵が問題になる可能性があり、販売者の責任として、目的物の種類または品質に関する担保責任（民法566条）が大きな問題となりうる。実務上は、契約書に「現状渡し」特約を入れ、瑕疵担保責任の排除をあらかじめ約することも多いようである。たとえば、中古車の販売契約の場合、大手の業者は、①保証期間をつけてする一般的契約（通常の場合、引渡後3か月、走行5000キロ等の保証がつき、販売価格も市場価格に近いもの）をするものの、中小規模の業者の

---

3)　土倉・前掲注1）42頁。
4)　土倉・前掲注1）42頁。

場合、②「現状渡し」特約（保証期間なし、アフタークレーム等を主張できない契約）という形になることが多い。また、インターネット・オークション等で、中古品の売買をする場合には、多くの場合、「ノークレーム・ノーリターン」特約が付され、担保責任を排除することが多い。

ここでは、検討すべきポイントとして、次の2点を指摘しておきたい。

第1に、民法（債権法）改正により、担保責任の規制内容が、改まったことである。瑕疵担保責任（旧民法570条）に相当する民法566条は、「目的物の種類又は品質に関する担保責任の期間の制限」と題し、次のとおり規定する。

「売主が種類又は品質に関して契約の内容に適合しない目的物を買主に引き渡した場合において、買主がその不適合を知った時から1年以内にその旨を売主に通知しないときは、買主は、その不適合を理由として、履行の追完の請求、代金の減額の請求、損害賠償の請求及び契約の解除をすることができない。ただし、売主が引渡しの時にその不適合を知り、又は重大な過失によって知らなかったときは、この限りでない。」

「隠れたる瑕疵」という要件を、「適合性」という規範的要件に改めたのである。この当否については議論がありうるところではある。ただ、「瑕疵」という「事実」の存否ではなく、「契約の内容に適合」するか否かという規範的評価に変わる新民法の規制は、少なくとも、中古品、再生品を扱うリサイクルビジネスにとっては、そのことを契約に明示しておくことによって、担保責任のリスクを回避できる可能性が高まることを意味するように思われる。

第2に、対消費者との契約に関しては、かかる特約自体が、消費者契約法8条1項2項の規制に従い無効とされる可能性があることである。

もっとも、前記②の現状渡し特約で、保証期間がないうえ、価格が低廉であるところから、そもそも「不適合」ではないとされる可能性もあるところである。

3　知財上の配慮

(1)　はじめに

リサイクルビジネスは、何らかの形で元の製品（原製品）に手を加えて、別の製品（再生品）とするものであるところ、再生品を作る際、原製品にかかる知的財産権との抵触について検討をする必要がある。とりわけ、最近は使い捨てカメラ、コンタクトレンズ、インクタンク等、使い捨て部品（ディスポーザブル部品）がふえており、それに応じて、かかる部品を「リサイクル」した、新たな製品も登場している。かかる「再利用」行為につき、すでに当初の部品にかかる知的財産権は、消尽しているとみるのか、それとも、新たな「生産」であり、知的財産権の「侵害」とみるのかは、悩ましい問題である[5)]。

このことを如実に示すものが、いわゆる中古インクカートリッジ事件最高裁判決（最判平成19年11月8日民集61巻8号2989頁）である。この問題につき、詳細に検討することは、本書の射程を大幅に超えるゆえ、ここでは、同判決をごく簡単に紹介し、注意喚起するにとどめたい。

⑵ 中古インクカートリッジ事件の概要

本件は、インクジェットプリンタ用インクタンクに関する特許権（プリンタのインクカートリッジについて、2種類の負圧発生部材が互いに圧接するように収納され、その圧接部の界面の毛管力を高くして界面がインクに浸された状態にしておくという発明）を有するXが、Yの輸入販売するインクジェットプリンタ用インクタンクについて、Xの特許の特許発明の技術的範囲に属するとして、Yに対し、そのインクタンクの輸入、販売等の差止めおよび廃棄を求めた事案である。Yは、X製品の使用済みインクタンク本体を利用してその内部を洗浄しこれに新たにインクを注入するなどの工程を経て製品化されたインクタンクを輸入し、わが国において販売していた。

⑶ 判　旨

最高裁は、特許権者または特許権者から許諾を受けた実施権者がわが国において譲渡した特許製品につき加工や部材の交換がされ、それにより当該特許製品と同一性を欠く特許製品が新たに製造されたものと認められるときは、特許権者は、その特許製品について、特許権を行使することが許されると一般論を述べ、「新たな製造」といえるためには、当該特許製品の属性、特許発明の内容、

---

5)　中山信弘『特許法（第3版）』（弘文堂、2016年）415頁。

加工および部材の交換の態様のほか、取引の実情等も総合考慮して判断すべきであるとした。

そして、本件については、①Y製品の製品化の工程における加工等の態様は、単にインクを補充しているというにとどまらず、印刷品位の低下やプリンタ本体の故障等の防止のために構造上再充てんが予定されていないインクタンク本体をインクの補充が可能となるように変形させるものであること、②上記特許にかかる特許発明の本質的部分にかかる構成を欠くに至ったものにつきこれを再び充足させて当該特許発明の作用効果を新たに発揮させるものであること、③インクタンクの取引の実情等からすると、Y製品は、加工前のX製品と同一性を欠く特許製品が「新たに製造されたもの」であるとした。結果的に、Xの請求は認容されることになる。

(4) コメント

本判決は、「新たな製造」といえるためには、「同一性」を欠くか否かを重視するほか、取引の実情も考慮されるべきとしている。本書の関心から、ごく簡単にコメントしておく。同じ、使い捨て部品の使いまわしといっても、安全衛生の観点から使い捨てとされているコンタクトレンズや注射針を消毒して「使いまわす」のと、インクタンクを「加工」して、「使いまわす」のとでは、態様として大きく異なっている。加えて、後者では、取引の実情として、プリンタ本体の価格を引き下げ、その分、正規品のインクタンクの販売で、収支を合わせるというビジネスモデルのもとに、正規品に比べ大幅に安価な中古インクタンクが登場したという事情も考慮されているように見受けられる。

基本的なリサイクル法

1　資源の有効な利用の促進に関する法律

1　沿　革

わが国にあっては、廃棄物の最終処分場の逼迫、資源の将来的な枯渇の可能性等の環境制約・資源制約に直面しており、大量生産・大量消費・大量廃棄型の経済社会を転換し、循環型社会の形成に取り組むことが喫緊の課題となっている。

このため、産業構造審議会の地球環境部会と廃棄物・リサイクル部会の合同基本問題小委員会は、1999年7月、「循環型経済システムの構築に向けて（循環経済ビジョン）」として、報告書を取りまとめた。同報告書において、循環型社会の形成のために、従来のリサイクル（廃棄物を原材料として再利用すること）対策の強化に加え、廃棄物の発生抑制（リデュース）対策と廃棄物の部品等としての再利用（リユース）対策の本格的な導入が提言された。リデュース（Reduce）・リユース（Reuse）・リサイクル（Recycle）、これら3つのRをとって、

3R（スリーアール）政策とよばれている。

上記提言の具体化を図るため、経済産業省は、1991年に制定された「再生資源の利用の促進に関する法律」の抜本的な改正に取り組み、法律名も、「資源の有効な利用の促進に関する法律」（以下、「資源有効利用促進法」）に改めるとともに、関係省令の整備を行った。

資源有効利用促進法は、2000年6月に上記のとおり再生資源の利用の促進に関する法律から改題され、2001年4月に施行されたものであり、大きな改正を経ることなく、今日に至っている。

2　目　的

資源有効利用促進法1条は、「目的」として、次のとおり定めている。

「この法律は、主要な資源の大部分を輸入に依存している我が国において、近年の国民経済の発展に伴い、資源が大量に使用されていることにより、使用済物品等及び副産物が大量に発生し、その相当部分が廃棄されており、かつ、再生資源及び再生部品の相当部分が利用されずに廃棄されている状況にかんがみ、資源の有効な利用の確保を図るとともに、廃棄物の発生の抑制及び環境の保全に資するため、使用済物品等及び副産物の発生の抑制並びに再生資源及び再生部品の利用の促進に関する所要の措置を講ずることとし、もって国民経済の健全な発展に寄与することを目的とする」。

循環型社会への移行のため、製品または輸入に遡って、廃棄物をできるだけ出さないことを目指している。

なお、リサイクルの方法として、本法は、上述のとおり、マテリアルリサイクル（material＝原材料）を対象としており、廃棄物から熱エネルギーを回収して有効利用を図るサーマルリサイクルは対象としていない。

① 「資源」とは、鉄鉱石・木材等、わが国において広く原材料として使われている物質等を意味する。鉄鉱石の対外依存度は100％であり、木材の対外依存度は70.4％である（公益財団法人日本海事広報協会『日本の海運 SHIPPING NOW 2016-2017』 データ編 https://www.kaijipr.or.jp/shipping_now/）。

② 「使用済物品等」とは、一度使用され、または使用されずに収集され、もしくは廃棄された物品である（資源利用促進2条1項）。ただし、放射性物質およびこれによって汚染された物は除かれる。

③ 「副産物」とは、製品の製造、加工、修理もしくは販売、エネルギーの供給または土木建築に関する工事（建設工事）に伴い副次的に得られた物品である（資源利用促進2条2項）。ただし、放射性物質およびこれによって汚染された物は除かれる。

④ 「再生資源」とは、使用済物品等または副産物のうち有用なものであって、原材料として利用することのできるものまたはその可能性のあるものである（資源利用促進2条4項）。

⑤ 「再生部品」とは、使用済物品等のうち有用なものであって、部品その他製品の一部として利用することのできるものまたはその可能性のあるものである（資源利用促進2条5項）。

⑥ 「製品」の定義規定は、見出せないが、原材料を加工した後の完成品の意と解される。

3　基本方針と関係者の責務

(1)　基本方針の策定

主務大臣は、使用済物品等および副産物の発生の抑制ならびに再生資源および再生部品の利用による資源の有効な利用を総合的かつ計画的に推進するため、資源の有効な利用の促進に関する基本方針を定め、これを公表するものとする（資源利用促進3条1項）。

ここでいう「主務大臣」とは、経済産業大臣、国土交通大臣、農林水産大臣、財務大臣、厚生労働大臣および環境大臣である（資源利用促進39条1項1号）。

「資源の有効な利用の促進に関する基本方針」は、法律の施行と同時に策定・公布された。現在の基本方針は、2006年（平成18年）4月27日に公布され、同年7月1日から施行されている（http://www.env.go.jp/hourei/11/000193.html）。

⑵　事業者等の責務

ア　「工場若しくは事業場（建設工事に係るものを含む。以下同じ。）において事業を行う者及び物品の販売の事業を行う者（以下「事業者」という。）又は建設工事の発注者は、その事業又はその建設工事の発注を行うに際して原材料等の使用の合理化を行うとともに、再生資源及び再生部品を利用するよう努めなければならない。」（資源利用促進4条1項）。

ここでいう「工場」とは、機械などを使って継続的に一定の業務として物品の製造や加工に従事する施設であり、「事業場」とは、継続的に一定の業務として物品の製造や加工以外の事業のために使用される施設であり、建設工事にかかるものを含むと法定されているので、建設現場も含まれることとなる。

以下、関係者の責務はいずれも訓示規定である。

イ　「事業者又は建設工事の発注者は、その事業に係る製品が長期間使用されることを促進するよう努めるとともに、その事業に係る製品が一度使用され、若しくは使用されずに収集され、若しくは廃棄された後その全部若しくは一部を再生資源若しくは再生部品として利用することを促進し、又はその事業若しくはその建設工事に係る副産物の全部若しくは一部を再生資源として利用することを促進するよう努めなければならない。」（資源利用促進4条2項）。

⑶　消費者の責務

「消費者は、製品をなるべく長期間使用し、並びに再生資源及び再生部品の利用を促進するよう努めるとともに、国、地方公共団体及び事業者がこの法律の目的を達成するために行う措置に協力するものとする。」（資源利用促進5条）。

⑷　国の責務

ア　資金の確保等　「国は、資源の有効な利用を促進するために必要な資金の確保その他の措置を講ずるよう努めなければならない。」（資源利用促進6条1項）。

また、「国は、物品の調達に当たっては、再生資源及び再生部品の利用を促進するように必要な考慮を払うものとする。」（資源利用促進6条2項）。

イ　科学技術の振興　「国は、資源の有効な利用の促進に資する科学技術の振興を図るため、研究開発の推進及びその成果の普及等必要な措置を講ずるよう努めなければならない。」（資源利用促進7条）。

ウ　国民の理解を深める等のための措置「国は、教育活動、広報活動等を通じて、資源の有効な利用の促進に関する国民の理解を深めるとともに、その実施に関する国民の協力を求めるよう努めなければならない。」（資源利用促進8条）。

(5)　地方公共団体の責務

「地方公共団体は、その区域の経済的社会的諸条件に応じて資源の有効な利用を促進するよう努めなければならない。」（資源利用促進9条）。

4　業種と製品

資源有効利用促進法は、法的措置が必要な業種と製品として、①特定省資源業種、②特定再利用業種、③指定省資源化製品、④指定再利用促進製品、⑤指定表示製品、⑥指定再資源化製品、⑦指定副産物の7分類を規定している。

(1)　特定省資源業種

ア　定義　「この法律において『特定省資源業種』とは、副産物の発生抑制等が技術的及び経済的に可能であり、かつ、副産物の発生抑制等を行うことが当該原材料等に係る資源及び当該副産物に係る再生資源の有効な利用を図る上で特に必要なものとして政令で定める原材料等の種類及びその使用に係る副産物の種類ごとに政令で定める業種をいう。」（資源利用促進2条7項）。

紙・パルプ製造業、自動車製造業など5つの業種が政令で定められている。

イ　判断基準（ガイドライン）の制定　主務大臣（資源利用促進39条1項2号）は、「特定省資源業種に係る原材料等の使用の合理化による副産物の発生の抑制及び当該副産物に係る再生資源の利用を促進するため、主務省令で、副産物の発生抑制等のために必要な計画的に取り組むべき措置その他の措置に関し、工場又は事業場において特定省資源業種に属する事業を行う者（以下「特定省資源事業者」という。）の判断の基準となるべき事項を定めるものとする。」（資源利用促進10条1項）。

ウ　指導および助言　「主務大臣は、特定省資源事業者の副産物の発生抑制等の適確な実施を確保するため必要があると認めるときは、特定省資源事業者に対し、前条第1項に規定する判断の基準となるべき事項を勘案して、副産物の発生抑制等について必要な指導及び助言をすることができる。」(資源利用促進11条)。

エ　計画の作成　「特定省資源事業者であって、その事業年度における当該特定省資源事業者の製造に係る政令で定める製品の生産量が政令で定める要件に該当するものは、主務省令で定めるところにより、第10条第1項に規定する判断の基準となるべき事項において定められた副産物の発生抑制等のために必要な計画的に取り組むべき措置の実施に関する計画を作成し、主務大臣に提出しなければならない。」(資源利用促進12条)。

提出をしなかった者は、20万円以下の罰金に処する(資源利用促進43条1号)。

オ　勧告・公表・命令　「主務大臣は、特定省資源事業者であって、その製造に係る製品の生産量が政令で定める要件に該当するものの当該特定省資源業種に係る副産物の発生抑制等が第10条第1項に規定する判断の基準となるべき事項に照らして著しく不十分であると認めるときは、当該特定省資源事業者に対し、その判断の根拠を示して、当該特定省資源業種に係る副産物の発生抑制等に関し必要な措置をとるべき旨の勧告をすることができる。」(資源利用促進13条1項)。

「主務大臣は、前項に規定する勧告を受けた特定省資源事業者がその勧告に従わなかったときは、その旨を公表することができる。」(資源利用促進13条2項)。

「主務大臣は、第1項に規定する勧告を受けた特定省資源事業者が、前項の規定によりその勧告に従わなかった旨を公表された後において、なお、正当な理由がなくてその勧告に係る措置をとらなかった場合において、当該特定省資源業種に係る副産物の発生抑制等を著しく害すると認めるときは、審議会等(国家行政組織法(昭和23年法律第120号)第8条に規定する機関をいう。以下同じ。)で政令で定めるものの意見を聴いて、当該特定省資源事業者に対し、その勧告に係る措置をとるべきことを命ずることができる。」(資源利用促進13条3項)。

措置命令に違反した者は、50万円以下の罰金に処する(資源利用促進42条)。

主務大臣は、第13条の規定の施行に必要な限度において、特定省資源事業者に対し、報告させ、職員に、立入検査をさせることができる（資源利用促進37条1項)。報告をせず、もしくは虚偽の報告をし、または検査を拒み、妨げ、もしくは忌避した者は、20万円以下の罰金に処する（資源利用促進43条2号)。

カ　環境大臣との関係　主務大臣と環境大臣の協議（資源利用促進10条3項）および緊密な連絡（資源利用促進14条）に関して定めがある。

(2)　特定再利用業種

ア　定義　「この法律において『特定再利用業種』とは、再生資源又は再生部品を利用することが技術的及び経済的に可能であり、かつ、これらを利用することが当該再生資源又は再生部品の有効な利用を図る上で特に必要なものとして政令で定める再生資源又は再生部品の種類ごとに政令で定める業種をいう。」(資源利用促進2条8項)。

再生資源の利用につき、紙製造業など4つの業種、再生部品の利用につき、複写機製造業が政令で定められている。

イ　判断基準の制定　主務大臣（資源利用促進39条1項3号）は、「特定再利用業種に係る再生資源又は再生部品の利用を促進するため、主務省令で、工場又は事業場において特定再利用業種に属する事業を行う者（以下「特定再利用事業者」という。）の再生資源又は再生部品の利用に関する判断の基準となるべき事項を定めるものとする。」(資源利用促進15条1項)。

ウ　指導および助言（資源利用促進16条）

エ　勧告・公表・命令（資源利用促進17条、37条1項、42条、43条2号）

(3)　指定省資源化製品

ア　定義　「この法律において『指定省資源化製品』とは、製品であって、それに係る原材料等の使用の合理化、その長期間の使用の促進その他の当該製品に係る使用済物品等の発生の抑制を促進することが当該製品に係る原材料等に係る資源の有効な利用を図る上で特に必要なものとして政令で定めるものをいう。」(資源利用促進2条9項)。

自動車、パソコン、家電製品（ユニット型エアコン、テレビ、電子レンジ、衣類乾燥機、冷蔵庫、洗濯機）など19品目が政令で定められている。

イ　判断基準の制定　主務大臣（資源利用促進39条1項4号）は、「指定省資源化製品に係る使用済物品等の発生の抑制を促進するため、主務省令で、指定省資源化製品の製造、加工、修理又は販売の事業を行う者（以下「指定省資源化事業者」という。）の使用済物品等の発生の抑制に関する判断の基準となるべき事項を定めるものとする。」（資源利用促進18条1項）。

ウ　指導および助言（資源利用促進19条）

エ　勧告・公表・命令（資源利用促進20条、37条2項、42条、43条2号）

⑷　指定再利用促進製品

ア　定義　「この法律において『指定再利用促進製品』とは、それが一度使用され、又は使用されずに収集され、若しくは廃棄された後その全部又は一部を再生資源又は再生部品として利用することを促進することが当該再生資源又は再生部品の有効な利用を図る上で特に必要なものとして政令で定める製品をいう。」（資源利用促進2条10項）。

浴室ユニット、自動車、家電製品（ユニット型エアコン、テレビ、電子レンジ、衣類乾燥機、冷蔵庫、洗濯機）、ぱちんこ台（ぱちんこ遊技機）、回胴式遊技機（パチスロ機）、複写機など50品目が政令で定められている。

イ　判断基準の制定　主務大臣（資源利用促進39条1項4号）は、「指定再利用促進製品に係る再生資源又は再生部品の利用を促進するため、主務省令で、指定再利用促進製品の製造、加工、修理又は販売の事業を行う者（以下「指定再利用促進事業者」という。）の再生資源又は再生部品の利用の促進に関する判断の基準となるべき事項を定めるものとする。」（資源利用促進21条1項）。

ウ　指導および助言（資源利用促進22条）

エ　勧告・公表・命令（資源利用促進23条、37条2項、42条、43条2号）

⑸　指定表示製品

ア　定義　「この法律において『指定表示製品』とは、それが一度使用され、又は使用されずに収集され、若しくは廃棄された後その全部又は一部を再生資源として利用することを目的として分別回収（類似の物品と分別して回収することをいう。以下同じ。）をするための表示をすることが当該再生資源の有効な利用を図る上で特に必要なものとして政令で定める製品をいう。」（資源利用促進2条11項）。

塩化ビニル製建設資材、鋼（スチール）製・アルミニウム製の缶、ペットボトル、紙製・プラスチック製容器包装、小形二次電池（密閉型蓄電池。リチウム蓄電池等）など7品目が政令で定められている。

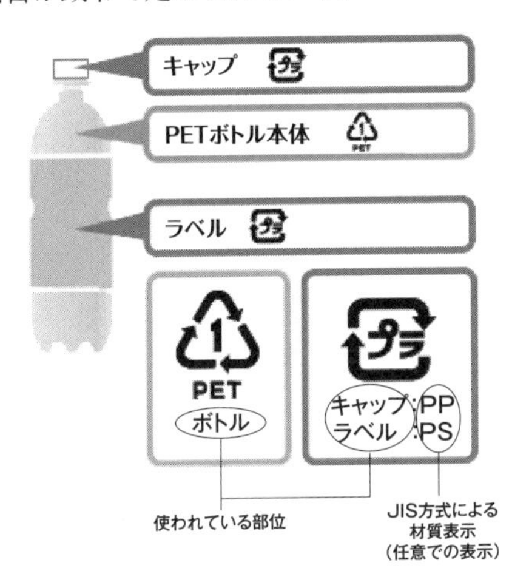

http://www.petbottle-rec.gr.jp/basic/mark.html

イ　表示標準の制定　主務大臣（資源利用促進39条1項4号）は、「指定表示製品に係る再生資源の利用を促進するため、主務省令で、指定表示製品ごとに、次に掲げる事項につき表示の標準となるべき事項を定めるものとする。」（資源利用促進24条1項）。

① 材質または成分その他の分別回収に関し表示すべき事項（資源利用促進24条1項1号）

② 表示の方法その他①に掲げる事項の表示に際して指定表示製品の製造、加工または販売の事業を行う者（指定表示事業者。その事業の用に供するために指定表示製品の製造を発注する事業者を含む）が遵守すべき事項（資源利用促進24条1項2号）

ウ　勧告・公表・命令（資源利用促進25条、37条2項、42条、43条2号）

(6)　指定再資源化製品

ア　定義　「この法律において『指定再資源化製品』とは、製品（他の製品の部品として使用される製品を含む。）であって、それが一度使用され、又は使用されずに収集され、若しくは廃棄された後それを当該製品（他の製品の部品として使用される製品にあっては、当該製品又は当該他の製品）の製造、加工、修理若しくは販売の事業を行う者が自主回収（自ら回収し、又は他の者に委託して回収することをいう。以下同じ。）をすることが経済的に可能であって、その自主回収がされたものの全部又は一部の再資源化をすることが技術的及び経済的に可能であり、かつ、その再資源化をすることが当該再生資源又は再生部品の有効な利用を図る上で特に必要なものとして政令で定めるものをいう。」（資源利用促進2条12項）。

パソコンと小形二次電池（密閉型蓄電池）の2品目が政令で定められている。家電はより規制の厳しい家電リサイクル法（特定家庭用機器再商品化法）の対象とされている。

イ　判断基準の制定　主務大臣（資源利用促進39条1項5号）は、「指定再資源化製品に係る再生資源又は再生部品の利用を促進するため、主務省令で、次に掲げる事項に関し、指定再資源化製品の製造、加工、修理又は販売の事業を行う者（指定再資源化製品を部品として使用する政令で定める製品の製造、加工、修理又は販売の事業を行う者を含む。以下「指定再資源化事業者」という。）の判断の基準となるべき事項を定めるものとする。」（資源利用促進26条1項）。

① 「使用済指定再資源化製品（指定再資源化製品が一度使用され、又は使用されずに収集され、若しくは廃棄されたものをいう。以下同じ。）の自主回収の実効の確保その他実施方法に関する事項」（資源利用促進26条1項1号）。

② 「使用済指定再資源化製品の再資源化の目標に関する事項及び実施方法に関する事項」（資源利用促進26条1項2号）。

③ 「使用済指定再資源化製品について市町村から引取りを求められた場合における引取りの実施、引取りの方法その他市町村との連携に関する事項」（資源利用促進26条1項3号）。

④ 「その他自主回収及び再資源化の実施に関し必要な事項」（資源利用促進26条1項4号）。

ウ　認定　「指定再資源化事業者は、単独に又は共同して、使用済指定再資源化製品の自主回収及び再資源化を実施しようとするときは、主務省令で定めるところにより、次の各号のいずれにも適合していることについて、主務大臣の認定を受けることができる。」（資源利用促進27条1項）。

共同申請の場合に、主務大臣は、公正取引委員会に意見を求めることができる（資源利用促進30条1項）。

環境大臣は、廃棄物処理法の規定の適用にあたっては、自主回収および再資源化の円滑な実施が図られるよう適切な配慮をするものとする（資源利用促進31条）。

エ　指導および助言（資源利用促進32条）

オ　勧告・公表・命令（資源利用促進33条、37条4項、42条、43条2号）

(7)　指定副産物

ア　定義　「この法律において『指定副産物』とは、エネルギーの供給又は建設工事に係る副産物であって、その全部又は一部を再生資源として利用することを促進することが当該再生資源の有効な利用を図る上で特に必要なものとして政令で定める業種ごとに政令で定めるものをいう。」（資源利用促進2条13項）。

電気業の石炭灰、建設業の土砂、コンクリート廃棄物、アスファルト・コンクリート（アスコン）の塊、木材が2業種の指定副産物に政令で定められている。

イ　判断基準の制定　主務大臣（資源利用促進39条1項6号）は、「指定副産物に係る再生資源の利用を促進するため、主務省令で、事業場において指定副産物に係る業種に属する事業を行う者（以下「指定副産物事業者」という。）の再生資源の利用の促進に関する判断の基準となるべき事項を定めるものとする。」（資源利用促進34条1項）。

ウ　指導および助言（資源利用促進35条）

エ　勧告・公表・命令（資源利用促進36条、37条5項、42条、43条2号）

5　考　察

資源有効利用促進法は、企業の自主性を尊重しつつ、基本的には行政指導により誘導していくという方法がとられており、微温的な性格にとどまっている。また、運用としても措置命令が発動された例はなく、手ぬるい印象は拭えない。

とはいえ、本法は、循環型社会形成推進基本法（平成12年（2000年）6月）において採用された拡大生産者責任（EPR。事業者が消費後にも製品の管理について責任を負うこと）の精神を実現するものであることなど、その重要性をあらためて確認しておきたい。

1987年のブルントラント報告が提示した持続可能性（sustainability）の思想は、言い古されつつあるのに、いまだ定着をみない。

本法の活用が望まれる。

＜参考文献・資料＞

・大塚直『環境法BASIC〔第2版〕』（有斐閣、2016年）289～293頁
・経済産業省『資源有効利用促進法の解説』平成15年（2003年）
http://www.meti.go.jp/policy/recycle/main/admin_info/law/02/data/manual/index.html
・財団法人クリーン・ジャパン・センター『早わかり　資源有効利用促進法』平成13年（2001年）
http://www.meti.go.jp/policy/recycle/main/data/pamphlet/pdf/3r.pdf
・畠山武道＝大塚直＝北村喜宣『環境法入門〔第3版〕』（日経文庫、2007年）
・環境法政策学会『リサイクル関係法の再構築』（商事法務、2006年）
・松村弓彦＝柳憲一郎＝荏原明則＝石野耕也＝小賀野晶一＝織朱實『ロースクール環境法〔第2版〕』（成文堂、2010年）

2　グリーン購入法

1　法律の概要・制定の背景

(1)　目　的

国等による環境物品等の調達の推進等に関する法律（以下「グリーン購入法」）は、超党派の議員立法として2000年5月に制定され、2001年4月に全面施行された。グリーン購入法は、国等の環境物品等の調達の推進、環境物品等に関する情報の提供その他の環境物品等への需要の転換を促進するために必要な事項を定めて、環境への負荷の少ない持続的発展が可能な社会の構築を図り、もって現在および将来の国民の健康で文化的な生活の確保に寄与することを目的としている（グリーン購入1条）。

(2)　グリーン購入

この法律の最大のポイントは、国等に「グリーン購入」推進を義務づけたことである。

グリーン購入とは、「購入の必要性を十分に考慮し、品質や価格だけでなく環境のことを考え、環境負荷ができるだけ小さい製品やサービスを、環境負荷の低減に努める事業者から優先して購入すること」（グリーン購入ネットワーク(GNP)「グリーン購入基本原則」より）をいう。グリーン購入法は、国等の公的部門が率先してかかるグリーン購入を進めることを通じて、環境負荷の小さな製品やサービス等への需要の転換を企図するものである。

(3)　制定の背景（需要面からの変革）

大量生産・大量消費・大量廃棄型の経済社会システムから循環型の社会システムへの転換を図るためには、供給サイドの製品の回収やリサイクルの仕組みを整備する必要があるが、それだけでは不十分であり、需要の面から市場メカニズムを通して環境負荷の低減に資する物品・役務（環境物品等）の購入が着実にふえるような仕組みを整備することが必要となる。ただ、環境物品等は、市場に流通する初期には品質、生産量の不安定さに加え、価格面で割高な商品が多く、リサイクルにも支障があるなど、市場競争力が不十分なため、初期需要を創出する必要がある。そこで、大きな購買力を有する公的部門が優先的に購入することによって一定の流通量を確保し、価格競争力の獲得や安定的な生産を促し、短期間に市場に定着させることを狙いとするものである。事業者に対しては、環境負荷低減の技術革新を動機付け、より環境に配慮した製品およびサービスを開発するよう促すことができる。これにより環境物品等の需要が増大し、コストの低下、さらなる需要の増大という好循環をもたらすこととなる。

以上のように、国等によるグリーン購入の推進を呼び水として国全体の需要を転換していくのがグリーン購入法の狙いである。

このような循環型社会への転換には需要面からの手立てが重要であることは、グリーン購入法以前から認識されていた。政府は1995年より「国の事業者・消費者としての環境保全に向けた取組の率先実行のための行動計画」(率先実行計画）を閣議決定し、グリーン購入の推進に努めたが、成果が上がらなかった。率先実行計画では、多くの項目で具体的な数値目標がなく、また、省庁ごとの目標も掲げられていなかったことが原因と考えられた。そこで、グリーン購入法では措置の強化として、これまで各省庁に限られていた対象機関を国会や裁判所、独立行政法人等にまで拡大し、また、全省庁一括での数値目標の設定を改め、各機関が調達目標を設定して主体的に取り組み、これを公表する仕組みとした。

(4)　リサイクル法分野におけるグリーン購入法の位置付け

リサイクル法（循環推進基本法・資源有効利用促進法）の分野には、個別リサイクル法として、グリーン購入法のほかに、容器包装リサイクル法、家電リサイクル法、建設リサイクル法、食品リサイクル法、自動車リサイクル法などがあるが、これらは事業者に対して、いわば供給面から個別物品の特性に応じた規制をすることで循環型社会への転換を図るものである。これに対し、グリーン購入法はすでに述べたとおり需要面からの支援を図るもので、国が率先してリサイクル品を使用することを求める循環推進基本法19条を具体化する立法といえる（循環型社会法制研究会編『循環型社会形成推進基本法の解説』(ぎょうせい、2000年）109頁）。

図1　循環型社会の形成の推進のための法体系

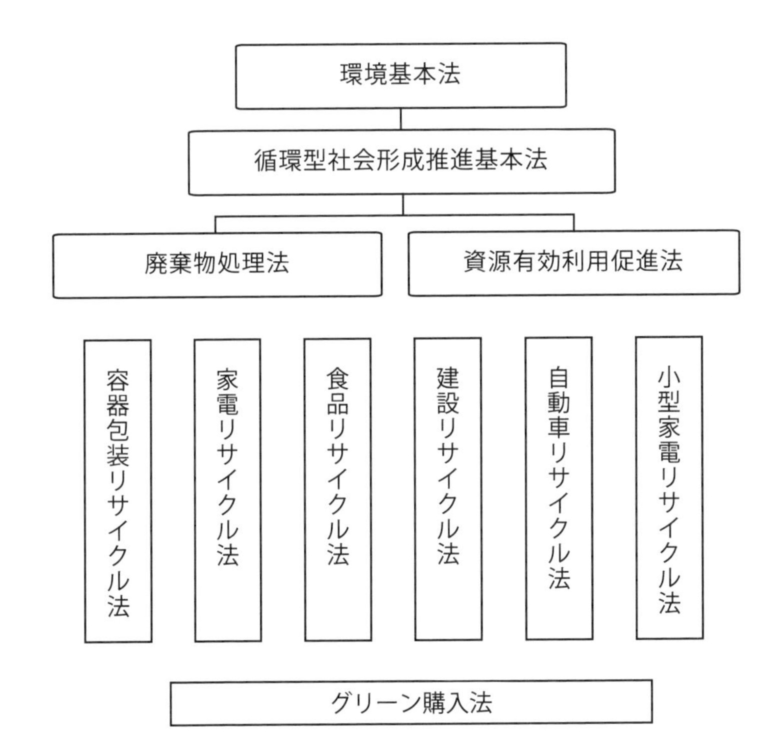

出典：財団法人クリーン・ジャパン・センター「早わかり　資源有効利用促進法」
※出典：経済産業省「資源循環ハンドブック 2017　法制度と 3R の動向」

(5) 情報提供制度

民間部門のグリーン購入を推進するためには、物品等が環境負荷低減にどのように役立つのか、的確な情報提供が必要である。そこで、法は、環境物品等に関する情報提供制度について規定している。

図2　グリーン購入法の仕組み

国等による環境物品等の調達の推進等に関する法律（平成12年法律第100号）

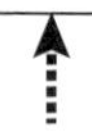

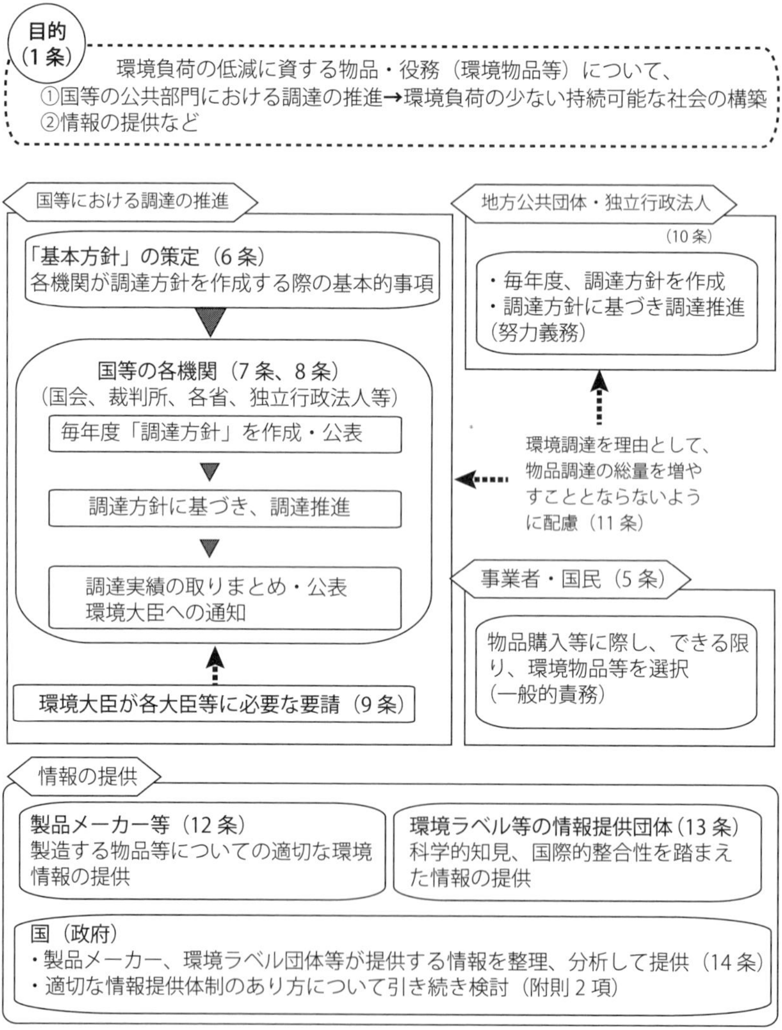

出典：環境省「グリーン購入法.net」

2 「環境物品等」の定義

公的部門による調達および情報の提供を通じた環境負荷の小さい物品等への需要の転換が法の目的であるところから、調達および情報提供の対象となる「環境物品等」がこの法律の中心概念となる。

「環境物品等」とは、次の物品または役務をいうと定義されている（グリーン購入2条1項）。

(1) 環境への負荷の低減に資する原材料または部品

主として再生資源を利用した原材料や部品である。

「環境への負荷」とは、人の活動により環境に加えられる影響であって、環境の保全上の支障の原因となるおそれのあるものをいう（環境基2条1項）。

具体的には、高炉セメント、再生舗装材、再生PET繊維などがある（坂口洋一『循環共存型社会の環境法』（青木書店、2002年）140頁）。

(2) 環境への負荷の低減に資する製品

製品のライフサイクルからみると、環境への負荷を低減するフェーズには、生産段階、使用段階、廃棄段階がある。この段階に則して、法は環境負荷の低減に資する製品を3つに分けて規定する。

① 環境への負荷の低減に資する原材料または部品を利用している製品……古紙再生パルプを原料とするコピー用紙、間伐材使用のオフィス家具、再生紙使用の事務用品、無漂白のコーヒーフィルターなどがある（坂口・前掲141頁）。

② 使用に伴い排出される温室効果ガス等による環境への負荷が少ない製品……ハイブリッド車や電気自動車等の低公害車、低電力使用型の複合機、パソコンなどがある（坂口・前掲141頁）。

③ 使用後に再使用または再生利用がしやすいことにより廃棄物の発生を抑制することができる製品……リターナブル容器、繰り返し使用可能な熱転写リボン、リサイクルしやすい合金採用のテレビなど、使用後の回収・リサイクルのサービス体制が整っている製品である（坂口・前掲141頁）。

⑶　環境への負荷の低減に資する役務

環境配慮型製品を用いて提供される役務（たとえば、再生紙を用いた印刷製本、高炉セメントを用いた建築物の建設など）が中心となるが、それに限られず、エコドライブによる配送や剪定樹木をコンポスト化する剪定作業なども含まれる。

3　各主体の責務

⑴　国および独立行政法人等の責務

国および独立行政法人等は、物品および役務の調達にあたっては、環境物品等への需要の転換を促進するため、予算の適正な使用に留意しつつ、環境物品等を選択するよう努めなければならない（グリーン購入3条1項）。

また、国は、教育活動、広報活動等を通じて、環境物品等への需要の転換を促進する意義に関する事業者および国民の理解を深めるとともに、国、地方公共団体、事業者および国民が相互に連携して環境物品等への需要の転換を図る活動を促進するため必要な措置を講ずるよう努めなければならない（グリーン購入3条2項）。

⑵　地方公共団体および地方独立行政法人の責務

地方公共団体は、その区域の自然的社会的条件に応じて、環境物品等への需要の転換を図るための措置を講ずるよう努めるものとされた（グリーン購入4条1項）。また、地方独立行政法人は、その事務および事業に関し、同様である（グリーン購入4条2項）。

「努力義務」にとどめたのは、物品等の調達はその自治事務の根幹を成し、法律で拘束するに適さず、また、先行してグリーン購入に取り組んできた地方公共団体もあり、一律義務化は自主性や積極的な取組みを阻害するおそれがあるからである。

⑶　事業者および国民の責務

事業者および国民は、物品の購入、借受け、または役務の提供を受ける場合には、できる限り環境物品等を選択するよう努めるものとした（グリーン購入5条）。

4　国等における環境物品等の調達の推進

環境物品等の調達は、以下の2つの方針に基づき実行される。

① 国が、重点的に調達を進める物品等の品目や調達目標の設定についての共通ルールを定める「基本方針」

② 各機関が、「基本方針」に則して、具体的な環境物品等の調達目標を定める「調達方針」

(1)　基本方針

ア　国は、国および独立行政法人等[1)]における環境物品等の調達を総合的かつ計画的に推進するため、環境物品等の調達の推進に関する「基本方針」を定めなければならない（グリーン購入6条1項）。

イ　「基本方針」は、次に掲げる事項について定められる。

① 国および独立行政法人等による環境物品等の調達の推進に関する基本的方向

② 国および独立行政法人等が重点的に調達を推進すべき環境物品等の種類（特定調達品目）およびその判断の基準ならびに当該基準を満たす物品等（特定調達物品等）の調達の推進に関する基本的事項

③ その他環境物品等の調達の推進に関する重要事項

ウ　「特定調達品目」「判断の基準」は、主に次の観点から検討、策定される。

① 一般的事項を満足していること

・品質、機能、供給体制等、調達される物品等に期待される一般的事項を満足していること

---

1) 「国及び独立行政法人等」には、国会、裁判所、各省庁が含まれ、独立行政法人等の範囲については、「国等による環境物品等の調達の推進等に関する法律第2条第2項の法人を定める政令」で定められている。

・環境負荷低減効果に対してコストが著しく高くない、または普及による低減が見込まれること

②　環境負荷低減効果が確認できること

・客観的に環境負荷低減効果が確認できること（環境負荷低減効果の評価方法について科学的知見が十分に整っていること）

・数値等の明確性が確保できる「判断の基準」の設定が可能であること

グリーン購入法は、環境負荷がより低い物品等への需要の転換を図ることを目的としていることから、国等による調達がない・きわめて少ない物品や判断の基準を満たしたものが十分に普及してすでに通常品となっている物品などは、特定調達品目の対象外となる。

エ　特定調達品目は、「判断の基準」、「配慮事項」によって構成されている。

・「判断の基準」は、グリーン購入法に適合する物品であるかを判断するための基準であり、これをみたす物品等が「特定調達物品等」となる。

・「配慮事項」は、特定調達物品等であるための要件ではないが、調達にあたってさらに配慮することが望ましい事項（推奨要件）である。「判断の基準」が客観的な指針とするため数値等の明確性が確保できる事項により設定されるのに対し、一律に適用することが適当でない事項であっても環境負荷低減に重要な事項を「配慮事項」として設定したものである。

オ　「基本方針」の策定につき、環境大臣は、あらかじめ各省各庁の長等[2)]と協議して基本方針の案を作成し、閣議の決定を求めなければならない（グリーン購入6条3項）。

特定調達品目の「判断の基準」については、当該特定調達品目に該当する物品等の製造等に関する技術および需給の動向等を勘案する必要があることにかんがみ、環境大臣が当該物品等の製造、輸入、販売等の事業を所管する大臣と共同して作成する案に基づいて協議を行う（グリーン購入6条4項）。

カ　環境大臣は、閣議の決定があったときは、遅滞なく、「基本方針」を公表しなければならない（グリーン購入法6条5項）。

---

2)　「各省各庁の長」とは、衆参両院議長、最高裁判所長官、会計検査院長、内閣総理大臣および各省大臣である（グリーン購入2条4項、財政法20条2項）。

(2)　調達方針

ア　各省各庁の長および独立行政法人等の長は、毎年度、基本方針に即して、物品等の調達に関し、当該年度の予算および事務または事業の予定等を勘案して、環境物品等の調達の推進を図るための「調達方針」を作成し、遅滞なくこれを公表しなければならず、「調達方針」に基づき当該年度における物品等の調達を行う（グリーン購入7条1項・3項・4項)。

イ「調達方針」は、次に掲げる事項について定めるものとする。

①　特定調達物品等の当該年度における調達の目標

②　特定調達物品等以外の当該年度に調達を推進する環境物品等およびその調達の目標

③　その他環境物品等の調達の推進に関する事項

なお、「調達方針」には、「基本方針」にもられた内容を超えた方針を加えてもよいこととされており、省庁によってはさらに進んだ基準で運用している。

エ　各省各庁の長および独立行政法人等の長は、毎会計年度または毎事業年度の終了後、遅滞なく、環境物品等の調達の実績の概要を取りまとめ、公表するとともに、環境大臣に通知する（グリーン購入8条1項)。

オ　環境大臣は、特段の理由もなく調達実績がかんばしくないなどの場合に対応すべく、各省各庁の長等に対し、環境物品等の調達の推進を図るため特に必要があると認められる措置をとるべきことを要請することができる（グリーン購入9条)。

(3)　地方公共団体等による環境物品等の調達の推進

都道府県、市町村および地方独立行政法人は、調達方針を作成する努力義務を負い、作成したときは、その方針に基づき物品等の調達を行う（グリーン購入10条1項・3項)。

前述のとおり、地方自治の観点から努力義務とされたが、地方公共団体がGDPに占める割合は国より大きく、グリーン購入に果たす役割も大きい。

5　環境物品等に関する情報の提供

グリーン購入の推進には、購入対象となる物品等が環境負荷低減の観点からどのような特性を有するか、購入者へのわかりやすい情報の提供が必要不可欠であり、情報提供はグリーン購入法の第二の柱である。

(1)　事業者による情報提供

物品等の情報について最も知りうる立場にあるのは、物品の製造、輸入、販売、役務の提供を行う事業者であることから、事業者に、物品の購入者等に対し、物品等に係る環境への負荷の把握のため必要な情報を適切な方法[3]により提供するよう努力義務を課している（グリーン購入12条）。

環境表示を行う事業者および事業者団体を主たる対象として、望ましい環境表示を目指すうえで必要な環境情報提供のあり方について整理した「環境表示ガイドライン」が公表されている。また、「判断の基準」への適合の確認方法と表示、検証可能性等についてまとめた「特定調達物品等の表示の信頼性確保に関するガイドライン」も策定されている。

(2)　環境ラベル等による情報提供

ア　事業者以外の者が提供する環境情報は、その情報の中立性、科学性など信頼性が確保されるのであれば、購入者にとって非常に有用な情報となる。そこで、物品等について環境への負荷の低減に資するものである旨の認定を行い、または、環境負荷についての情報を表示すること等により、環境物品等に関する情報の提供を行う者は、科学的知見を踏まえ、国際的取決めとの整合性に留意しつつ、環境物品等への需要の転換に資するための有効かつ適切な情報の提供に努めるものとした（グリーン購入13条）。

イ　事業者以外の提供による環境情報としては、環境ラベル[4]がある。第三者機関が提供するものに、エコマークやエコリーフ環境ラベル、グリーンマー

3）「適切な方法」には、事業者が製品への記載やパンフレット等により環境情報を提供する方法と、環境ラベル等の中立的な第三者機関が提供する情報提供システムを活用することの双方が含まれる。

ク、再生紙使用マーク、間伐材マークなどがあり、国が提供するものに、カーボン・オフセット認証ラベル（環境省)、国際エネルギースタープログラム（経済産業省)、統一省エネラベル（経済産業省)、燃費基準達成車ステッカー（国土交通省)、低排出ガス車認定（国土交通省）などがある。その他、製品の環境情報データを一覧にまとめたグリーン購入ネットワーク（GPN）の環境データブックもある。

ウ　「国際的取決めとの整合性」を確保するには、国際標準化機構（ISO）の環境表示に関する国際規格である「環境ラベル及び宣言」(ISO14020シリーズ）に準拠することが適当といえる（「環境表示ガイドライン【平成25年3月版】」9頁)。環境ラベルのタイプには、タイプⅠ（第三者認証による環境ラベル)、タイプⅡ（事業者等の自己宣言による環境主張)、タイプⅢ（製品のライフサイクルにおける環境負荷の定量的データの表示）の3つがある。

公益財団法人日本環境協会の「エコマーク制度」は、国内最初の環境ラベルであり、ISOが定めるタイプⅠ規格に準拠した環境ラベルとして国内唯一のものである。

エ　エコマーク認定基準とグリーン購入法の「判断の基準」との関係につき、エコマーク認定商品は、原則としてグリーン購入法の判断の基準に適合しているが、例外の品目もある（詳しくは、公益財団法人日本環境協会「エコマークとグリーン購入法特定調達品目」参照)。

(3)　国による情報の整理、提供

様々な環境情報が無秩序に提供されると、かえって購入者に混乱をもたらしかねない状況となる。情報を利用する購入者のニーズに合った的確な情報の整理が求められるところである。

そこで、国は、環境物品等への需要の転換に資するため、環境情報の提供に関する状況について整理および分析を行い、その結果を提供するものとした（グリーン購入14条)。

---

4)　環境ラベルとは、製品やサービスの環境側面について、製品や包装ラベル、製品説明書、技術報告、広告、広報などに書かれた文言、シンボルまたは図形・図表を通じて購入者に伝達するものをいう。https://www.env.go.jp/policy/hozen/green/ecolabel/

6　現状と課題

グリーン購入法の特定調達品目は、2001年度に14分野101品目でスタートしたものが、2019年度には21分野276品目へと増加している。国等の機関による調達実績については、2001年度において特定調達品目数（公共工事分野を除く）に占める調達率が95%以上の品目数の割合は44.4%であったが、2004年には90%を超え、2016年度も90.1%と高い水準にある。

図3　調達率が95%以上の品目数の推移（公共工事分野の品目を除く）

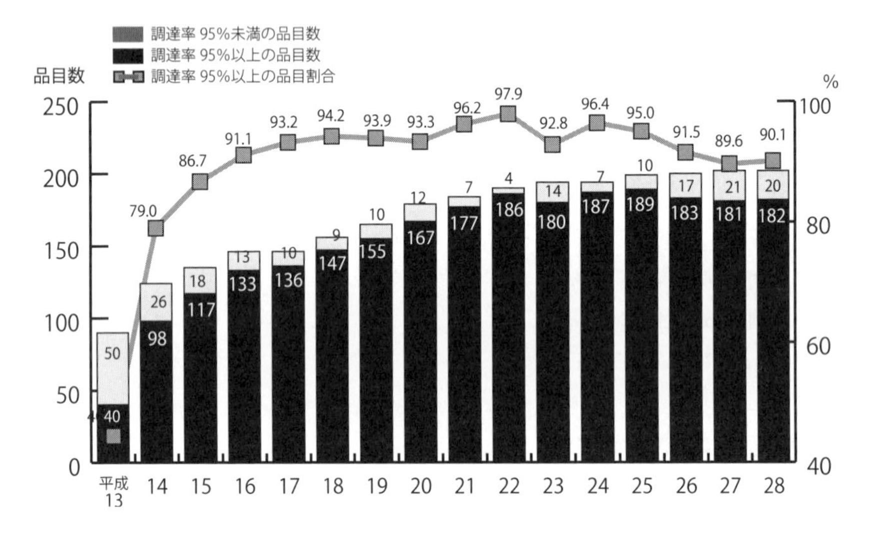

このように、グリーン購入法の施行から現在までのところ、公的部門によるグリーン購入の推進という法の目的は、一応の成果をみることができる状況といえよう。

しかし一方で、特定調達品目の「判断の基準」として一度基準値を定めてしまうと、その基準値周辺に製品が集中し、技術革新やその他の取組みが進みにくくなるという問題が生じる。「判断の基準」は、国等の機関が当該品目を調達する場合の必要条件であり、品目によっては必ずしも環境性能において市場を牽引する望ましい基準とはいえない場合もある。このため、先駆的に取り組む人・組織による市場の牽引、イノベーションの促進を図り、また、物品等の製造・提供事業者に対しても環境配慮の先進性を訴求・差別化するための開発目標とすべく、先進的でより高い環境性能に基づく「プレミアム基準策定ガイドライン」が公表されている。

また、2008年に発覚した古紙配合率の“エコ偽装”問題など、環境情報・表示の信頼性の確保も引き続き検討すべき課題といえる。

3　環境配慮契約法（グリーン契約法）

1　法律の概要・制定の背景

(1)　概　要

2000年に制定のグリーン購入法に引き続き、2007年には国等による温室効果ガス等の排出の削減に配慮した契約の推進に関する法律（以下「環境配慮契約法」）が制定された。

環境配慮契約（グリーン契約）とは、価格のみならず温室効果ガス等の排出削減につながる環境性能も併せて考慮して締結の相手方を決定する契約である。

(2)　制定の背景

2005年発効の京都議定書では、日本は1990年比6%の温室効果ガスの排出量削減義務を負っていたが、その取組みは必ずしも順調に進んでいなかった。国全体の温室効果ガスの削減に向け、政府は自らが率先してこの目標を達成すべき立場にあったが、国等の契約においては、原則として最低価格落札方式による一般競争入札が契約方式とされており、価格が多少高くとも温室効果ガスの排出対策費用が少なくてすむ環境性能に優れた物品等の調達が難しかった。

そこで、環境配慮契約法は、国等が調達する製品やサービスの契約締結に際し、価格のみで判断するのではなく、環境性能を含めて総合的に評価できる契約方式を活用することで、価格と環境性能のバランスの取れた契約を推進しようとするものである。

(3)　環境配慮契約法の骨子

国、地方公共団体の責務や環境大臣の果たす役割、基本方針の策定、実績の概要の公表、情報の整理など、環境配慮契約法の骨子、構造は、グリーン購入法と近似したものとなっている。

図１　環境配慮契約法の概要

目的
国等による環境負荷（温室効果ガスの排出等）を削減するため
▶ 国等が契約を結ぶ場合に、競争を促しつつ、価格等を含め総合的に見て最善の環境性能を有する物品・役務を供給する者を契約相手とする仕組みを作る
▶ もって、環境への負荷が少ない社会の構築

国および独立行政法人等

責務
・エネルギーの合理的かつ適切な使用等（需要面）
・環境配慮契約の推進（供給面）

「基本方針」の策定
環境配慮契約の推進に関する基本的事項等

▼

各大臣等は、
・基本方針に従い、環境配慮契約の推進のために必要な措置を講ずるよう努めなければならない
・環境配慮契約の締結の実績の概要を取りまとめ、公表

▲

環境大臣が各大臣等に必要な要請

基本方針

電力購入における二酸化炭素排出量の考慮

自動車など耐久財の購入におけるランニングコストの考慮

ESCO事業による設備等の回収
（注）中長期的な観点からの契約が締結できる旨を法律に規定

庁舎や設備設計等に関するプロポーザル・企画競争

など

各省庁がばらばらに対策に取り組むのではなく、基本方針に基づき政府が一体となって取り組むことになる。

地方公共団体等

責務
○エネルギーの効率的かつ適切な使用等
○環境配慮契約の推進

環境配慮契約の推進方針の作成等

情報の整理等

国等における環境配慮契約に関する状況等について整理、分析して、提供

公正な競争の確保、エネルギーなど他の施策との調和の確保

電気の供給を受ける契約における「総合評価落札方式」は今後の検討課題とし、当分の間は、「裾切り方式」による

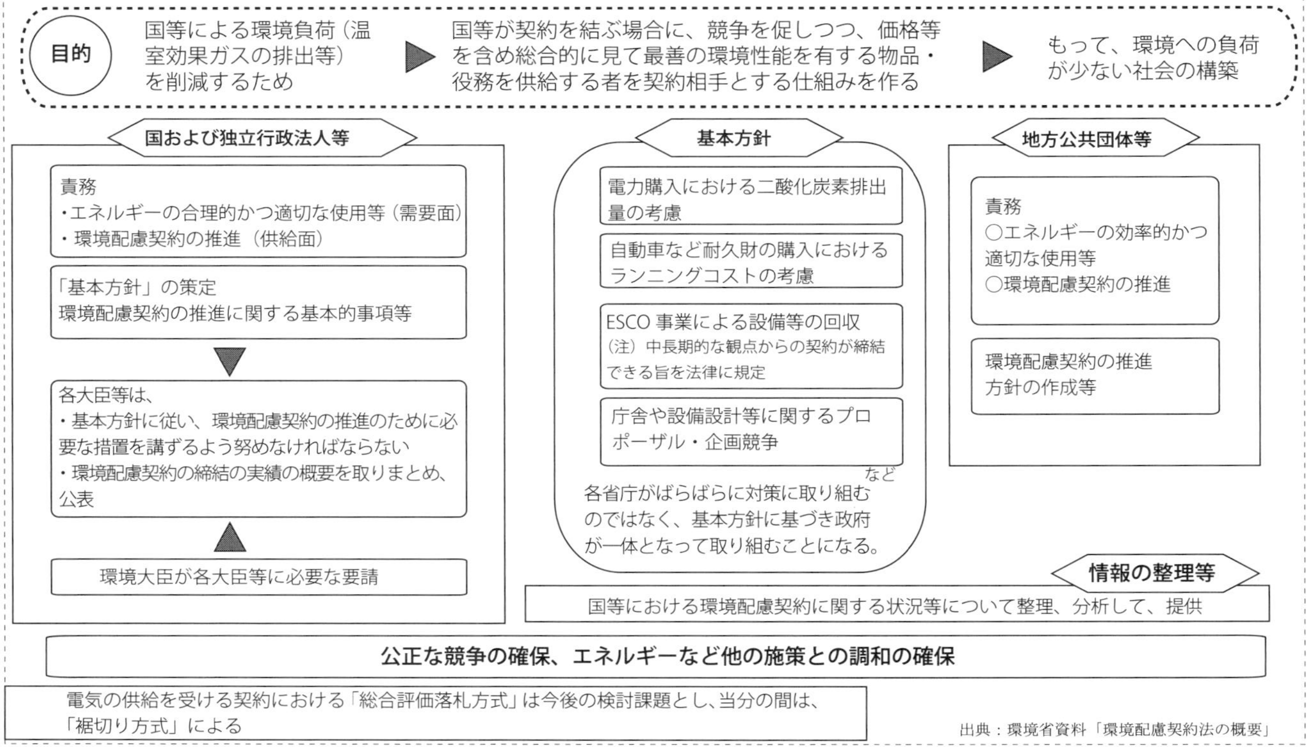

出典：環境省資料「環境配慮契約法の概要」

2　グリーン購入法との違い

環境配慮契約法は、「環境への負荷の少ない持続的発展が可能な社会の構築に資することを目的」としており（環境配慮契約法1条）、グリーン購入法と目的を共通にする。

ただ、グリーン購入法が地球温暖化のみではなく環境汚染、生物多様性の喪失、廃棄物の増大など環境問題を広く視野に入れるのに対し、環境配慮契約法は、主として地球温暖化の原因となる温室効果ガスの排出削減に的を絞っている。

また、グリーン購入法は製品・サービスの環境性能を規定するのに対し、環境配慮契約法は製品・サービスの契約方式そのものを工夫するものである。契約方式につき、グリーン購入法では価格競争入札を前提としているため、一定の環境性能の基準値さえクリアすればあとは価格競争となる。そうすると、その基準値周辺に製品等が集中し、技術革新やその他の取組みのインセンティブが働かなくなるという問題が生じる。これに対し、環境配慮契約法は、環境性能を含めて評価できる契約方式を活用することで、より環境性能の高い製品等の提供が事業者に求められ、技術革新等を目指すインセンティブが事業者に働く。

このような相違から、グリーン購入法ではその特定調達品目は21分野276品目（2019年度）と広範・多岐にわたるのに対し、環境配慮契約法では、現在のところ、電気、自動車、建築物などに関する6つの契約類型に限られている。

図2　グリーン購入法と環境配慮契約法の違い

項　目	グリーン購入法	環境配慮契約法
性　格	製品・サービスの環境性能を規律	契約類型ごとに総合評価落札方式、プロポーザル方式など推奨する入札・契約方式等を規定
趣　旨	一定水準の環境性能を満たす製品・サービスを調達	価格等を含め総合的に評価して最善の環境性能を有する物品・サービスの調達
対象品目・契約	紙類、文具類、オフィス家具等、画像機器等、電子計算機等、自動車等、設備、災害備蓄用品、公共工事、役務など21分野276品目（平成31年2月）	電力の購入、自動車の購入及び賃貸借、船舶の調達、ESCO事業、建築物の設計、建築物の維持管理及び産業廃棄物の処理の7つの契約類型

対象機関	・各府省庁、独立行政法人、国立大学法人等が義務対象機関 ・地方公共団体等は各々で基本方針を作成	同左
内容など	・環境物品等の判断の基準等を閣議決定 ・対象機関が調達方針を作成し、環境物品等を調達 ・対象機関が調達実績を公表	・契約類型の基本的事項等を閣議決定 ・基本方針に従い環境配慮契約を実施 ・対象機関が契約実績を公表

出典：平成30年度環境配慮契約法基本方針説明会資料「環境配慮契約法の概要及び基本方針・解説資料のポイント」環境省大臣官房環境経済課作成

3　契約類型

環境配慮契約法5条は、国に環境配慮契約の推進に関する「基本方針」の策定を命じ、6つの契約類型についてその推奨される契約方式などの基本的事項が定められている。

図3　各契約方式の概要

→裾切り方式とは

温室効果ガス排出削減の観点から、入札参加資格を設定し、基準値を満たした事業者の中から価格に基づき落札者を決定する方式

→総合評価落札方式とは

価格に係る評価点のほかに、価格以外の要素に係る評価点を評価対象に加えて総合的に評価し、技術と価格の両面を考慮した結果、最も優れた者を落札者とする方式

→プロポーザル方式とは

設計者や設計組織のもつ創造力、技術力、経験などを技術提案書（プロポーザル）から評価し、その設計業務の内容に最も適した設計者を選ぶ方式

出典：環境省　環境配慮契約法パンフレット

(1) 電気の供給を受ける契約

OA機器やオフィス床面積の増加、電力自由化による価格競争入札への移行の影響などにより、電気の使用で排出される温室効果ガスは大幅な伸びを示している。そのため、環境配慮契約法は、温室効果ガス等の排出の削減に重点的に配慮すべき契約として電気の供給を受ける契約を掲げる（環境配慮契約法5条2項2号）。

電気の供給を受ける契約についての基本的事項の概要は以下のとおりである（「基本方針」（2019年2月8日変更閣議決定）3頁）。

・電気の供給を受ける契約にあたっては、温室効果ガス等の排出の程度を示す係数（二酸化炭素排出係数）が低い小売電気事業者と契約するよう努めるものとする。

・電気の供給を受ける契約については、当分の間、「裾切り方式」とする（環境配慮契約法附則4項）。同方式は、二酸化炭素排出係数、環境負荷の低減に関する取組みの状況（再生可能エネルギーの導入状況、未利用エネルギーの活用状況）、電源構成および二酸化炭素排出係数の情報開示といった項目をポイント制により評価し、一定の点数を上回る小売電気事業者に入札参加資格を与えるものである。

(2) 自動車の購入および賃貸借に係る契約

自動車の購入および賃貸借（以下「購入等」という）に係る契約にあたっては、初期費用のみを考慮した調達を行うのではなく、使用に伴い排出される温室効果ガス等や燃料代についても適切に判断したうえで、契約を締結することが温室効果ガス等の排出抑制の観点等から必要である。

そこで、自動車の購入等に係る契約の方式としては、価格のほかに価格以外の要素（環境性能）を評価の対象に加えて評価し、環境性能と価格の両面から評価した結果として最も評価の高い案を提示した者と契約する「総合評価落札方式」を採用する（「基本方針」（2019年2月8日変更閣議決定）4頁）。

(3) 船舶の調達に係る契約

2010年2月の基本方針改定時に新規追加されたのが船舶の調達に係る契約類型である。

環境性能に優れた船舶を調達するには設計段階から環境に配慮することが重要であり、高速性、安全性等当該船舶に求められる要件に加えて、環境配慮に関しても調達者の要求を満たした船舶設計が期待される設計事業者を選定する必要がある。

そこで、船舶の調達にあたり概略設計または基本設計に関する業務を発注する場合は、原則として温室効果ガス等の排出の削減に配慮する内容を含む技術提案を求め、総合的に勘案して最も優れた技術提案を行った設計者を特定する「環境配慮型プロポーザル方式」を採用する（「基本方針」（2019年2月8日変更閣議決定）4頁）。

なお、小型船舶（総トン数20トン未満）を調達する場合は、原則としてその要件に推進機関の燃料消費率等の基準を定めて仕様書等に明記する。

(4)　省エネルギー改修事業（ESCO事業）に係る契約

省エネルギー改修事業（ESCO事業）とは、省エネルギー（省エネ）の総合サービスであり、事業者が、省エネを目的として、庁舎の供用に伴う電気、燃料等に係る費用について当該庁舎の構造、設備等の改修に係る設計、施工、維持保全等に要する費用の額以上の額の削減を保証して、当該設計等を包括的に行う事業である（環境配慮契約法5条2項3号）。

図4　ESCO事業の仕組み

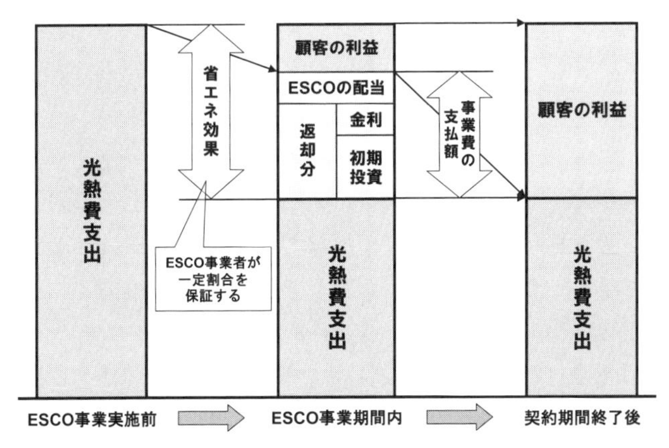

出典：環境配慮契約基本方針関連資料

環境配慮契約法は、建築物につきESCO事業と建築設計契約の2つを定めるが、これは建築物が長期にわたり供用されるため、設計や改修段階での環境性能の差が大きな差につながり、温室効果ガス削減のため重要性が高いことによる（原田和幸「環境配慮契約法及びその基本方針の概要」公共建築50巻1号・通巻194号41頁）。

ESCO事業は、改修にかかる費用を省エネ化によって削減された水道光熱費分で賄う事業であり、新たな改修資金を必要としない省エネ推進方法として注目されている。ただ、改修資金を省エネによって浮いた経費で賄うには複数年を要し、また、より温室効ガス削減効果に優れた大規模改修を実施するには、省エネ改修事業者に対し事業からの収益が得られる期間を長く認める必要がある。そこで、環境配慮契約法は、債務負担行為の年限は原則5年であるところ、10年まで可能との特例を定める（環境配慮契約法7条）。

基本方針では、事業者の決定には、価格のみならず施設の設備システム等に最も適し、創意工夫が最大限に取り込まれた技術提案その他の要素について総合的に評価を行うものと定められており、これに適う方式として、総合評価落札方式とプロポーザル方式がある（「基本方針」（2019年2月8日変更閣議決定）4頁）。

(5)　建築物の設計に係る契約

建築物は長期に供用されるため、設計段階において温室効果ガスの排出の削減等への配慮が不十分な場合、その負の影響も長期にわたるため、設計段階において十分な環境配慮を求めることが極めて重要である。また、建設される建築物の質や経済性等は、設計者の創造性、技術力、経験等によって大きく左右される。

そこで基本方針は、建築物の建築または大規模な改修に係る設計業務を発注する際には、温室効果ガス等の排出の削減に関する技術提案を求め、総合的に勘案して最も優れた技術提案を行った者を選定する「環境配慮型プロポーザル方式」を採用した（「基本方針」（2019年2月8日変更閣議決定）5頁）。

また、2019年2月の基本方針改定時に建築物の維持管理に係る契約に関する基本的事項が規定された。

(6)　産業廃棄物の処理に係る契約

2011年度に開催した環境配慮契約法基本方針検討会において基本方針等の見直しを行い、2013年2月の基本方針改定時に産業廃棄物の処理に係る契約が新規追加された。

産業廃棄物の不法投棄はいまだ撲滅には至っておらず、産業廃棄物の適正処理の推進に向けた施策強化は依然として大きな課題となっている。不法投棄により、水質汚濁・土壌汚染等の環境影響、周辺地域のコミュニティの破壊等が生じ、その原状回復には莫大な費用や時間が必要になり、社会的影響はきわめて大きい。

また、廃棄物分野から排出される温室効果ガス排出量は、わが国全体の排出量の3%弱を占め、廃棄物分野における温室効果ガス削減対策は軽視できない状況にある。さらに、循環型社会構築に向けて、廃棄物の再生利用も重要である。

そこで基本方針では、温室効果ガス等の排出削減、産業廃棄物の適正処理や資源としての再生利用の促進等の実施に関する能力や実績等を考慮した事業者の選定が必要として、産業廃棄物の処理に係る契約を「裾切り方式」によることとした（「基本方針」(2019年2月8日変更閣議決定）6頁)。具体的には、①環境配慮への取組状況、②優良基準への適合状況の2つの要素を評価し、一定の点数を上回る事業者に入札参加資格を与え、その中から価格に基づき落札者を決定するものである。

4　OA機器の調達

OA機器の調達に係る契約は、最低価格落札方式によることが想定され、基本方針に契約類型として掲げられていないが、オフィスにおける電気使用量のうち、コピー機、プリンタ等のOA機器が電気使用量の一定程度の割合を占めており、これらの省エネは重要な課題となっている。

そこで、国等がOA機器を調達する場面で配慮すべき事項を整理した「環境に配慮したOA機器の調達に関するガイドライン」が定められている（「基本方針関連資料（2019年2月)」180頁)。

リサイクルと古物営業、質屋営業

1　古物営業の概要と実態

1　古物営業法による規制の概要

近時、インターネット・オークションのみならず、メルカリなどのフリマアプリを利用したリサイクル品の売買が活発に行われている。もっとも、フリマアプリを利用したリサイクル品の売買については、古物営業に該当し、古物営業の開始時のみならず、古物営業の開始後にも古物営業法により規制が課される。

古物営業法は、盗品等の売買の防止、速やかな発見等を図るため、古物営業に係る業務について必要な規制等を行い、もって窃盗その他の犯罪の防止を図り、およびその被害の迅速な回復に資することを目的とした法律である（古物1条）。

古物営業法の目的から明らかなとおり、古物営業には、窃盗その他の犯罪の防止という観点からの規制も求められることから、行政的な規制のみならず、罰則も課されることになる。そのため、近時、流行しているフリマアプリを利用して、古物営業を行う際には、刑事罰が課されぬよう、古物営業法についての理解を深めることが肝要となる。

以下では、古物営業開始時の規制、古物営業開始後の規制、古物営または古物営業主への監督について概観する。

なお、古物営業法の改正の詳細については、本章❷を参照。

2　古物営業開始時の規制

(1)　総　論

古物営業法では、まず、「古物」および「古物営業」についての定義を定め、その後に、古物商、古物営業主および古物競りあっせん業者ごとに、古物営業開始時の規制について規定している。

リサイクルビジネスが「古物営業」に該当すると、公安委員会の許可や届出が必要となり、それを怠ると、罰則が課される可能性がある（古物31条1号、35条1号）。そのため、リサイクルビジネスを行う者は、まず、自己が行おうとしているリサイクルビジネスが古物営業法上の届出が必要か否かについて検討し、届出が必要であれば、速やかに届出手続をすることが必要となる。

(2)　古物とは

ア　古物の定義

「古物」とは、①一度使用された物品、②使用されない物品で使用のために取引されたもの、③これらの物品に幾分の手入れをしたものをいう（古物2条1項）。

①における「使用」とは、物品をその本来の用法に従って使用することをいう（古物営業関係法令の解釈基準等【(平成7年9月11日警察庁丁生企発第104号「古物営業関係法令の解釈基準等について」別添「古物営業関係法令の解釈基準等」。以下、本節中「解釈基準等」と記す)】2頁）。たとえば、衣類については着用すると、美術品については鑑賞すると「使用」されたという要件に該当することになる。

②における「使用のために取引されたもの」とは、自己が使用し、または他人に使用させる目的で購入等されたものをいう（解釈基準等2頁）。消費者が贈

答目的で購入した商品券や食器セットは、消費者が一度も使用していなくても、「使用のために取引されたもの」に該当することに注意が必要である。

③における「幾分の手入れ」とは、物品の本来の性質、用途に変化を及ぼさない形で修理等を行うことをいう（解釈基準等2頁）。たとえば、絵画については表面を修補すること、刀については研ぎなおすことが「幾分の手入れ」に該当する。

古物営業法における「古物」に該当しない、古物営業法2条1項にいう政令で定める「大型機械類」は、

・船舶（総トン数20トン未満の船舶および端舟その他ろかいのみをもって運転し、または主としてろかいをもって運転する舟を除く）
・航空機
・鉄道車両
・コンクリートによる埋込み、溶接、アンカーボルトを用いた接合その他これらと同等以上の強度を有する接合方法により、容易に取り外すことができない状態で土地または建造物に固定して用いられる機械であって、重量が1トンを超えるもの
・重量が5トンを超える機械（船舶を除く）であって、自走することができるものおよびけん引されるための装置が設けられているもの以外のもの

である（古物施令2条各号）。

イ　古物の区分

古物は、

・美術品類（書画、彫刻、工芸品等）
・衣類（和服類、洋服類、その他の衣料品）
・時計・宝飾品類（時計、眼鏡、宝石類、装身具類、貴金属類等）
・自動車（その部分品を含む）
・自動二輪車および原動機付自転車（これらの部分品を含む）
・自転車類（その部分品を含む）
・写真機類（写真機、光学器等）
・事務機器類（レジスター、タイプライター、計算機、謄写機、ワードプロセッサー、ファクシミリ装置、事務用電子計算機等）
・機械工具類（電機類、工作機械、土木機械、化学機械、工具等）

・道具類（家具、じゅう器、運動用具、楽器、磁気記録媒体、蓄音機用レコード、磁気的方法または光学的方法により音、影像またはプログラムを記録した物等）
・皮革・ゴム製品類（カバン、靴等）
・書籍
・金券類（商品券、乗車券および郵便切手並びに古物営業法施行令1条各号に規定する証票その他の物をいう）

に分類されている（古物施規2条）。これらの分類は、古物営業の届出をする際に古物の区分となる（古物5条1項3号、古物施規2条）。

金券類における「商品券」とは、当該証票を提示、交付等して商品の交付等を受けることができる証票をいい、百貨店等の商品券のほか、ビール券、図書券、文具券、お米券（おこめ券）等が含まれる（解釈基準等2頁）。

金券類における「乗車券」とは、当該証票を提示、交付等して電車、列車、バス等に乗車することができる証票をいい、普通乗車券のほか、特急券、指定席券、電車やバスの回数乗車券等が含まれる（解釈基準等2頁）。

また、「古物」に該当する「政令で定める証票その他の物」（古物2条1項）は、

・航空券（古物施令1条1号）
・興行場または美術館、遊園地、動物園、博覧会の会場その他不特定かつ多数の者が入場する施設もしくは場所でこれらに類するものの入場券（同2号）
・収入印紙（同3号）
・金額が記載され、または電磁的方法により記録されている証票その他の物であって、(i)乗車券の交付を受けることができるもの、(ii)電話の料金の支払いのために使用することができるもの、(iii)タクシーの運賃または料金の支払いのために使用することができるもの、(iv)有料の道路の料金の支払いのために使用することができるもの（同4号）

である。

2号における「不特定かつ多数の者が入場する施設もしくは場所」には、博物館、水族館、植物園は含まれるが、鉄道の駅や競馬場等の公営競技場は含まれない（解釈基準等2頁）。

(3)　古物営業と古物商、古物市場主および古物競りあっせん業者

ア　古物営業と古物商

古物を売買し、もしくは交換し、または委託を受けて売買し、もしくは交換する営業（以下、「1号営業」という）は、古物営業となる（古物2条2項1号）。そのため、インターネット上でリサイクルビジネスを行うことは、古物営業に該当することになろう。

もっとも、1号営業においては、盗品等の混入のおそれが少ない営業形態である①古物の買取りは行わず、古物の売却のみを行う営業、②自己が売却した物品を当該売却の相手方から買い受けることのみを行う営業については、規制対象から除外されている（古物2条2項1号）。

たとえば、衣類やカバンについて、自分では買取りを行わず、自分が使用した物をフリマアプリ上で売却する場合には、1号営業に該当しないことになる。また、古物の買取りを行わず、古物を無償または引取料を徴収して引き取り、修理して販売する場合には、①の要件に該当することになる（解釈基準等4頁）。②自己が売却した物品を当該売却の相手方から買い受けることのみを行う営業は、あくまでも自己が売却した物品を当該売却の相手方から第三者を介在させず直接買い受けることに限られ、たとえば、AがBに売却した物品をAがBからCを介在させて買い受ける行為は②に該当しない（解釈基準等3頁）。①と②のいずれの行為をも行っているが、それ以外の行為を行っていない営業も、規制対象から除外される（解釈基準等3頁）。

そして、後述する公安委員会の許可を受けて1号営業を行う者を「古物商」という（古物2条3項）。

イ　古物市場主

古物市場（古物商間の古物の売買または交換のための市場をいう）を経営する営業（以下、「2号営業」という）も古物営業となる（古物2条2項2号）。

2号営業における「古物市場」とは、複数の古物商が来集し、当該古物商間における古物の円滑な取引のために利用される場所をいう（解釈基準等4頁）。

そして、2号営業の許可を受けて営業を行う者を「古物市場主」という（古物2条4項）。「古物市場主」は、古物市場を複数の古物商にその取引の場として提供し、その取引を円滑に行わしめることにより、入場料、手数料等を徴収する形態の営業を行う者である（解釈基準等4頁）。そのため、古物商間の取引

に利用させるため場所を提供している者であっても、無料提供の場合はもちろん、室料等を徴収しているが、それが単なる場所の提供の代価にとどまり、古物商間の取引の遂行に一切関与しないような場合は、古物市場主には該当しない（解釈基準等4頁）。

いわゆるバザーやフリーマーケットについても、取引されている古物の価額や、開催の頻度、古物の買受けの代価の多寡やその収益の使用目的等を総合的に判断し、営利目的で反復継続して古物の取引を行っていると認められる場合には、古物営業に該当する点に注意が必要である（解釈基準等4頁）。

ウ　古物競りあっせん業者

古物の売買をしようとする者のあっせんを競りの方法（政令で定める電子情報処理組織を使用する競りの方法その他の政令で定めるものに限る）により行う営業（古物営業法2条2項2号に掲げるものを除く。以下、「3号営業」という）も古物営業となる（古物2条2項3号）。

3号営業の例としては、利用者から対価を徴収するインターネット・オークションが該当する（古物施令3条）。そして、3号営業を営む者を「古物競りあっせん業者」という（古物2条5項）。

フリマアプリは、インターネット上において、個人間で直接に物を売買する場を提供するものであり、競りによるものではないため、フリマアプリの運営業者は、古物競りあっせん業者には該当しない。この点につき、古物営業法の平成30年改正に際して、フリマアプリの運営業者についても、古物営業法上の規制を課すべきか議論がなされたが、運営業者等が自主規制を行うこととし、法律による規制は見送られている（報告書平成29年12月21日「古物営業の在り方に関する有識者会議報告書」6頁）。

(4)　公安委員会の許可と公安委員会への届出

ア　古物商と古物市場主の場合

まず、新たに古物商になろうとする者や新たに古物市場主になろうとする者は、都道府県の公安委員会の許可を受けることが必要となる（古物3条）。平成30年改正により、複数の都道府県で営業を行う古物商のコスト削減等や行政コストの削減の観点から、ある都道府県公安委員会から許可を受けた場合には、その他の都道府県に営業所を新たに設ける際に、再度の許可申請は不要となっている。

なお、1号営業および2号営業を公安委員会の許可を得ずに行う者に対しては、3年以下の懲役または100万円以下の罰金が課される（古物31条1号）。

次に、公安委員会の許可を得るための許可申請書は、直接、公安委員会に提出するのではなく、営業所または古物市場の所在地の管轄警察署長を通じて、別段の定めがない限り正副2通の許可申請書を提出することになる（古物施規1条2項）。

成年被後見人、古物営業法上の罰則を受けてから5年を経過していない者、住居が定まらない者、古物営業の許可の取消しを受けてから5年を経過しない者、未成年者等は、許可申請の欠格事由となっている（古物4条）。また、暴力団員は、古物商という立場を悪用して、積極的に不正品の処分先となるおそれがあることから、平成30年改正により、古物商の欠格事由に暴力団員が加わっている（古物4条3号・4号）。

警察署に提出する許可申請書の書式のその記載例は、警視庁のウェブサイトからもダウンロードすることができる。（http://www.keishicho.metro.tokyo.jp/tetsuzuki/kobutsu/index.html）

許可申請書への記載事項は、古物営業法5条1項に規定されている事項である。また、許可申請書の添付書類は、古物営業法施行規則1条の2第3項に規定されている。

ホームページ利用取引をしようとする場合には、そのホームページのURLを使用する権限のあることを疎明する資料が必要となる。その例としては、申請者がプロバイダやインターネットのモールショップの運営者からそのホームページのURLの割当てを受けた際の通知書の写し等である（古物営業研究会『わかりやすい古物営業の実務〔2訂版〕』（東京法令出版、2011年）10頁）。

イ　古物競りあっせん業者の場合

新たに古物競りあっせん業者になろうとする者は、営業開始の日から2週間以内に、営業の本拠となる事務所（当該事務所のない者にあっては、住所または居所）の所在地の所轄警察署長を経由して公安委員会に、営業開始届出書の正副2通を提出しなければならない（古物10条の2第1項、古物施規9条の2第2項）。

3号営業を公安委員会への届出なしに行う者は、20万円以下の罰金の対象となる（古物34条3号）。

営業開始届出書の書式のその記載例は、警視庁のウェブサイトからダウンロードすることができる。(http://www.keishicho.metro.tokyo.jp/tetsuzuki/kobutsu/index.html)

営業開始届出書への記載事項は、古物営業法10条の2第1項に規定されている事項である。また、届出書の添付書類は、古物営業法施行規則9条の2第3項に記載がある。

3　古物営業開始後の法規制

(1)　総　論

フリマアプリやインターネット上のリサイクルビジネスは、営業開始後も、古物営業法上の規制を受けることになる。そして、それらの規制には罰則等も課されることから、古物営業法上の規制に注意しながら、リサイクルビジネスを行うことが求められる。

この点、古物営業開始後の法規制については、大別すると、許可制の古物商および古物市場主と届出制の古物競りあっせん業者とで異なっていることから、以下で、古物商および古物市場主と古物競りあっせん業者とを分けて、概説する。

(2)　古物商および古物市場主に対する法規制

ア　名義貸しの禁止

古物商または古物市場主の名義貸しは、欠格事由に該当する者が他人名義で古物営業を営むのを防止するために、禁止されている（古物9条）。

古物商または古物市場主の名義貸しは、3年以下の懲役または100万円以下の罰金の対象となる（古物31条3号）。

イ　競り売りの届出

競り売りは、短時間に大量の古物が取引されるため、盗品等の処分の場として利用されやすいことから、古物商は、古物市場主の経営する古物市場以外において競り売りをしようとするときは、あらかじめ、その日時および場所について、その場所を管轄する公安委員会に届出が必要となる（古物10条1項）。

競り売りの届出をしようとする公安委員会の管轄区域内に古物商が営業所を有しない場合の取扱いについて、平成30年改正により、古物商は、競り売りの届出を、営業所の所在地を管轄する公安委員会を経由して行うことが可能となっている（古物10条2項）。

また、古物商は、ホームページにて古物の競り売りをしようとする場合には、あらかじめ、そのホームページのURL、競り売りしようとする期間および通信手段の種類等を公安委員会に届け出なければならない（古物10条3項）。

競り売りをする際に、届出がないと20万円以下の罰金の対象となる点に注意が必要である（古物34条2号）。

なお、古物競りあっせん業者が行うあっせんを受けて取引をしようとする場合には、届出義務は課されていない（古物10条4項）。

ウ　行商、競り売りの際の許可証等の携帯等

営業所を離れて取引を行う営業形態である「行商」は、営業所における古物営業と比べて、帳簿記載や確認等の義務が懈怠されやすいことから、古物商が「行商」を行う場合には、古物商に対しては許可証、その代理人等に対しては行商従業者証の携帯義務が課されている（古物11条1項）。

許可証や行商従業者証の不携帯については、10万円以下の罰金の対象となっている（古物35条2号）。

古物商またはその代理人等は、行商をする場合において、取引の相手方から許可証または行商従業者証の提示を求められたときは、提示しなければならない（古物11条3項）。

エ　標識の掲示等

古物商または古物市場主が営業の許可を受けているか否かを容易に識別する観点から、古物商または古物市場主は、それぞれ営業所もしくは仮設店舗または古物市場ごとに、公衆の見やすい場所に、①古物営業法施行規則11条で定める別記様式13号もしくは14号の標識、または②古物営業法施行規則12条1項に基づき承認を得た標識を掲示しなければならない（古物12条1項）。

古物営業法12条1項における「公衆の見やすい場所」とは、営業所等の入り口等、通路街路等を通行する一般公衆において、社会通念上見やすいと認められる場所をいう（解釈基準等6頁）。

また、古物商は、ホームページを用いて取引をしようとするときは、その取

り扱う古物に関する事項とともに、その氏名または名称、許可をした公安委員会の名称および許可証の番号をホームページに表示しなければならない（古物12条2項）。許可証の番号等は、原則として取り扱う古物を掲載している個々のページに表示しなければならないが、古物を取り扱うサイトのトップページに表示すること、トップページ以外のページに表示し、当該ページへのリンクをトップページに設定することも認められている（古物営業研究会『わかりやすい古物営業の実務〔2訂版〕』（東京法令出版、2011年）17頁）。

標識の掲示等を懈怠すると、10万円以下の罰金の対象となる（古物35条2号）。

オ　管理者の選任

古物商または古物市場主は、営業所または古物市場ごとに、当該営業所または古物市場に係る業務を適正に実施するための責任者として、管理者1人を選任しなければならない（古物13条1項）。

もっとも、未成年者、古物営業法4条1号から7号までのいずれかに該当する者は、管理者となることができない（古物営業13条2項）。

そして、古物商または古物市場主は、管理者に、取り扱う古物が不正品であるかどうかを判断するために必要なものとして国家公安委員会規則で定める知識、技術または経験を得させるよう努めなければならないとする努力義務が課されている（古物13条3項）。国家公安委員会規則で定める知識、技術または経験とは、自動車、自動二輪車または原動機付自転車を取り扱う営業所または古物市場の管理者については、不正品の疑いがある自動車、自動二輪車または原動機付自転車の車体、車台番号打刻部分等における改造等の有無ならびに改造等がある場合にはその態様および程度を判定するために必要とされる知識、技術または経験であって、当該知識、技術または経験を必要とする古物営業の業務に3年以上従事した者が通常有し、一般社団法人または一般財団法人その他の団体が行う講習の受講その他の方法により得ることができるものとされている（古物施規14条）。

そして、公安委員会は、管理者がその職務に関し法令の規定に違反した場合において、その情状により管理者として不適当であると認めたときは、古物商または古物市場主に対し、当該管理者の解任を勧告することができる（古物13条4項）。

カ　営業の制限

まず、古物営業法14条は、営業所等以外の場所において、古物の取引をする場合には、古物営業法に基づく各種義務の履行が期待できないため、古物商は、その営業所または取引の相手方の住所もしくは居所以外の場所において、買受け、もしくは交換するため、または売却もしくは交換の委託を受けるため、古物商以外の者から古物を受け取ってはならないと規定している（古物14条1項本文）。

もっとも、平成30年改正により、仮設店舗において古物営業を営む場合において、あらかじめ、その日時および場所をその場所を管轄する公安委員会に届け出ることにより、営業所等以外の場所において、営業が可能となっている(古物14条1項ただし書)。これにより、百貨店や集合住宅のエントランス等のスペースを活用したイベント会場等においても、あらかじめ届出をすることにより、買受け等のための古物の受取りが可能となっている。

古物営業法14条1項に違反すると、1年以下の懲役または50万円以下の罰金の対象となる（古物32条）。

次に、古物市場において、大量の物品が取引され、古物商以外の者により盗品等の処分の場として利用されるため、古物商同士の取引以外の古物の取引を禁止すべく、古物市場においては、古物商間でなければ古物を売買し、交換し、または売却もしくは交換の委託を受けてはならないとされている（古物14条3項）。

古物営業法14条3項の違反は、6月以下の懲役または30万円以下の罰金の対象となる（古物33条1号）。

キ　相手方の確認等および申告

古物営業法15条は、盗品等の古物流通市場への流入の防止という観点から、古物商が古物の買受等をする場合の相手方の確認等の義務および不正品の申告義務について規定している。

古物商は、①古物を買い受けるとき、②古物を交換するとき、③古物の売却または交換の委託を受けようとするときは、相手方の真偽を確認するため、次の(a)から(d)のいずれかの措置をとらなければならない（古物15条1項）。

(a)　相手方の住所、氏名、職業および年齢を確認すること

具体的には、身分証明書、運転免許証、国民健康保険被保険者証等相手方の

身元を確かめるに足りる資料の提示を受け、または相手方以外の者で相手方の身元を確かめるに足りるものに問い合わせることによりするものとされている（古物施規15条1項）。

(b)　相手方からその住所、氏名、職業および年齢（以下「住所等」という）が記載された文書（その者の署名のあるものに限る）の交付を受けること

「署名」とは、当該古物商またはその代理人、使用人その他の従業者の面前において万年筆、ボールペン等により明瞭に記載されたもので、当該署名がされた文書に記載された住所、氏名、職業または年齢が真正なものでない疑いがあると認めるときは、古物商は、古物営業法施行規則15条1項に規定するところによりその住所、氏名、職業または年齢を確認するようにしなければならない（古物施規15条2項）。

(c)　相手方からその住所、氏名、職業および年齢が記された電子署名付き電子メールの送信を受けること

電子証明付き電子メールとは、電子署名及び認証業務に関する法律2条1項に規定する電子署名をいい、当該電子署名について同法4条1項または同法15条1項の認定を受けた者により同法2条2項に規定する証明がされるものに限られる。

(d)　古物営業法施行規則15条3項各号で定めるもの

古物営業法15条1項の違反は、6月以下の懲役または30万円以下の罰金の対象となる（古物33条1号）。

もっとも、対価の総額が1万円未満である取引をする場合であって、自動二輪車および原動機付自転車（これらの部分品（ねじ、ボルト、ナット、コードその他の汎用性の部分品を除く）を含む）、専ら家庭用コンピュータゲームに用いられるプログラムを記録した物、光学的方法により音または影像を記録した物、書籍以外の物について取引をする場合、自己が売却した物品を当該売却の相手方から買い受ける場合については、確認義務が免除されている（古物15条2項、古物施規16条1項・2項）。

また、古物商は、古物を買い受け、もしくは交換し、または売却もしくは交換の委託を受けようとする場合において、当該古物について不正品の疑いがあると認めるときは、直ちに、警察官にその旨を申告しなければならない（古物15条3項）。

ク　取引の記録義務

古物の取引について記載または記録することにより、古物の購入元や移転先等を明らかにし、盗品等の混入の防止および窃盗等の犯罪被害の速やかな回復を図る観点から、古物営業法16条では、古物商が古物の取引を行う場合における帳簿等への記載または電磁的方法による記録の義務（以下「記録義務」という）について、古物営業法17条では、古物市場主の記録義務について規定している。

古物商は、売買もしくは交換のため、または売買もしくは交換の委託により、古物を受け取り、または引き渡したときは、その都度、①取引の年月日、②古物の品目および数量、③古物の特徴、④相手方（国家公安委員会規則で定める古物を引き渡した相手方を除く）の住所、氏名、職業および年齢、⑤古物営業法15条1項の規定によりとった措置の区分につき、帳簿もしくは国家公安委員会規則で定めるこれに準ずる書類（以下「帳簿等」という）に記載をし、または電磁的方法により記録をしておかなければならない（古物16条）。

「帳簿等」の様式については、古物営業法施行規則17条に規定されている。

もっとも、古物営業法15条2項各号に掲げる場合および当該記載または記録の必要のないものとして国家公安委員会規則で定める古物を引き渡した場合には、記録義務が課されない。

古物営業法16条の違反は、6月以下の懲役または30万円以下の罰金の対象となる（古物33条2号）。

また、古物市場主についても、古物営業法17条により、古物商と同様の記録義務が課されている。

ケ　帳簿等の備付義務

まず、古物商または古物市場主は、古物営業法16条および17条の帳簿等を最終の記載をした日から3年間営業所もしくは古物市場に備え付け、または古物営業法16条および17条の電磁的方法による記録を当該記録をした日から3年間営業所もしくは古物市場において直ちに書面に表示することができるようにして保存しておかなければならない（古物18条1項）。

古物営業法18条1項の違反は、6月以下の懲役または30万円以下の罰金の対象となる（古物33条1号）。

次に、古物商または古物市場主は、古物営業法16条および17条の帳簿等または電磁的方法による記録をき損し、もしくは亡失し、またはこれらが滅失したときは、直ちに営業所または古物市場の所在地の所轄警察署長に届け出なければならない（古物18条2項）。

古物営業法18条2項の違反についても、6月以下の懲役または30万円以下の罰金の対象となる（古物33条3号）。

コ　品触れ

古物営業法19条に定める品触れとは、警察本部長等が、盗品等の発見のために必要があると認めたときに、古物商または古物市場主に対して被害品を通知するものであり、その有無の確認および届出を求めることによって、被害品の迅速な発見を図ることを目的としている。

古物商または古物市場主は、品触れを受けたときは、当該品触れに係る書面に到達の日付を記載し、その日から6月間保存しなければならない（古物19条2項）。古物営業法19条2項の違反は、6月以下の懲役または30万円以下の罰金の対象となる（古物33条4号）。

そして、古物商は、品触れを受けた日にその古物を所持していたとき、または6月間の期間内に品触れに相当する古物を受け取ったときは、その旨を直ちに警察官に届け出なければならない（古物19条5項）。

さらに、古物市場主も同様に、6月間の期間内に、品触れに相当する古物が取引のため古物市場に出たときは、その旨を直ちに警察官に届け出なければならない（古物19条6項）。

サ　差止め

古物商が買い受け、もしくは交換し、または売却もしくは交換の委託を受けた古物について、盗品等であると疑うに足りる相当な理由がある場合においては、警察本部長等は、当該古物商に対し30日以内の期間を定めて、その古物の保管を命ずることができる（古物21条）。

古物営業法21条の命令違反は、6月以下の懲役または30万円以下の罰金の対象となる（古物33条5号）。

シ　営業内容の変更

古物商または古物市場主は、古物営業法5条1項2号に掲げる事項の変更をしようとするときは、あらかじめ、公安委員会（公安委員会の管轄区域を異にして主たる営業所または古物市場の所在地を変更しようとするときは、その変更後の主たる営業所または古物市場の所在地を管轄する公安委員会）に、国家公安委員会規則で定める事項を記載した届出書を提出しなければならない（古物7条1項）。

古物営業法7条1項の違反は、10万円以下の罰金の対象となる（古物35条1号）。

(3)　古物競りあっせん業者に対する法規制

ア　相手方の確認

インターネット上の取引の匿名性を低減させて、犯人による処分を困難にし、盗品等の売買を防止する観点から、古物競りあっせん業者には、古物の売却をしようとする者からのあっせんの申込みを受けようとするとき、その相手方の真偽を確認するための措置をとる努力義務が課されている（古物21条の2）。

イ　申　告

古物競りあっせん業者は、インターネット・オークションの利用者からの情報、苦情等を受けているため、盗品等の速やかな発見を図る観点から、あっせんの相手方が売却しようとする古物について、盗品等の疑いがあると認めるときは、直ちに、警察官にその旨を申告しなければならない（古物21条の3）。

ウ　記　録

記録の作成および保存をすることにより、盗品等の処分状況を明らかにし、盗品等の速やかな発見を可能にするために、古物競りあっせん業者は、古物の売買をしようとする者のあっせんを行ったときは、国家公安委員会規則で定めるところにより、書面または電磁的方法による記録の作成および保存に努めなければならない（古物21条の4）。

古物競りあっせん業者は、古物の売買をしようとする者のあっせんを行ったときは、①古物の出品年月日、②古物の出品者情報および出品者・落札者のユーザーID等でサイトに掲載されたもの、③出品者・落札者がユーザー登録等の際に登録した事項であって、当該古物競りあっせん業者が記録することに同意したうえであらかじめ申し出た事項について、書面または電磁的方法による記録を作成するよう努めなければならない（古物施規19条の3第1項）。

なお、古物競りあっせん業者は、記録を作成の日から1年間保存するよう努めなければならない（古物施規19条の3第2項）。

エ　競りの中止命令

古物競りあっせん業者のあっせんの相手方が売却しようとする古物について、盗品等であると疑うに足りる相当な理由がある場合においては、警察本部長等は、当該古物競りあっせん業者に対し、当該古物に係る競りを中止することを命ずることができる（古物21条の7）。

古物営業法21条の7の命令に違反すると、6月以下の懲役または30万円以下の罰金の対象となる（古物33条5号）。

オ　営業内容の変更

古物競りあっせん業者は、古物競りあっせん業を廃止したとき、または古物営業法10条の2第1項各号に掲げる事項に変更があったときは、公安委員会（公安委員会の管轄区域を異にして営業の本拠となる事務所を変更したときは、変更後の営業の本拠となる事務所の所在地を管轄する公安委員会）に、届出書を提出しなければならない（古物10条の2第2項）。届出書の添付書類については、同規則9条の3第4項に規定されている。

古物営業法10条の2に違反すると、20万円以下の罰金の対象となる（古物34条3号）。

4　古物営業または古物営業主への監督

(1)　立入りおよび調査

古物営業法22条は、古物営業の実態を把握し、また、盗品等の混入がないか確認するために、警察職員が営業所、古物市場等に立ち入り、古物や帳簿等を検査し、関係者に質問する制度について規定している。

そして、古物営業法22条1項の立入りまたは帳簿等の検査を拒み、妨げ、または忌避した者や同条3項の規定による報告をせず、または虚偽の報告をした者は、10万円以下の罰金の対象となる（古物35条3号・4号）。

(2)　指　示

古物営業法23条は、古物商もしくは古物市場主またはこれらの代理人等が、古物営業に関し古物営業法もしくは古物営業法に基づく命令の規定に違反し、またはその古物営業に関し他の法令の規定に違反した場合において、盗品等の売買等の防止または盗品等の速やかな発見が阻害されるおそれがあると認めるときは、公安委員会が当該古物商または古物市場主に対し、その業務の適正な実施を確保するため必要な措置をとるべきことを指示することができるとしている。

(3)　営業の停止

古物営業法24条は、古物商もしくは古物市場主もしくはこれらの代理人等が古物営業法もしくは古物営業法に基づく命令の規定に違反しもしくはその古物営業に関し他の法令の規定に違反した場合において盗品等の売買等の防止もしくは盗品等の速やかな発見が著しく阻害されるおそれがあると認めるとき、または古物商もしくは古物市場主がこの古物営業法に基づく処分（古物営業法23条の規定による指示を含む）に違反したときは、当該古物商または古物市場主に対し、その古物営業の許可を取り消し、または6月を超えない範囲内で期間を定めて、その古物営業の全部もしくは一部の停止を命ずることができるとしている。

古物営業法24条の規定による公安委員会の命令に違反した者は、3年以下の懲役または100万円以下の罰金の対象となる（古物31条4号）。

＜参考文献＞

・平成7年9月11日警察庁丁生企発第104号「古物営業関係法令の解釈基準等について」
https://www.npa.go.jp/pdc/notification/seian/seiki/seianki19950911.pdf
・平成29年12月21日「古物営業の在り方に関する有識者会議報告書」
https://www.npa.go.jp/bureau/safetylife/kobutsu/hokoku.pdf

2　古物営業法の2018年改正

1　はじめに

古物営業に係る業務について必要な規制等を行う古物営業法（昭和24年法律第108号）は、盗品等の売買の防止、速やかな発見等を図ることを目的とする（平成30年改正前古物営業法1条）[1)]。そのため、同法は、古物営業[2)]を行う古物商（同法2条3項）につき、都道府県ごとに公安委員会の許可を必要とした上（同法3条）、許可証等の携帯（同法11条）、標識の掲示（同法12条）、管理者の選任（同法13条）、相手方の本人確認（同法15条）、帳簿等への記載（同法16条）等を義務付けている[3)]。

古物商の数は、平成28年末で、許可件数約77万件余りにまで上っている。それらの中には、複数の都道府県で営業を行う者も多い。古物商の全国展開化が進んでいるといってよい。

かかる古物商の営業形態の量および質の変化を受け、規制緩和による事業者

---

1)　古物営業法は、被害者の盗品・遺失物回復のための手段として、①古物商が買い受け、または交換した古物のうちに盗品・遺失物があった場合、その古物商が当該盗品・遺失物を公の市場においてまたは同種の物を取り扱う営業者から善意で譲り受けた場合においても、被害者または遺失主は、古物商に対し、これを無償で回復することを求めることができる旨規定するとともに（同法20条：ただし、盗難または遺失の時から1年を経過した後においては、この限りでない）、②古物商が買い受け、もしくは交換し、または売却もしくは交換の委託を受けた古物について、盗品等であると疑うに足りる相当な理由がある場合において、警察本部長等は、当該古物商に対し30日以内の期間を定めて、その古物の保管を命ずることができる旨（同法21条）の規定を置く。

2)　古物営業とは、次に掲げる営業をいい（平成30年改正前古物営業法2条2項）、これらを営む者を古物営業者という。

1	古物商	古物を売買し、もしくは交換し、または委託を受けて売買し、もしくは交換する営業であって、古物を売却することまたは自己が売却した物品を当該売却の相手方から買い受けることのみを行うもの以外のもの
2	古物市場主	古物市場（古物商間の古物の売買または交換のための市場）を経営する営業を営む者
3	古物競りあっせん業者	古物の売買をしようとする者のあっせんを競りの方法により行う営業を営む者

負担の軽減等といった規制の見直しの声が高まってきた。現に、規制緩和に関する提案に関する提案は、内閣府の規制改革ホットラインに対してなされているし[4]、規制改革推進会議行政手続部会の取りまとめ（平成29年3月29日）においても、各省庁が行政手続コストの削減に向けた取組みを求められている。

かような折、現在のニーズに即した古物営業のあり方について検討を行うため、有識者により構成される「古物営業の在り方に関する有識者会議」が開かれ（2017年10月13日、11月6日および12月4日）、その成果は、「古物営業の在り方に関する有識者会議報告書」（「報告書」：2017年12月21日）として取りまとめられた[5]。

今回の古物営業法の改正（平成30年法律第21号）は、前記報告書を受けてのものである。

2　2018年改正の概要

今回の古物営業法の改正は、大きくは、次の4点からなる。

---

3)　古物営業法は、古物商のほか、古物市場主および古物競りあっせん業者につき、規制する。これらに対する同法の適用関係は、大要、次のようになっている。

<table>
<tr><th></th><th>古物商</th><th>古物市場主</th><th>古物競りあっせん業者</th></tr>
<tr><td>許可または届出</td><td>許可（平成30年改正前古物営業法3条1項）</td><td>許可（同法3条2項）</td><td>届出（同法10条の2）</td></tr>
<tr><td>許可証等の携帯</td><td>○（同法11条）</td><td>—</td><td>—</td></tr>
<tr><td>標識の掲示</td><td colspan="2">○（同法12条1項）</td><td>○（同法21条の5、同法21条の6）</td></tr>
<tr><td>管理者の選任</td><td colspan="2">○（同法13条）</td><td>—</td></tr>
<tr><td>営業の制限</td><td colspan="2">○（同法14条）</td><td>—</td></tr>
<tr><td>相手方の本人確認</td><td>○（同法15条1項）</td><td>—</td><td>○（同法21条の2）</td></tr>
<tr><td>申告</td><td>○（同法15条3項）</td><td>—</td><td>○（同法21条の3）</td></tr>
<tr><td>帳簿等への記載</td><td>○（同法16条）</td><td>○（同法17条）</td><td rowspan="2">○（同法21条の4）</td></tr>
<tr><td>帳簿の保存</td><td colspan="2">○（同法18条）</td></tr>
</table>

4)　要望は、①1つの都道府県公安委員会の許可を受けていれば、他の都道府県に新たに営業所等を設ける場合に届出のみとして、許可を不要とする措置を講じてほしい、②古物の受取を行うことができる場所として、百貨店等におけるイベント会場等を追加してほしい、の2つであった。

5)　https://www.npa.go.jp/bureau/safetylife/kobutsu/hokoku.pdf

(1)　許可単位の見直し

ア　現行法の規律

現行制度においては、古物営業を行うためには、営業所を置く各都道府県ごとに都道府県公安委員会の許可を受ける必要がある（平成30年改正前古物営業法3条1項）。すなわち、A県で許可を取得して営業を行っている古物商は、同じA県において新たな営業所を設ける場合には、変更の届出を行えば足りる一方で、別のB県において新たな営業所を設けようとする場合には、B県で新たな許可を取得する必要がある。古物市場主についても同様である（同条2項）。

イ　改正法の規律

改正法の下においては、主たる営業所等の所在地を管轄する公安委員会の許可を受ければ、その他の都道府県に営業所を設ける場合には届出で足りることとされた（改正法3条）。これにより、一度許可を取得すれば、全国で営業を行うことが可能になるため、複数の都道府県で営業を行う古物商にとってはコスト削減等のメリットがある。また、都道府県公安委員会ごとの許可制度は維持されることから、許可審査の体制等に大きな影響は生じないとみられる上、それぞれの都道府県公安委員会において許可審査を行う必要がなくなることから、行政コストの削減にもつながると考えられる。

(2)　営業制限の見直し

ア　現行法の規律

現行制度においては、古物商は、その営業所または取引の相手方の住所もしくは居所以外の場所では、買受け等のために古物商以外の者から古物を受け取ることが禁止されており、営業に制限がかかっている（平成30年改正前古物営業法14条1項）。

イ　改正法の規律

改正法の下においては、事前に公安委員会事前に公安委員会に日時・場所の届出をすれば、仮設店舗においても古物を受け取ることができることとされた（改正法14条1項）。

	営業所	住所等	その他
現　行	○	○	×
改　正	○	○	○（ただし仮設店舗において）

これにより、これまで禁止されていた場所（百貨店や集合住宅のエントランス等のスペースを活用したイベント会場等）で受取りを行うことができるようになるため、ビジネスチャンスが広がることとなり、また、消費者にとっても、古物を売却できる場所の選択肢が増えることから、利便性が向上することとなる。

(3)　簡易取消の新設

ア　現行法の規律

現行制度においては、所在不明である古物商の許可を取り消すためには、3か月以上所在不明であることを都道府県公安委員会が立証したうえで（平成30年改正前古物営業法6条3項）、聴聞を実施する必要があり（同法25条）、所在不明である古物商の許可を迅速に取り消すことができない。

イ　改正法の規律

改正法の下においては、古物商等の所在を確知できないなどの場合に、公安委員会が公告を行い、30日を経過しても申出がない場合には、許可を取り消すことができることとされた（改正法6条2項3項）。

(4)　欠格事由の追加

ア　現行法の規律

現行制度においては、盗品売買の防止等を図るという法目的に照らし、不適格者を排除するため、財産犯の前科等に係る欠格事由を設けているものの（平成30年改正前古物営業法4条2号）、暴力団排除条項は設けられていない。

イ　改正法の規律

改正法の下においては、暴力団員やその関係者、窃盗罪で罰金刑を受けた者を排除するため、許可の欠格事由が追加されることになった（改正法4条2号～4号）。遵法意識の欠落した暴力団員が古物営業を営むこととなれば、盗品売買の防止等を図るという法目的を達成するために必要な本人確認、帳簿記載等の義務が確実に履行されることは期待できず、むしろ、古物商という立場を悪用して、積極的に不正品の処分先となるおそれすらある。本欠格事由により、かかる者を排除することが可能となる。

3　フリマアプリ等については、規制見送り

現行法では、インターネット上のフリーマーケットアプリやフリーマーケットサイト（フリマアプリ等）は、インターネット上において、個人間で直接に物を売買する場を提供するものであり、また、その方法が競りによるものではないため、フリマアプリ等の運営業者は法に規定された古物競りあっせん業者には該当せず、法規制の対象外となっている[6]。

「報告書」においては、かかるフリマアプリ等にも、古物営業法の規制を及ぼすか否かが検討されたが、最終的には、まずは事業者および業界の自主規制の状況を見守り、自主規制のままでは盗品売買の防止等に関して十分な抑止効果が認められないという状況に至った場合に、法規制を検討していくべきであるとして、規制は見送られることになった[7]。

4　改正法の施行期日

改正法の施行期日は、改正項目ごとに異なっている。具体的には、次のとおりである。

1	許可単位の見直し	公布の日（2018年4月25日）から2年を超えない範囲内
2	営業制限の見直し	公布の日から6月を超えない範囲内〔2018年10月24日〕
3	簡易取消の新設	公布の日から6月を超えない範囲内〔2018年10月24日〕
4	欠格事由の追加	公布の日から6月を超えない範囲内〔2018年10月24日〕

6）なお、古物競りあっせん業者については、あっせんの相手方の確認およびあっせんの記録の作成・保存について努力義務が課せられている（2018年改正前古物営業法21条の4）。

7）「報告書」6頁。

3　質屋営業の概要と実態

1　質屋営業の概要

質屋とは、質屋営業を営む者であって、都道府県公安委員会の許可を得たものをいい（質屋2条1項）、質屋営業とは、物品を質に取り、流質期限までに当該質物で担保される債権の弁済を受けないときは、当該質物をもってその弁済にあてる約款を付して、金銭を貸し付ける営業をいう（質屋1条）。

金銭を借りたい者（消費者等）は、担保となる物品を質屋に預入れ、質屋は、同物品の価値に応じて一定の返済期限を定めて、金銭を貸し渡す。同貸金の返済期限までに、元金と利息を弁済した場合には、物品が返還されるが、元金と利息を弁済できない場合、担保となっている物品の所有権が質屋に移転することとなる（質流れ）。質屋は、質流れした物品を店頭に並べ、消費者に売却することとなる（下図参照）。

借入の仕組み

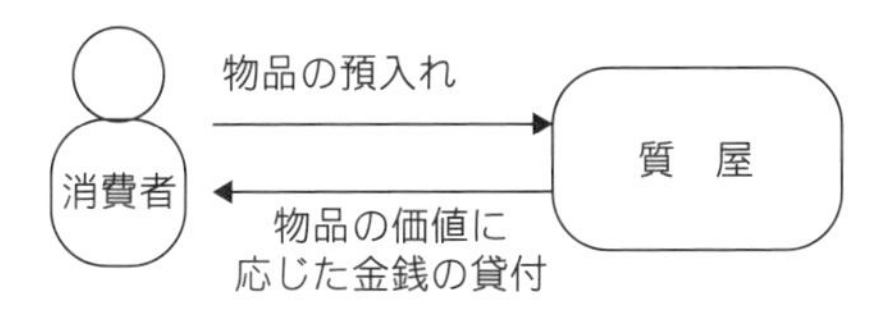

金銭を弁済した場合

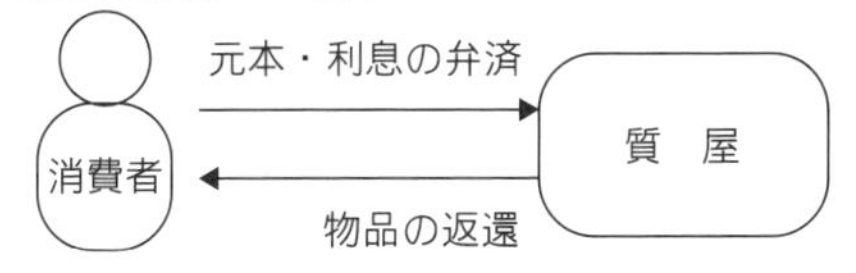

質流れ

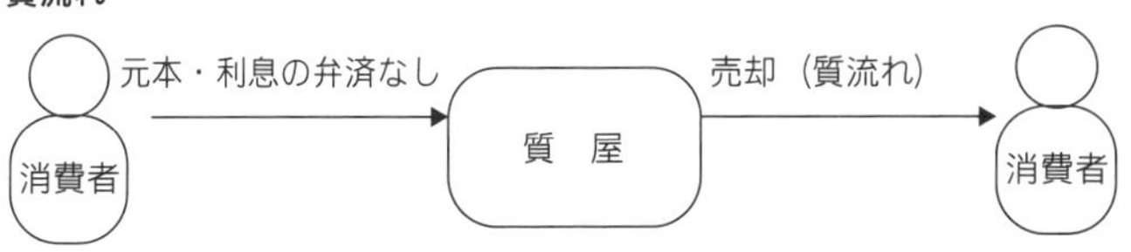

2　質屋開業のための手続等

(1)　規律する法律について

質屋営業は貸金業であり、質屋営業法、質屋営業法施行規則等により規制がなされている。すなわち、開業にあたって営業所ごとに、その所在地を管轄する都道府県公安委員会の許可が必要であり（質屋2条1項）、自ら管理しない場合には管理者を定める必要があって（質屋2条2項）、名板貸（自己名義で他人に営業させること）が禁止され（質屋6条）、火災や盗難等の防止のため保管設備について一定の基準を満たす必要がある（質屋7条、保管設備の基準を定める規則。なお、保管設備の基準は各都道府県ごとに異なる）。

(2)　許可を受けるための資格について

質屋営業法2条1項の許可を得るために特別な資格等は要求されていない。もっとも、質屋営業法3条は、公安委員会は、質屋営業法2条1項の規定による許可を受けようとする者が、次の各号のいずれかに該当する場合においては、許可をしてはならないと規定し、一定の欠格事由を定める。欠格事由は以下のとおりである（質屋3条1項）。

1号	禁錮以上の刑に処せられその執行を終わり、または執行を受けることのなくなった後、3年を経過しない者
2号	許可の申請前3年以内に、5条（無許可営業の禁止）の規定に違反して罰金の刑に処せられた者または他の法令の規定に違反して罰金の刑に処せられその情状が質屋として不適当な者
3号	住居の定まらない者
4号	営業について成年者と同一の行為能力を有しない未成年者または成年被後見人。ただし、その者が質屋の相続人であって、その法定代理人が前3号、6号および9号のいずれにも該当しない場合を除くものとする。
5号	破産者で復権を得ないもの
6号	25条1項の規定により許可を取り消され、取消しの日から3年を経過していない者
7号	同居の親族のうちに前号に該当する者または営業の停止を受けている者のある者

8号	1号から6号までのいずれかに該当する管理者を置く者
9号	法人である場合においては、その業務を行う役員のうちに1号から6号までのいずれかに該当する者がある者
10号	7条1項の規定により、公安委員会が質物の保管設備について基準を定めた場合においては、その基準に適合する質物の保管設備を有しない者

(3)　許可申請手続について

ア　手　続

質屋営業法2条1項の定める許可を得るためには、各都道府県の公安委員会に宛てて、許可申請書を提出する必要がある。許可申請書の提出は、開業しようとする営業所の所在地を管轄する警察署長を経由してするものとされているが（質屋施規1条1項）、実際の窓口となるのは、同警察署の生活安全課であり、各営業所ごとに許可申請が必要となる。東京都では、申請手数料は2万2000円とされており（警視庁関係手数料条例2条1項、別表第一。なお、各都道府県で個別の定めを置いている）、審査期間は50日とされている（東京都の定める審査基準）。

手続の大まかな流れは以下のとおりである。

①各都道府県の公安委員会宛の許可申請書を開業しようとする営業所所在地を管轄する警察署の生活安全課に添付書類とともに提出する（質屋2条、質屋施規1条）。

②審査

③営業所や質物保管設備等に関する調査

④許可証の交付（質屋8条）

イ　提出書類

(a)　申請者が個人の場合

①質屋営業許可申請書（質屋2条1項、質屋施規2条1項）

②質物の保管設備の構造計算書、図面その他の書類（質屋7条、質屋施規2条1項5号）

③履歴書

④住民票の写し（本籍（外国人の場合は国籍、在留資格等）が記載されたもの）（質

屋施規2条3項1号イ)

⑤成年被後見人に該当しない旨の登記事項証明書（質屋施規2条3項1号ロ)

(b)　申請者が法人の場合

①質屋営業許可申請書（質屋2条1項、質屋施規2条1項)

②質物の保管設備の構造計算書、図面その他の書類（質屋7条、質屋施規2条1項5号)

③代表者その他業務を行う役員の履歴書（質屋施規2条3項2号ロ・同項1号イ)

④代表者その他業務を行う役員の住民票の写し（本籍（外国人の場合は国籍、在留資格等）が記載されたもの)（質屋施規2条3項2号ロ・同項1号イ)

⑤代表者その他業務を行う役員の成年被後見人に該当しない旨の登記事項証明書（質屋施規2条3項2号ロ・同項1号ロ)

⑥会社定款の写し（質屋施規2条3項2号イ)

⑦登記事項証明書（質屋施規2条3項2号イ)

(c)　その他

以上のほか、管理者を定める場合は管理者の履歴書や住民票の写し（質屋施規2条3項3号・同項1号イおよびロ)、法定代理人がある場合は法定代理人の履歴書、住民票の写し（質屋施規2条3項4号・同項1号イ）および後見に関する証明書（質屋施規2条3項4号）が必要になる。なお、各種必要書類については営業所の所在地を管轄する警察署の生活安全課に確認することが望ましい。

(4)　許可申請書

ア　書式

質屋許可申請書の書式は都道府県によって異なる場合があるが、概ね同一の書式が利用されている。各都道府県の警察署の生活安全課の窓口では、必要な書式一式を受領することが可能である。以下では、東京都の書式に基づいて若干の説明を加える。

イ　記載事項

①最上段と右枠には申請者は記載することを要しない。

②数字のある欄には、該当箇所に丸をつける。

③日付は申請書の提出日を記載する。

④「申請者の氏名又は名称及び住所」欄、「氏名又は名称」欄および「営業所」

の欄に記載する。

⑤「管理者等」の欄に代表者、業務を行う役員、法定代理人、保佐人、管理者を必要に応じて記載する。

⑥ 質屋許可申請書別紙様式第1の2では、管理者等が記載しきれない場合に記載し、また、「質物の保管設備の概要」の欄には、図面を提出するため、「別紙図面のとおり」などと記載する。

(質屋許可申請書)

別記様式第１

資料区分	3 1		受理年月日	3.昭 4.平	年	月	日
受理警察署		(　　署)					
許可証番号			許可年月日	3.昭 4.平	年	月	日

質屋許可申請書

質屋営業法第２条第１項の規定により許可を申請します。

年　月　日

委員会　殿

申請者の氏名又は名称及び住所

氏名又は名称		(フリガナ) (漢 字)
法人等の種別		1.株式会社　2.有限会社　3.合名会社　4.合資会社　5.その他法人　6.個人
生年月日		0 明治　1 大正　2 昭和　3 平成　4 令和　年　月　日
住所		都道府県　市区町村 電話(　　)　－　番
本(国)籍		
営業所	名称	(フリガナ) (漢 字)
営業所	所在地	(住所と同じ場合は、記載を要しない。) 都道府県　市区町村 電話(　　)　－　番
管理者等	種別	1.代表者　2.業務を行う役員　3.法定代理人　4.保佐人　5.管理者
管理者等	氏名	(フリガナ) (漢 字)
管理者等	生年月日	0 明治　1 大正　2 昭和　3 平成　4 令和　年　月　日
管理者等	住所	都道府県　市区町村 電話(　　)　－　番
管理者等	本(国)籍	

記載要領
1　申請者は、氏名を記載し及び押印することに代えて、署名することができる。
2　最上段の細枠内には記載しないこと。
3　数字を付した欄は、該当する数字を○で囲むこと。

(質屋許可申請書続き)

別記様式第１の２

資料区分	３２		受理年月日	3.昭和 4.平成	年	月	日
受理警察署		(　　署)					
許可証番号			許可年月日	3.昭和 4.平成	年	月	日

管理者等	種別	1. 代表者　2. 業務を行う役員　3. 法定代理人　4. 保佐人　5. 管理者
	氏名	(フリガナ) (漢字)
	生年月日	西暦 0　明治 1　大正 2　昭和 3　平成 4　　年　月　日
	住所	都道府県　市区町村 電話(　　)　－　番
	本(国)籍	

管理者等	種別	1. 代表者　2. 業務を行う役員　3. 法定代理人　4. 保佐人　5. 管理者
	氏名	(フリガナ) (漢字)
	生年月日	西暦 0　明治 1　大正 2　昭和 3　平成 4　　年　月　日
	住所	都道府県　市区町村 電話(　　)　－　番
	本(国)籍	

管理者等	種別	1. 代表者　2. 業務を行う役員　3. 法定代理人　4. 保佐人　5. 管理者
	氏名	(フリガナ) (漢字)
	生年月日	西暦 0　明治 1　大正 2　昭和 3　平成 4　　年　月　日
	住所	都道府県　市区町村 電話(　　)　－　番
	本(国)籍	

質物の保管設備の概要	

記載要領
1　最上段の細枠内には記載しないこと。
2　数字を付した欄は、該当する数字を○で囲むこと。

(5) 開業後の事情変更

開業後においても、各種変更が生じた場合、営業所を管轄する警察署生活安全課に対し、届出または変更許可申請の手続を行い、公安委員会の許可を受けまたは公安委員会への届出をする必要がある（質屋4条、質屋施規4条〜10条。なお、書式については後掲のものを参照）。

ア　届出

以下の場合には届出書を提出する必要がある。ただし、提出する書類の書式は異なる。

①許可申請書記載事項に変更が生じた場合（質屋4条2項）
②長期休業をする場合（質屋4条2項）
③質物保管設備に変更が生じた場合（質屋施規9条）
④営業廃止の場合（質屋施規4条2項）
⑤質屋死亡の場合（質屋4条2項）

イ　変更許可申請

以下の場合には、公安委員会の許可が必要となるので、許可変更申請書を提出する。

①管轄区域内での営業所移転（質屋4条1項）
②管理者の新設・変更（質屋4条1項）

ウ　許可証記載事項の変更等

①交付された許可証記載事項に変更があった場合
　許可証の書換申請書を提出する（質屋8条2項）。
②許可証の紛失等の場合
　許可証亡失・盗難届出書・再交付申請書を提出する（質屋8条3項・4項）。
③営業の廃止の場合
　許可証を返納するとともに、許可証の返納理由書を提出する（質屋9条1項1号）。

(営業内容の変更許可申請書・営業内容の変更届出書・許可証の書換申請書)

別記様式第2

資料区分	３３		受理年月日	4.平成	年	月	日
受理警察署		(　　署)					

営業内容の変更 許可申請書 / 届出書

許可証の書換申請書

質屋営業法第４条第１項／第２項の規定により営業内容の変更の許可の申請をします。／届出をします。

質屋営業法第８条第２項の規定により許可証の書換えを申請します。

年　月　日

公安委員会　殿

申請(届出)者の氏名又は名称及び住所

許可証番号				
許可年月日	3.昭和 4.平成	年	月	日
氏名	(フリガナ)			
又は名称	(漢　字)			

変更事項

変更年月日		4.平成　年　月　日
氏名		(フリガナ)
又は名称		(漢　字)
法人等の種別		1.株式会社　2.有限会社　3.合名会社　4.合資会社　5.その他法人　6.個人
住所		都道府県　市区町村 電話(　　)　－　番
本(国)籍		
営業所	名称	(フリガナ) (漢　字)
	所在地	都道府県　市区町村
	移転事由	

変更区分			1.削除：従前の管理者等を削除(旧欄)　2.追加：新たに管理者等を追加(新欄) 3.変更：旧欄に記した人の届出事項を変更　4.交替：削除と追加を同時に行う。
変更年月日			4.平成　年　月　日
管理者等	旧	種別	1.代表者　2.業務を行う役員　3.法定代理人　4.保佐人　5.管理者
		氏名	(フリガナ) (漢　字)
		生年月日	西暦 0　明治 1　大正 2　昭和 3　平成 4　年　月　日
	新	種別	1.代表者　2.業務を行う役員　3.法定代理人　4.保佐人　5.管理者
		氏名	(フリガナ) (漢　字)
		生年月日	西暦 0　明治 1　大正 2　昭和 3　平成 4　年　月　日
		住所	都道府県　市区町村 電話(　　)　－　番
		本(国)籍	

記載要領

1　申請（届出）者は、氏名を記載し及び押印することに代えて、署名することができる。
2　最上段の細枠内には記載しないこと。
3　不要の文字は、横線で消すこと。
4　数字を付した欄は、該当する数字を○で囲むこと。
5　各「変更年月日」欄には、当該事項の変更があった年月日を記載すること。

(営業内容の変更許可申請書・営業内容の変更届出書・許可証の書換申請書)

別記様式第２の２

資料区分	３４		受理年月日	4.平成	年	月	日
受理警察署		(　　署)					

許可証番号				
許可年月日	3.昭和 4.平成	年	月	日
氏名又は名称	(フリガナ)			
	(漢字)			

変更事項

変更区分			1.削除　2.追加　3.変更　4.交替
変更年月日			4.平成　年　月　日
管理者等	旧	種別	1.代表者　2.業務を行う役員　3.法定代理人　4.保佐人　5.管理者
		氏名	(フリガナ) (漢字)
		生年月日	0 明治　1 大正　2 昭和　3 平成　4 平成　年　月　日
	新	種別	1.代表者　2.業務を行う役員　3.法定代理人　4.保佐人　5.管理者
		氏名	(フリガナ) (漢字)
		生年月日	0 明治　1 大正　2 昭和　3 平成　4 平成　年　月　日
		住所	都道府県　市区町村 電話(　　)　－　番
		本(国)籍	
変更区分			1.削除　2.追加　3.変更　4.交替
変更年月日			4.平成　年　月　日
管理者等	旧	種別	1.代表者　2.業務を行う役員　3.法定代理人　4.保佐人　5.管理者
		氏名	(フリガナ) (漢字)
		生年月日	0 明治　1 大正　2 昭和　3 平成　4 平成　年　月　日
	新	種別	1.代表者　2.業務を行う役員　3.法定代理人　4.保佐人　5.管理者
		氏名	(フリガナ) (漢字)
		生年月日	0 明治　1 大正　2 昭和　3 平成　4 平成　年　月　日
		住所	都道府県　市区町村 電話(　　)　－　番
		本(国)籍	

記載要領

1　最上段の細枠内には記載しないこと。
2　数字を付した欄は、該当する数字を○で囲むこと。
3　各「変更年月日」欄には、当該事項の変更があった年月日を記載すること。

（質物保管設備変更届出書）

質物保管設備変更届出書

質屋営業法施行規則第９条の規定により質物保管設備の変更の届出をします。

年　月　日

公安委員会　様

届出者の氏名又は名称及び住所

，

許可証番号		
許可年月日		年　月　日
（ふりがな） 氏名又は名称		
営業所	（ふりがな） 名　称	
	所在地	電話（　）－　番

変更内容 及び理由	

記載要領
　１　届出者は、氏名を記載し、及び押印することに代えて、署名することができる。

備考　用紙の大きさは、日本工業規格Ａ４とする。

(許可証亡失・盗難届出書、再交付申請書)

別記様式第３

資料区分	３６		受理年月日	4.平成	年	月	日
受理警察署		(　　　署)	再交付日	4.平成	年	月	日

許可証亡失・盗難届出書
再交付申請書

質屋営業法第８条第３項の規定により許可証を亡失し、又は盗み取られた旨届け出ます。
質屋営業法第８条第４項の規定により許可証の再交付を申請します。

年　月　日

公安委員会　殿

申請者の氏名又は名称及び住所

，

許可証番号				
許可年月日	3.昭和 4.平成	年	月	日
氏名又は名称	(フリガナ) (漢字)			
営業所 名称	(フリガナ) (漢字)			
営業所 所在地	都道府県　市区町村 電話(　　)　－　番			

亡失又は盗難の日時、場所	日時	
	場所	

再交付申請の理由	

記載要領
1　申請者は、氏名を記載し及び押印することに代えて、署名することができる。
2　最上段の細枠内には記載しないこと。
3　数字を付した欄は、該当する数字を○で囲むこと。

(廃業・休業・死亡届出書、許可証の返納理由書)

別記様式第４号の１

資料区分	３５		受理年月日	4.平成　年　月　日
受理警察署		(　　　署)	届出等種別	1.廃業・解散・消滅・取消し 2.休業 3.死亡

廃業
休業　届出書
死亡
許可証の返納理由書

質屋営業法第４条 第２項/第３項 の規定により 廃業/休業/死亡 の届出をします。

質屋営業法第９条 第１項/第２項/第３項 の規定により許可証を返納します。

年　月　日

公安委員会　殿

届出（返納）者の氏名又は名称及び住所

許可証番号		
許可年月日	3.昭和 4.平成　年　月　日	
氏名又は名称	(フリガナ)	
	(漢　字)	
住所	都道府県　市区町村	
	電話（　　）　－　　番	
営業所 名称	(フリガナ)	
	(漢　字)	
営業所 所在地	都道府県　市区町村	
	電話（　　）　－　　番	

廃業(解散・消滅・死亡・取消)日	4.平成　年　月　日
休業期間	4.平成　年　月　日から 4.平成　年　月　日まで　の間
発見・回復日	

返納理由	1. 質屋営業を廃止した。 2. 許可証の交付を受けた法人が合併以外の事由により解散した。 3. 許可証の交付を受けた法人が合併により消滅した。 4. 許可証の交付を受けた者が死亡した。 5. 許可が取り消された。 6. 亡失した許可証を発見し、又は回復した。
休業事由	

記載要領
1　届出者は、氏名を記載し及び押印することに代えて、署名することができる。
2　最上段の細枠内には記載しないこと。
3　不要の文字は、横線で消すこと。
4　数字を付した欄は、該当する数字を○で囲むこと。

（廃業・休業・死亡届出書、許可証の返納理由書）

別記様式第４の２

許可証番号						
許可年月日	3.昭和 4.平成		年	月	日	
氏名 又は名称	（フリガナ） （漢字）					

終了行為者									
	氏名 又は名称	（フリガナ） （漢字）							
	生年月日	西暦 0	明治 1	大正 2	昭和 3	平成 4	年	月	日
	住所 又は所在地	都道府県　市区町村 電話（　　）　－　番							
	営業主との続柄								
終了行為完了年月日		平成	年	月	日				

記載要領
　数字を付した欄は、該当する数字を○で囲むこと。

(6) 質屋に義務付けられている事項

質屋には、法により、概要以下のような事項が義務付けられている。

ア　営業の制限（質屋営業法12条）

質屋は、その営業所または質置主（物品を質屋に預入れること）の住所もしくは居所以外の場所において物品を質に取ってはならないことが規定されている。

イ　本人確認義務等（質屋営業法13条）

質屋は、物品を質に取ろうとするときは、質置主の住所、氏名、職業および年齢を確認しなければならず、不正品の疑いがある場合においては、直ちに警察官にその旨を申告しなければならない義務を負う。

ウ　帳簿について（質屋営業法14条、15条）

質屋は、帳簿を備え、質契約ならびに質物返還および流質物処分をしたときは、その都度、その帳簿に一定の事項を記載しなければならないとされ、同帳簿を最終の記載から3年間保存すべき義務を負う。帳簿に記載すべき事項は以下のとおり（質屋14条）。

①質契約の年月日
②質物の品目および数量
③質物の特徴
④質置主の住所、氏名、職業、年齢および特徴
⑤質屋営業法13条の規定により行った確認の方法
⑥質物返還または流質物処分の年月日
⑦流質物の品目および数量
⑧流質物処分の相手方の住所及び氏名

3　質屋営業の実態

(1)　質屋の買取りおよび販売の拡大

質屋は、質物を取って資金を貸し付けたり、質流れ品を売却するという業務を行う限りにおいて、質屋営業の許可のみで可能である。もっとも、中古品として物品を買い取るためには、古物商の許可を得る必要があり、近年では質屋営業だけでなく古物商も兼業し、古物商として主に物品を買い取っている質屋が多い。そのため、質屋営業を営む場合は、古物商の許可を取得している場合が一般的になっている。

このように、古物商を兼業する質屋が一般的となったため、質屋の物品の仕入れも、質流れ品ではなく、直接買い取った物品であることが多い。

(2)　質屋営業と利息制限法の適用について

質屋営業は、貸金業であり、物品を質に取り金銭を貸し付けて、利息を得ることで利益を得る。同利息について、質屋営業法36条は、質屋に対する出資の受入れ、預り金及び金利等の取締りに関する法律（昭和29年法律第195号）5条2項の規定の適用については、同項中「20パーセント」とあるのは、「109.5パーセント（2月29日を含む1年については年109.8パーセントとし、1日当たりについては0.3パーセントとする。）」とすると規定し、出資法の制限を超えた利息を課すことを許容する規定となっている。

同条項に対する解釈を含め、質屋営業に利息制限法の適用があるかどうか近年問題となっており、利息制限法の適用がある場合、過払金の返還が認められる余地があるところ、適用を肯定する裁判例と否定する裁判例に分かれている。

ア　利息制限法の適用を肯定する裁判例

名古屋地半田支判平成23年8月11日（公刊物未登載）は、原告ら（被告人に対し質物を質に入れて金品を借り入れた者）が、被告（質屋）に対し、質取引において金員を借り入れ、利息制限法所定の利息を超える約定利率により質料を支払っていたとして、過払金の支払いを求める事案である。

同事案に対し、名古屋地裁半田支部は、「質取引における質料の定め」が利息制限法1条1項に定める「『金銭を目的とする消費貸借契約における利息の契約』に該当するものと解される」こと、「質屋営業法その他の法律において、質屋の行う質取引に利息制限法1条が適用されないと定めた条項は存在しない」こと、「質屋営業法36条は、出資法5条2項の高金利罪の適用につき、構成要件の金利を高金利に読み替えたものであるが、法は、出資法5条2項による刑事法規制と、利息制限法による民事法上の二元的な金利規制を採用しているのであるから、質屋営業法36条によってただちに利息制限法の適用が除外されると解することはできない。」こと等に基づき、質屋営業に対し利息制限法が適用されることを肯定し、原告らの被告に対する過払金支払請求を認容している。

イ　利息制限法の適用を否定する裁判例

名古屋高判平成23年8月25日（判例秘書搭載）は、原告が、質屋営業の許可を受けて質屋を営む被告との間で、物品を質入し金員を借り入れる入質契約を締結し、質料を支払っていたが上記物品が流質処分となり、損失を被ったとして、不当利得返還請求権に基づき、質料および流質処分により弁済された金員のうち利息制限法所定の制限超過部分の利息を元本に充当後の過払金返還等を求めた事案である。

名古屋高裁は、上記事案につき、「質屋営業法の沿革、立法府での審議経過を踏まえると、同法は、質屋営業の特殊性に鑑みて通常の営業的貸付けとは異なる規制を質屋営業に加えるものである。すなわち、質屋営業法において、『質屋営業』とは、物品を質に取り、流質期限までに当該質物で担保される債権の弁済を受けないときは、当該質物をもってその弁済に充てる約款を附して、金銭を貸し付ける営業をいうものとし（質屋1条)、質屋営業を営むには、営業所ごとにその所在地を管轄する都道府県公安委員会の許可を受けなければならず（質屋2条1項)、その営業については、質物の保管設備の設置義務（質屋7条)、物品を質に取る場所の制限（質屋12条)、質置主の確認および警察官への申告義務（質屋13条)、帳簿の備付けおよび保存義務（質屋14条、15条)、質受証交付義務（質屋16条)、契約内容等の掲示義務（質屋17条）等の種々の規制が定められており、また、質置主は、質物の流質処分を甘受する限り、質屋に対して借受金の弁済義務を負わず、流質処分後は借受債務が消滅するところ、これらによれば、質屋営業は、物品を質に取り、流質期限までに当該質物で担保される債権の弁済を受けないときは、当該質物をもってその弁済に充てることができることを特色とするのであり、質屋と貸金業者とは営業内容が、とりわけ清算のあり方に関して相当に異なるというべきである。」と判示し、質屋営業に関し利息制限法の適用を否定した。なお、その他質屋営業に利息制限法の適用を否定した裁判例として、飯塚簡判平成25年1月24日（判例秘書搭載)、静岡地沼津支判平成22年3月4日（判例秘書搭載)、福岡高判平成21年12月25日（判例秘書搭載）等参照。

ウ　偽装質屋の問題

偽装質屋とは、質屋営業の許可は受けているものの、無価値あるいはほぼ無価値な物品を預かって金員を貸し付ける業者のことである。

偽装質屋は、まず、通常の質屋と異なり、質物は融資金額からみてほとんど無価値な物を対象として質契約を締結している。次に、質契約による流質を防止するため、利息のみならず元金についても銀行の自動引落しを利用して弁済を受けることで利息を確実に得る。また、仮に質置主が流質を行っても、その残額を当然のように取り立てることで、実際には質契約とは異なる融資を行っている。さらに、偽装質屋の顧客は年金受給者等であり、この年金を担保することで確実に回収するなどしている。

消費者庁によれば、全国の消費生活センターに寄せられた「偽装質屋」に関する相談件数は、2009年度以降増加しており、2012年度は194件であり、また、契約当事者の年代別にみると、60歳以上が全体の7割以上を占め、高齢者のトラブルが非常に多いとされている[1)]。

また、偽装質屋の問題を踏まえて、日本弁護士連合会は、平成25年7月19日、質屋営業法改正に関する意見書を提出し、偽装質屋への問題に対し法改正を提言している[2]。

---

1)　独立行政法人国民生活センター「いわゆる『偽装質屋』からは絶対に借り入れしないで！――『質草は何でもいい』『年金口座から自動引落とし』などのうたい文句に注意――」(2013年)

2)　日本弁護士連合会「質屋営業法改正に関する意見書」(2013年)

各種リサイクルにおける法務上の論点

1　環境法と廃棄物法制

1　環境法の構造

環境に関する日本の法制度について、リサイクルすなわち循環型社会形成推進に係る法制度を整理すると、「環境基本法」を中心に、「公害対策基本法」およびその関連の大気汚染防止法・水質汚濁防止法等と資源保護や環境負荷の低減に係る「循環型社会形成推進基本法」に分けられる。後者はさらに、廃棄物の適正処理に係る「廃棄物の処理及び清掃に関する法律」とリサイクルの推進に係る「資源の有効な利用の促進に関する法律」からなる。

また、資源有効利用促進法の下に個別物品の特性に応じた規制があり、容器包装リサイクル法、家電リサイクル法、小型家電リサイクル法、食品リサイクル法、建設資材リサイクル法、自動車リサイクル法がそこに位置付けられる。また国が率先して再生品などの調達を推進するためのグリーン購入法がある。

それぞれの法律は有機的に関連付けられている。

ここでは、環境基本法と廃棄物処理法を検討する。

(1) 公害対策基本法から環境基本法へ

1950年代から1960年代にかけての高度成長期において、環境汚染、自然破壊が大きな社会問題となり、四大公害事件（熊本水俣病、新潟水俣病、富山イタイイタイ病、四日市ぜんそく）を経験した。このことを背景に1967年に公害対策基本法が制定され、1968年には大気汚染防止法、騒音防止法が制定された。そして1970年のいわゆる「公害国会」で公害対策基本法を改正するとともに、水質汚濁防止法、海洋汚染防止法、農用地土壌汚染防止法、廃棄物処理清掃法など14の公害関係法が改正、制定された。さらに1971年には環境庁が設置され悪臭防止法、公害健康被害補償法、振動規制法などが次々制定されていった。

この公害対策基本法の整備により、「国民の健康を保護するとともに、生活環境を保全する」ことを目的に、公害対策の位置付けを明確にするとともに事業者、国、地方自治体および住民の責務が定められた（公害対策基本法1条）。そして公害防止を講ずるために環境基準を定められることとなった。これは、従来の取組みが個別の発生源への規制であったのに対して、環境保全を目標とした総合的な対策が進められることになり、そのための手法として排出規制、土地利用規制といった規制手法などがとられることとなった。

また1972年には自然環境保全対策を総合的に進めるための枠組みとなる自然環境保全法が制定され、同法に基づき1973年に自然環境保全基本方針が閣議決定された。この基本方針において、原生的自然環境から良好な自然地域、農林業地域、都市地域に至る自然環境保全施策が示された。

しかし、その後の経済的発展で大量生産、大量消費、大量廃棄型の社会経済活動が定着するとともに、大都市への集中が一層進む中で、自動車の排気ガスによる汚染や生活排水による水質汚濁のような都市・生活型の公害問題等が起こるようになった。また廃棄物の発生量の増大による環境への影響が高まった。そして地球環境問題や国際環境問題が注目されるようになり、これらの問題を公害防止と自然環境保全の2つの別の施策体系でとらえていたのでは対応しきれず、環境を総合的かつ一体的にとらえた対策が必要になってきた。

このように今日の環境問題は、従来の環境問題とは発生の原因、構造ともに大きな変化があり、これらの解決のためには、公害対策基本法や自然環境保全法のような個別の法的枠組みでは不十分である。環境への負荷の少ない持続的発展が可能な社会に変えていくには、社会経済活動や国民の生活様式のあり方も含め、総合的かつ計画的な環境保全の多様な施策が必要であり、新たな法的な枠組みとして環境基本法が制定された。

(2)　環境基本法の成立

環境基本法は環境行政を統括する法律で、持続可能な発展を目的として、リサイクル関連はもとより、環境保護、環境規制、廃棄物処理等、環境に関する基本的・総合的な枠組みを定めたものであり、1993年11月に制定された。

環境基本法は、従来の環境規制を中心とした考えから、環境保護全般の推進を意図したものに変化している。基本理念として、環境保護は公害だけではなく、地球温暖化、オゾン層の破壊等、全般的な地球環境保全を意図したものとなり、そのために再生資源の利用や廃棄物の削減や適正処理等いわゆる社会の物質循環についても規定している。

環境基本法は国、地方自治体、事業者、国民それぞれの役割が示されていることが特徴である。国は基本理念にのっとり、環境保全に関する基本的かつ総合的な施策の策定および実施の責務を有し、そのため環境基本計画を策定することが規定されている（環境基15条）。国の施策の策定・実施にあたって環境配慮が義務付けられた（環境基19条）。地方自治体は国の施策に準じて、その地域の特徴に応じた施策の策定と実施の責務を有する。事業者は、その事業活動を行うにあたって公害防止および自然環境保全に努めるとともに、廃棄物の適正処理および削減や再生資源の活用に努める責務を有する。国民は環境保全に自ら努めるとともに国と自治体の施策に協力する責務を有する。

(3)　環境基本法の概要

①　基本理念（環境基本法3条～5条）

環境基本法は、その基本理念として①現在および将来の世代の人間が環境の恵沢を享受し、将来に承継（環境基3条）、②すべての者の公平な役割分担の下、環境への負担の少ない持続的発展が可能な社会の構築（環境基4条）、③国際的協調による積極的な地球環境保全の推進（環境基5条）をあげている。すなわち、環境基本法3条で、「人類の存続の基盤である限りある環境が、人間の活動による環境への負荷によって損なわれるおそれが生じてきていることにかんがみ、現在及び将来の世代の人間が健全で恵み豊かな環境の恵沢を享受するとともに人類の存続の基盤である環境が将来にわたって維持されるように適切に行われなければならない。」とする。そして、環境基本法4条では、環境の保全が「すべての者の公平な役割分担の下に自主的かつ積極的に行われるようになることによって、健全で恵み豊かな環境を維持しつつ、環境への負荷の少ない健全な経済の発展を図りながら持続的に発展することができる社会が構築されることを旨」として行われなければならないとする。環境基本法5条では、「地球環境保全は、我が国の能力を生かして」、国際社会におけるわが国の地位に応じて、「国際的協調の下に積極的に推進されなければならない」とする。

これらの規定は、「限りある環境が将来にわたって維持されるように、環境への負担の少ない健全な経済の発展を図りながら、持続的に発展することが可能な社会」(持続可能な社会) を目指したものであり、「持続可能な開発」の考え方を踏襲したものである。

②　各主体の責務（環境基本法6条～9条）

国、地方公共団体、事業者、国民に対し、それぞれの役割と責務を規定している。事業者に関しては、環境基本法8条1項で、「事業者は、基本理念にのっとり、その事業活動を行うに当たっては、これに伴って生ずるばい煙、汚水、廃棄物等の処理その他の公害を防止し、又は自然環境を適正に保全するために必要な措置を講ずる責務を有する。」とする。また、同法8条2項で、「事業者は、基本理念にのっとり、環境の保全上の支障を防止するため、物の製造、加工又は販売その他の事業活動を行うに当たって、その事業活動に係る製品その他の物が廃棄物となった場合にその適正な処理が図られることとなるように必要な措置を講ずる責務を有する。」と定める。

③　環境基本計画の策定（環境基本法15条）

国は、基本理念にのっとり、環境保全に関する基本的かつ総合的な施策の策定および実施の責務を有する（環境基15条)。この施策を策定するための指針は、①環境の自然的構成要素が良好な状態に保持されること、②生物多様性の確保等、③人と自然との豊かなふれあいの確保である（環境基14条)。環境基本計画とは、環境基本法15条に基づき、環境の保全に関する総合的かつ長期的な施策の大綱等を定めるものである。環境基本計画の構成は次のとおりである。

環境基本計画では、21世紀初頭における環境政策の展開の方向として、目指すべき社会を「持続可能な社会」としている。そのための長期的な目標として、①循環、②共生、③参加、④国際的取組みをあげている。環境政策の基本的な考え方として、①社会の諸側面を踏まえた環境政策（総合的アプローチ）、②生態系の価値を踏まえた環境政策、③環境政策の指針となる4つの考え方（汚染者負担の原則、環境効率性、予防的な方策、環境リスク）、④環境上の「負の遺産」の解消をあげている。基本的な考え方を具体化するための政策の方針は、①あらゆる場面における環境配慮の織込み、②あらゆる政策手段の活用と適切な組合わせ、③あらゆる主体の参加、④地域段階から国際段階まであらゆる段階における取組みをあげている。環境問題の各分野に関する各種環境保全施策の具体的な展開は、①地球温暖化対策、②物質循環の確保と循環型社会の形成、③環境への負荷の少ない交通、④環境保全上健全な水循環の確保、⑤化学物質対策、⑥生物多様性の保全をあげている。

④　国の具体的施策（環境基本法16条～35条）

国が策定を義務付けられている施策の内容は、大気汚染、水質汚濁、土壌汚染、騒音に係る環境基準（環境基16条）、公害防止計画およびその達成の推進（環境基17条、18条）、環境配慮に対する国の策定義務（環境基19条）、環境配慮に対する環境影響評価の推進（環境基20条）、規制（環境基21条）、経済的措置—経済的助成、経済的負担による誘導（環境基22条）、環境への負荷軽減に資する製品等の利用（環境基23条）、環境の保全に関する教育・学習（環境基25条）、民間団体等の自発的な活動の促進（環境基26条）、施策の策定に必要な調査の実施、監視などの体制の整備（環境基28条、29条）、科学技術の振興（環境基30条）、公害による紛争の処理（環境基31条）、地球環境保全等に関する国際協力（環境基32～35条）である。

⑤　地方公共団体の施策（環境基本法36条）

地方自治体は国の施策に準じて、その地域の特徴に応じた施策の策定と実施の責務を有する。

⑥　費用負担等（環境基本法37条～40条）

原因者負担、受益者負担等環境に汚染や負荷を与える活動をする者に対する負担などを規定している。また、国と地方の関係について規定されている。

⑦　環境の保全のための組織（環境基本法41条～46条）

中央環境審議会の設置（環境基41条）、都道府県、市区町村の合議制の機関（環境基43条、44条）、公害対策会議の設置（環境基45条、46条）を規定している。

⑷　循環型社会と環境基本法

環境基本法は、地球環境保全のために再生資源の利用や廃棄物の適正処理等社会の物質循環について規定しており、リサイクルや廃棄物を重視した内容になっている。

環境基本計画でも、現状が非持続的20世紀型の活動様式であり、①循環を基調とする社会経済システムの実現、②廃棄物問題の解決が課題であることを指摘している。そして、取組目標として、循環型社会ビジネスの市場・雇用規模の倍増などをあげている。この課題を解決するための各主体の取組みとして、事業者に対して拡大生産者責任（EPR）に基づく適正な3R・処分等を求めている。

拡大生産者責任（Extended Producer Responsibility＝EPR）とは製造事業者が製品の廃棄やリサイクルの段階まで責任を負うべきであるとすることで、製品に対する生産者の物理的、経済的責任が製品ライフサイクルの使用時の段階にまで拡大される環境政策上の手法のことである。これは、それまで行政が負担していた使用済製品の処理（回収、廃棄やリサイクルなど）に係る費用を、その製品の生産者に負担させるようにするものである。こうすることで、処理にかかる社会的費用を低減させるとともに、生産者が使用済製品の処理にかかる費用をできるだけ下げようとすることがきっかけとなって、経済的に環境的側面に配慮した製品の設計（リサイクルしやすい製品や廃棄処理の容易な製品など）に移行することを狙っている。

3Rとは、循環型社会を形成するために必要な取組みであるリデュース（Reduce）、リユース（Reuse）、リサイクル（Recycle）の頭文字がそれぞれRであることから名付けられた名称である。そして、推奨される順番もこの順番である。リデュースとは廃棄物の発生抑制のことで、省資源化や長寿命化といった取組みを通じて製品の製造、流通、使用等に係る資源利用効率を高め、廃棄物とならざるをえない形での資源の利用を極力少なくすることである。リユースとは、再使用のことで、いったん使用された製品を回収し、必要に応じて適切な処置を施しつつ製品として再使用する、または再使用可能な部品を利用することである。リサイクルとは再資源化のことであり、いったん使用された製品や製品の製造に伴い発生した副産物を回収し、原材料としての利用または焼却炉のエネルギーとして利用することである。

2　廃棄物処理法の方法と内容

廃棄物処理法の起源は、1954年制定の清掃法である。大気汚染などごみ問題が公害の発生源となったことから、1970年のいわゆる公害国会において「廃棄物の処理及び清掃に関する法律」が制定された。その後、必要に応じて1976年、1991年、2000年、2010年の大改正を経て2017年に一部改正された。

1991年には、廃棄物の排出量が増大したことにより廃棄物処理施設の確保が困難となったことや不法投棄が社会問題となったことを受けて、廃棄物処理体系を見直して改正した。主な改正点は、①廃棄物処理法の目的に廃棄物の減量化、再生利用を付加したこと、②廃棄物処理の方針の明確化、③特別管理廃棄物制度の導入と特別管理産業廃棄物に対する廃棄物管理票制度（マニフェスト制度）の採用、④廃棄物処理業者の規制の強化と処理施設の規制の強化、⑤廃棄物処理センター制度の創設、⑥廃棄物の不法投棄等への罰則の強化などである。その後も社会情勢に応じて改正している。

また、東日本大震災および福島原発事故をきっかけとして、2011年に「東日本大震災により生じた災害廃棄物の処理に関する特別措置法」と「平成二十三年三月十一日に発生した東北地方太平洋沖地震に伴う原子力発電所の事故により放出された放射性物質による環境の汚染への対処に関する特別措置法」（放射性物質汚染対処特措法）が制定された。これにより、従来廃棄された放射性物質およびこれにより汚染された物について廃棄物処理法の適用が除外されていたが、非常災害に対しては、新たに必要な対応をした。

廃棄物処理法は、廃棄物の適正処理、廃棄物処理施設の設置規制、廃棄物処理業者に対する規制および廃棄物処理基準の設定等を定めている。

(1) 廃棄物処理法の概要

廃棄物処理法は、廃棄物の排出を抑え、発生した廃棄物はリサイクルなどの適正な処置をすることで、生活環境が安全に守られることを目的とする。最終処分についても廃棄物処理法12条5項で、「最終処分（埋立処分、海洋投入処分又は再生をいう）」と規定されているように、再生（リサイクル）が含まれる。

① 廃棄物

廃棄物とは、自分で利用しなくなったり、他人に有償で売却できなくなった固形状または液体状のもののことで、産業廃棄物と一般廃棄物に分類される。産業廃棄物はビルの建設工事や工場で製品を生産する等の事業活動に伴って生じた廃棄物である。その種類は燃え殻、汚泥、廃油、廃アルカリ、廃プラスチック類、ゴムくず、金属くず、ガラスくず・コンクリートくずおよび陶磁器くず、鉱さい、がれき類、ばいじん、紙くず、木くず、繊維くず、動物性残渣、動物系固形不要物、動物の糞尿、動物の死体、以上の産業廃棄物を処分するために処理したもので、上記の産業廃棄物に該当しないもの（たとえばコンクリート固形化物）の20種類である（廃棄物処理2条4項、廃棄物処理施令2条～2条の4）。一般廃棄物は産業廃棄物以外の廃棄物をいい（廃棄物処理2条2項）、主に家庭から排出されるものである。

産業廃棄物と一般廃棄物のうち爆発性や毒性、感染性などの人の健康や生活環境に被害が生ずるおそれのある廃棄物を特別管理産業廃棄物と特別管理一般廃棄物として通常の廃棄物よりも厳しい規制を行っている（廃棄物処理2条3項・5項）。特別管理産業廃棄物を排出する事業者は、特別管理産業廃棄物管理責任者を設置する義務がある。

一般廃棄物の処理責任は地方自治体にあり、産業廃棄物の処理責任は発生者にある（発生元責任）。したがって、「事業者は、その事業活動に伴って生じた廃棄物を自らの責任において適正に処理しなければならない」（廃棄物処理3条1項）責務を負い、「事業者は、その産業廃棄物を自ら処理しなければならない」（廃棄物処理11条1項）義務がある。

② 廃棄物の概念――おから事件

廃棄物処理法2条1項は、廃棄物を「不要物」と定義する。廃棄物と認定されると廃棄物処理法の規制がかかるので、廃棄物の範囲を明らかにしなければならない。廃棄物の基準は「不要物」であるか否かとされているため、何が「不要物」に該当するかが争われることがある。おから事件（最決平成11年3月10日刑集53巻3号339頁）では、おからが廃棄物に該当するかが争われた。おからの多くは無償で牧畜業者に引き渡されるか、有料で廃棄物処理業者に処理が委託される。廃棄物処理法施行令2条4号は、食料品製造業において原料として使用した植物に係る固形状の不要物を産業廃棄物として例示している。おから事件では、おからがこの「不要物」に該当して、産業廃棄物にあたるかが争われた。判例は、おからは「不要物」に該当し、産業廃棄物であるとされ、知事の許可を得ないで豆腐業者から収集して飼料などの製造を行うことは、廃棄物処理法違反として有罪になるとされた。

廃棄物に該当するかは、「占有者の意志、その性情等を総合的に勘案すべきものであって、排出された時点で客観的に廃棄物として観念できるものではない」として、占有者の主観も加えたうえで、その状況等を含めて総合的に勘案することとしている（総合判断説：1977年厚生省環境衛生局水道環境部計画課長通知・昭和52年環計第37号）。おから事件もこの立場を受け継ぐ。リサイクルの促進と不適正処理の防止の間で、廃棄物の概念があいまいになることがある。循環型社会の形成に対応する廃棄物の概念を検討する必要がある。

③　排出事業者の責任

産業廃棄物を排出した事業者は、原則として排出した産業廃棄物を自らの責任で処理しなければならないが、自ら処理できない場合は、産業廃棄物処理業の許可を持っている処理業者に処理を委託することができる。排出事業者が産業廃棄物の処理を委託する場合には、守らなければならないルールがあり、これを委託基準という。委託基準では、排出事業者は委託先の産業廃棄物処理業者とお互いの役割と責任を明確にした委託契約の締結や、契約のとおり産業廃棄物が適正に運搬、処分されたかの行程を産業廃棄物管理票（マニフェスト）を利用して確認することが義務付けられている。なお、排出事業者は事業所で排出した産業廃棄物が運搬されるまでの間、保管基準に従って産業廃棄物が飛散したり、悪臭がしないような措置を取る義務がある。

④　マニフェスト制度

マニフェスト制度は、産業廃棄物の委託処理における排出事業者責任の明確化と、不法投棄の未然防止を目的として実施される。産業廃棄物は、排出事業者が自らの責任で適正に処理することになっている。その処理を他人に委託する場合には、産業廃棄物の名称、運搬業者名、処分業者名、取扱い上の注意事項などを記載したマニフェスト（産業廃棄物管理票）を交付して、産業廃棄物と一緒に流通させることにより、産業廃棄物に関する正確な情報を伝えるとともに、委託した産業廃棄物が適正に処理されていることを把握する必要がある。

マニフェスト制度は、厚生省（現環境省）の行政指導で1990年に始まった。その後1993年4月には、産業廃棄物のうち爆発性、毒性、感染性その他の人の健康や生活環境に被害を生じるおそれのある特別管理産業廃棄物の処理を他人に委託する場合に、マニフェストの使用が義務付けられた。1998年12月からはマニフェストの適用範囲がすべての産業廃棄物に拡大されるとともに、従来の複写式伝票（紙マニフェスト）に加えて、電子情報を活用する電子マニフェスト制度（電子マニフェスト）が導入された。これにより、排出事業者は紙マニフェストまたは電子マニフェストを使用することになった。さらに2001年4月には、産業廃棄物に関する排出事業者責任の強化が行われ、マニフェスト制度についても、中間処理を行った後の最終処分の確認が義務付けられた。

電子マニフェスト制度は、マニフェスト情報を電子化して、排出事業者、収集運搬業者、処分業者の三者が情報処理センターを介したネットワークでやり取りする仕組みである。廃棄物処理法13条の2の規定に基づき、公益財団法人日本産業廃棄物処理振興センターが「情報処理センター」として指定され、電子マニフェストの運営管理を行っている。電子マニフェストを利用する場合には、排出事業者と委託先の収集運搬業者、処分業者の三者の加入が必要で、関係機関における情報管理の合理化によって、「事業処理の効率化」、「データの透明性」の確保、「法令の遵守」の徹底を図ることができる。

⑤　産業廃棄物処理業者の責任

他人の産業廃棄物を収集・運搬や処分をする場合には、産業廃棄物処理業の許可が必要になる。許可は、処理を行おうとする場所などの都道府県知事・政令市長（以下「都道府県知事等」という）の許可が必要である。産業廃棄物の処理を行う場合は、処理基準に従って適正に処理しなければならない。また、産業廃棄物処理業者が、排出事業者から産業廃棄物の処理を委託された場合は、排出事業者は産業廃棄物管理票（マニフェスト）に処理した日付や担当者、廃棄物の種類、量などを記入して交付しなければならず（廃棄物処理12条の3）、産業廃棄物処理業者は、排出事業者に返送することに加えて、処理した実績を正しく把握することを目的に帳簿の作成が義務付けられている。

⑥　産業廃棄物処理施設

産業廃棄物の処分を行う施設には、償却や破砕などを行う中間施設と埋立てをする最終処分場がある。また、産業廃棄物処理施設には、処理施設の維持管理を行う産業廃棄物処理技術管理者を置くことが義務付けられている。産業廃棄物処理施設の設置には、都道府県知事の許可を受けなければならない（廃棄物処理15条1項）。許可が与えられるためには、当該産業廃棄物処理施設の設置計画が環境省令で定める技術上の基準に適合し、かつ、周辺地域の生活環境について適正に配慮していることが要求される。

⑦　罰則

産業廃棄物の処理や管理に対して、処理基準や委託基準などに違反した場合は、罰則が排出事業者や処理業者に適用される場合がある。不適正処理が行われることを知りえた排出業者や、適切な対価を負担していなかった排出業者は、不適正処理による環境汚染のおそれが生じた場合に、措置命令により原状回復などが義務付けられている（廃棄物処理19条の5、19条の6）。

(2)　廃棄物処理法の改正

2017年「廃棄物の処理及び清掃に関する法律の一部を改正する法律（平成29年法律第61号）」が成立し、2017年6月16日に公布された。これを踏まえて関係政省令等の整備を行い、2018年4月1日より順次施行されることになった。

改正のきっかけとなった問題が2つある。一つは、2016年1月に発生した食品廃棄物の不正転売事案をはじめ、相次いで廃棄物の不適正処理事案が発生したことである。ここで明らかになった課題は、①許可取消後の廃棄物処理業者などが廃棄物をなお保管している場合における対応強化策が必要であること、②電子マニフェストの活用による不適正事案の早期把握や原因究明が必要だということである。もう一つは、雑品スクラップの保管等による影響である。鉛等の有害物質を含む、電気電子機器などのスクラップ（雑品スクラップ）等が環境保全措置を十分に講じられないまま破砕や保管されることにより、火災の発生や有害物質等の漏出等の生活環境保全上の支障が発生したことである。ここで明らかになった課題は、こうして有価で取引され、廃棄物に該当しない雑品スクラップなどの保管に際して、行政による把握や基準を順守させることなど一定の管理が必要であるということである。

(3)　改正法の概要

改正のポイントは、①廃棄物の不適正処理への対応の強化、②有害使用済機器の適正な保管等の義務付け、③親子会社間での産業廃棄物の処理の許可である。

①　廃棄物の不適正処理への対応の強化

ア　許可を取り消された業者に対する措置の強化（廃棄物処理法19条の10等）

市町村長、都道府県知事は、廃棄物処理業の許可を取り消された業者が廃棄物の処理を終了していない場合に、これらの者に対して必要な措置を講ずることを命ずることができる。

イ　マニフェスト制度の強化（廃棄物処理法12条の5）

特定の産業廃棄物を多量に排出する事業者に、紙マニフェスト（産業廃棄物管理票）の交付に代えて、電子マニフェストの使用を義務付けることとする。

②　有害使用済機器の適正な保管等の義務付け（廃棄物処理法17条の2）

人の健康や生活環境に係る被害を防止するため、雑品スクラップなどの有害な特性を有する使用済みの機器（有害使用済機器）について、①これらの物品の保管または処分を業として行う者に対する、都道府県知事への届出、処理基準の順守などの義務付け、②処理基準違反があった場合における命令などの措置の追加、などの措置を講ずる。

③　親子会社間での産業廃棄物の処理の許可（廃棄物処理法12条の7）

親子会社が一体的な経営を行うものである等の要件に適合する旨の都道府県知事の認定を受けた場合には、当該親子会社は、廃棄物処理業の許可を受けないで、相互に親子会社間で、産業廃棄物の処理を行うことができることになる。

施行期日は2018年4月1日で、マニフェスト制度の強化に関する規定（廃棄物処理12条の5）のみ2020年4月1日施行である。

3　おわりに

わが国は、経済活動から生じる大量の廃棄物を抱える状況を見直し、資源の有効活用と環境への負担を考慮する循環型社会へ転化する姿勢を明らかにした。また、東日本大震災をはじめ、非常災害により生じた廃棄物の処理や再生が課題となっている。どのように廃棄物を抑制し、適正・効率的に処分し、再生するか、さらなる対応が要求されることになる。

〈参考文献〉

・環境省ホームページ　http://www.env.go.jp/
・公益財団法人日本産業廃棄物処理振興センター（JWセンター）ホームページ　http://www.jwnet.or.jp/
・大塚直『環境法〔第3版〕』（有斐閣、2010年）
・交告尚史＝臼杵知史＝前田陽一＝黒川哲志『環境法入門〔第3版〕』（有斐閣、2015年）
・大塚直『環境法BASIC〔第2版〕』（有斐閣、2016年）

コラム：廃棄物処理法からリサイクル環境保全法へ

毎年のように廃棄物処理法令が改正されるが、最近、私の一番の関心事は「有価物も対象」になったことである。今は「雑品スクラップ」に限られているが、従来の廃棄物の枠組みを超えて、大きな一歩の踏み出しとなっている。

自治体職員として初めて廃棄物処理法にかかわったとき、最初の印象は「何て難しい（わけのわからない）法律なんだ！」。しかも、それは、誰もが共通して感じる衝撃波なのである。第1条の「目的」は崇高な理念の枕詞のようなもの。まぁ、良しとして、次条の「廃棄物の定義」。これが厄介そのもの。通知、解釈の「総合判断説」とは、これ如何に……。この第2条のモヤモヤ感は、この世界に足を踏み入れた時から始まり、以来ず〜っと悩み続け、定年退職した今でもスッキリしない。「事業系一廃か産廃か」、自治体によって解釈が異なる。産廃の品目も同様で、特管産廃が県境の川を渡った途端、普通産廃に変身するのである。このような自治体間の解釈の差による問題は、そのまま事業者に押し付けられる。また、空き缶1個ならごみだが1000個集まれば有価になるし、市況にも左右される。廃プラの長期間放置現場に対して、改善命令を発出する準備をしていたところ、中国の好景気により一気に売却され解決したケースもある。

「廃棄物か有価物か」、廃棄物処理法の世界では永遠の課題であると同時に、自治体職員にとっては、天国と地獄の分岐点なのである。なぜならば、市民から「隣の敷地に産廃が高く積み上がっている。崩れそうで危ないし、粉塵も飛んでくる。重機の作業音もうるさい！　何とかしろ！！！」と、お叱りを受けたとき、それが現実に解決できない問題となって顕在化してくるからである。

通報を受け、現場へ行ってみる。砕石のようなガラ、鉄屑、音響機器等が乱雑に10ｍ程度積まれている。「これらはごみか有価か」などと考えている間に、現場事務室から「その筋っぽい人」が肩で風を切って出てくる。鋭い視線で睨み付けられ、非常にヤバい状況。思わず心の中で、「これらは、有価だ！　廃棄物処理法の対象外だ！　すぐ帰ろう。」と悪魔が囁きだす。それでも勇気を出していくつか質問をすると、こちらが納得できそうな回答が返ってきた。「有価として販売した（昔の）伝票もあるぞ。」と。職員たちは「有価なら指導権限もない。粉塵や騒音の問題は公害部署の職員に引き継げばOK」と、自ら自分達に言い聞かせるのである。しかし、役所に戻っても公害部署は簡単には引き受けてくれない。彼らは、「廃棄物は法律による許可制。資材置き場の粉塵や騒音は条例による届出制。廃棄物処理法の指導のほうがはるかに強力で、その効果も上がりやすい。また、すべてでないにしろ廃棄物が置かれていることは明らかである。」と、絶対に「引き受けないぞ！」との意思表示を明確にしてくる。こうして、廃棄物部署と公害部署間で問題の醜い押し付け合いが始まるのである。

さて、冒頭の廃棄物処理法が改正されれば、今後「スクラップ」以外にも広がってくれば、ごみと有価物の線引きにこだわらずに規制対象となり、市中の現実的な課題解決に向けた大きな一歩の踏み出しになることが期待される。今後さらに充実していけば、法の名称も「廃棄物……」から「資源・リサイクル環境保持法」のような（う～ん、命名は難しいなぁ)、名前は後で考えることにして、ともかくも法の対象範囲が大きく広がって行く。まさに、「総合判断説」ならぬ「ごみ」も「有価」も「総合的」に対象になる法律への変身（の第一歩）である。

さて、今度の法改正を受けて、自治体職員の対応はいかに。もう2条の定義で悩む必要もなく、錦の御旗を掲げて現場での指導が可能となる。ただし、困っている市民のために今一層の勇気と正義感が必要であるが……。
頑張れ、後輩たちよ！

〔伊藤 秀明〕

2　容器包装リサイクル
――容器包装廃棄物、ビジネスの仕組み

1　容器包装に係る分別収集及び再商品化の促進等に関する法律

(1)　法律の目的・制定の背景

容器包装に係る分別収集及び再商品化の促進等に関する法律は、「容器包装廃棄物の排出の抑制並びにその分別収集及びこれにより得られた分別基準適合物の再商品化を促進するための措置を講ずること等により、一般廃棄物の減量及び再生資源の十分な利用等を通じて、廃棄物の適正な処理及び資源の有効な利用の確保を図り、もって生活環境の保全及び国民経済の健全な発展に寄与することを目的」としている（同法1条）。

わが国の経済は、大量生産、大量消費により発展してきた。その一方で、廃棄物は増加し続け、大量の破棄物により最終処分場が逼迫し、埋立地の不足とともに、これらがもたらす環境に対する影響が社会問題となっていた。そして、家庭から排出される廃棄物のうち約6割（容積比）を「容器包装廃棄物」が占めており、この「容器包装廃棄物」の減量化、再資源化が急務となっていた。

こうした状況を踏まえ、「容器包装廃棄物」のリサイクル制度を構築することにより、廃棄物の減量と再資源化の促進を図る目的で、1995年8月、容器包装に係る分別収集及び再商品化の促進等に関する法律（以下「容器包装リサイクル法」という）が制定された。

さらに、循環型社会形成推進基本法における3R（リデュース・リユース・リサイクル）を推進し、消費者・自治体・事業者等すべての関係者相互の連携を図るため、2006年6月に一部改正がされた。

同法は、消費者・自治体・事業者がそれぞれの役割を担い、容器包装廃棄物の排出抑制とリサイクルの促進を図ることを基本理念としている。

2　容器包装の意義

容器包装リサイクル法において定める「容器包装」とは、「商品の容器及び包装（商品の容器及び包装自体が有償である場合を含む。）であって、当該商品が費消され、又は当該商品と分離された場合に不要になるもの」をいう（容器包装リサイクル法（以下、本節において「法」と記す）2条1項）。

「容器包装」のうち、商品の容器であるものとして容器包装リサイクル法施行規則で定めるものを「特定容器」といい（法2条2項）、「容器包装」のうち、特定容器以外のものを「特定包装」という（法2条3項）。具体的には、アルミ製容器、鋼製容器、飲料用紙パック、段ボール、ガラス製容器、ペットボトル、紙製容器包装、プラスチック製容器包装等の素材形状によって定められており、これらのうち、ガラス製容器、ペットボトル、紙製容器包装、プラスチック製容器包装について事業者に再商品化が義務付けられる。

もっとも、①その中身が商品であること、②その商品が費消されたり、その商品と分離されたときに不要になるものが「容器包装」に該当するため、中身が商品でない場合（手紙を入れた封筒や景品を入れた紙袋等）、「商品」ではなく「役務」の提唱に使用された場合（クリーニングの袋、レンタルビデオ店の貸出袋）、中身商品と分離して不要とならないもの（CD・DVDケース等）は対象とならない。

3　法が定める役割分担

容器包装リサイクル法は、消費者・自治体・事業者がそれぞれの役割を担い、容器包装廃棄物の排出抑制とリサイクルの促進を図ることを基本理念としている。

この目的を実現するための方向性を明らかにし、容器包装に係る分別収集および再商品化を総合的かつ計画的に推進するため、主務大臣は基本方針を策定し公表することとされ（法3条）、主務大臣が基本方針を作成し、1996年3月25日に公表された。

そして、主務大臣は、基本方針に即して、3年ごとに、5年を1期とする分別基準適合物の再商品化に関する計画を策定し公表することとされ（法7条）、ガラス製容器とペットボトルの再商品化可能量等について、平成9年度から平成13年度までの5年間の計画を第1期の計画として平成8年5月17日に公表され、以降、3年ごとに再商品化計画が策定され公表されている。

(1) 自治体の役割

容器包装廃棄物をリサイクルするためには、排出される廃棄物を分別して収集することが合理的である。

法は、市町村が、「容器包装廃棄物の分別収集をするときは、環境省令で定めるところにより、3年ごとに、5年を1期とする当該市町村の区域内の容器包装廃棄物の分別収集に関する計画を定めなければならない」とし、個別の市町村ごとに基本方針に即し、再商品化計画を勘案して分別収集計画を策定し、公表するとともに、都道府県知事へ提出するものとしている（法8条）。

さらに、「都道府県は、環境省令で定めるところにより、3年ごとに、5年を1期とする当該都道府県の区域内の容器包装廃棄物の分別収集の促進に関する計画を定めなければならない」とし、都道府県ごとに、基本方針に即し、再商品化計画を勘案し、区域内の市町村が定めた分別収集計画に適合するように分別収集促進計画を策定し、これを公表するとともに、環境大臣へ提出するものとしている（法9条）。

市町村は、策定した分別収集計画に従い、分別収集をしなければならず、分別収集に際しては、分別の基準を定め、これを周知させるために必要な措置を講じなければならない（法10条1項・2項）。

市町村により分別収集された容器包装廃棄物は、環境省令で定める基準によって、ペットボトル、プラスチック製容器包装等のそれぞれの素材に応じて、洗浄、圧縮、梱包等が行われ、保管施設（主務省令で定める設置の基準に適合し、主務大臣が市町村の意見を聴いて指定する施設）に保管される。

このようにして、市町村が分別収集計画に基づき、分別収集をして得られた物のうち、環境省令で定める基準に適合するものであって、適切な保管施設に保管されているものを「分別適合基準物」（法2条6項）という。

(2)　消費者の役割

消費者は、容器包装廃棄物を排出するにあたり、市町村が定める分別基準に従って、適正に分別して排出しなければならない（法10条3項）。

この役割に加え、消費者は「繰り返して使用することが可能な容器包装の使用、容器包装の過剰な使用の抑制等の容器包装の使用の合理化により容器包装廃棄物の排出を抑制するよう努めるとともに、分別基準適合物の再商品化をして得られた物又はこれを使用した物の使用等により容器包装廃棄物の分別収集、分別基準適合物の再商品化等を促進するよう努めなければならない」責務を負う（法4条）。

(3)　事業者の役割

事業者は、市町村が分別収集し、適切な保管施設に保管される分別基準適合物について再商品化（リサイクル）の義務を負う。これは、家庭から排出される廃棄物の処理につき、容器包装を利用して商品を販売したり、容器包装を製造したりする事業者に対し、商品が費消された後に廃棄された容器包装についても責任を負担させるため、事業者に再商品化の義務を負わせたものである。

この役割に加え、消費者と同様、容器包装廃棄物の排出抑制、分別収集、再商品化等を促進するよう努めなければならない責務を負う（法4条）。

また、事業者による容器包装廃棄物の排出の抑制の促進のため、容器包装の使用量の多い業種であって、容器包装の使用方法や代替手段等を用いることで過剰な使用を抑制し、容器包装の使用の合理化を行うことが特に必要な業種として政令で定める業種（小売業）に属する事業を行う事業者（指定容器包装利用事業者）は、主務省令で定める容器包装の使用の合理化による容器包装廃棄物の排出の抑制の促進に関する判断の基準となるべき事項を定めに基づく取組みが定められ（法7条の4）、合理化のための取組みを行うことが求められる。

そして、指定容器包装利用事業者であって、政令で定める要件に該当する容器包装多量利用事業者は、毎年度、容器包装を用いた量、容器包装の使用の合理化に関し実施した取組状況等の主務省令で定める事項を報告しなければならない（法7条の6）。

4　再商品化（リサイクル）の実施

(1)　再商品化（リサイクル）の義務を負う事業者

容器包装リサイクル法は、容器包装に関わって事業を行っている事業者に対し、再商品化の義務を負わせている。

具体的には、①販売する商品について特定容器を利用したり、特定容器のついている商品を輸入したりする事業者（特定容器利用事業者）、②特定容器を製造したり、特定容器を輸入したりする事業者（特定容器製造等事業者）、③販売する商品について特定包装を利用したり、特定包装のついている商品を輸入したりする事業者（特定包装利用事業者）である。これらの事業者は、特定事業者と呼ばれ、分別基準適合物について再商品化（リサイクル）の義務が生じる（法11条～13条）。

もっとも、これらの事業者のうち、常時使用する従業員の数が20人（商業またはサービス業に属する事業を主たる事業として営む事業者については5人）以下で、かつその事業年度の売上高が2億4000万円（商業またはサービス業に属する事業を主たる事業として営む事業者については700万円）以下の小規模事業者については対象外とされ、再商品化の義務の適用が除外される。

特定事業者は、特定容器包装を用いた商品の販売または製造等および分別基準適合物の再商品化に関し、帳簿を備え、主務省令で定める事項を記載し保存することを義務付けられる（法38条）。

(2)　特定事業者に再商品化義務が生じる容器包装

容器包装は、商品の容器および包装であり、商品が費消されたり商品と分離された場合に不要となるものをいう。このうち、特定事業者が再商品化義務を負う容器包装は、ガラス製容器、ペットボトル、紙製容器包装、プラスチック製容器包装の4品目である。

アルミ製容器包装、鋼製容器包装、飲料用紙パック（原材料としてアルミニウムが利用されていないもの）、段ボール製容器包装については、市場で有償または無償で取引されていること等から、再商品化義務の対象外となっている。

(3) 法が定める「再商品化」の意義

「再商品化」とは、消費者が分別排出し、市町村が分別収集して保管施設に保管された分別基準適合物を、①自ら製品の原材料として利用すること、②自ら燃料以外の用途で製品としてそのまま利用すること、③製品の原材料として利用する者に有償または無償で譲渡しうる状態にすること、④製品としてそのまま使用する者に有償または無償で譲渡しうる状態にすることをいう（法2条8項）。

(4) 再商品化義務量の算定

特定事業者は、その事業において利用または製造等をする特定容器・特定包装が属する容器包装区分に係る特定分別基準適合物について、再商品化義務量の再商品化をしなければならない（法11条～13条）。

個々の特定事業者が負担すべき再商品化義務量は、容器包装の種類、業種、使用量、製造量等に応じて特定分別基準適合物ごとに次のように算定される。

＜個々の特定事業者の容器＞

$$\text{個々の特定事業者の再商品化義務量} = \text{業種ごとの再商品化義務量} = \frac{\text{包装廃棄物の排出見込量}}{\text{当該業種全体の容器包装廃棄物の排出見込量}}$$

① 業種の区分ごとの再商品化義務量の算定

業種ごとの再商品化義務量は、各年度ごとに主務大臣が公表する数値により算定できる。特定容器利用事業者を例にすると、再商品化義務総量（法11条3項）に特定容器比率を乗じた量（法11条2項1号）に、業種区分ごとに再商品化されるべき比率（法11条2項2号イ）と容器利用事業者比率（法11条2項2号ロ）を乗じることにより算定される。以下、具体的な算定方法を説明する。

(a) 再商品化義務総量の算出（容器包装リサイクル法11条3項）

次のⓐⓑの2通りの計算により算定される量のうち、いずれか少ない量が再商品化義務総量とされる。

ⓐ

全国で得られる各年度における特定分別基準適合物ごとの総量（分別収集見込量）	×	特定事業者により再商品化がされるべき量の占める比率として主務大臣が定める比率（特定事業者責任比率）	＋	前年度に再商品化されなかった量

ⓑ

再商品化計画による再商品化見込量　×　特定事業者責任比率

(b)　特定容器比率（容器包装リサイクル法11条2項1号）

特定容器と特定包装に按分した量を算出するため、再商品化義務総量に、主務大臣が定める、特定容器利用事業者または特定容器製造等事業者により再商品化されるべき量の比率（特定容器比率）を乗じた量が特定容器利用事業者および特定容器製造等事業者の再商品化義務量となる。

(c)　業種区分ごとに再商品化されるべき比率（容器包装リサイクル法11条2項2号イ）

(b)で算出された量のうち、業種区分ごとの按分割合を算出するため、主務大臣が定める、当該業種に属する事業において当該特定容器を用いる特定容器利用事業者または当該業種に属する事業において用いられる当該特定容器の製造等をする特定容器製造等事業者により再商品化がされるべき量の占める比率が乗じられる。

(d)　容器利用事業者比率（容器包装リサイクル法11条2項2号ロ）

特定容器利用事業者と特定容器製造等事業者の按分割合を算出するため、当該業種に属する事業において当該特定容器を用いた商品の当該年度における販売見込額の総額を、当該総額と製造等をされた当該特定容器であって当該業種に属する事業において用いられるものの当該年度における販売見込額の総額との合算額で除した率を基礎として、主務大臣が定める率が乗じられる。

②　個々の特定事業者の容器包装廃棄物の排出見込量の算定

個々の特定事業者の容器包装廃棄物の排出見込量は、特定事業者がその業種の属する事業において販売する商品に用いるまたは製造等する特定容器包装の量のうち、容器は包装廃棄物として排出される見込量として、主務省令で定める算定方法に従い算定される（法11条2項2号ハ、12条2項2号ハ、13条2項2号）。

この容器包装廃棄物の排出見込量は、主務省令で定める算定方式に従い、個々の特定事業者が自ら算出する。

主務省令で定める算定方法には、(a)自主算定方式、(b)簡易算定方式の２通りがあり、自主算定方式により算出できない場合に限り、簡易算定方式により算出する。

(a)　自主算定方式（容器包装リサイクル法施行規則10条1項）

特定容器利用事業者を例にとり、自主算定方式に従った容器包装廃棄物の排出見込量は、次のように算出される。

特定容器利用事業者がその業種に属する事業において用いる当該特定容器の当該年度の前事業年度において販売した商品に用いた量	−	〔自らまたは他者への委託により回収する当該特定容器の量	＋	事業活動により費消した等容器包装廃棄物として排出されない当該特定容器の量〕

(b)　簡易算定方式（容器包装リサイクル法施行規則10条2項）

特定容器利用事業者を例にとり、簡易算定方式に従った容器包装廃棄物の排出見込量は、次のように算出される。

〔特定容器利用事業者がその業種に属する事業において用いる当該特定容器の当該年度の前事業年度において販売した商品に用いた量	−	自らまたは他者への委託により回収する当該特定容器の量算定できない場合零〕	＋	業種ごとに定められた比率（事業系比率）を１から控除した率

③　当該業種全体の容器包装廃棄物の排出見込量

当該業種全体の容器包装廃棄物の排出見込量は、すべての特定事業者が当該業種に属する事業において販売する商品に用いるまたは製造等する量のうち、容器包装廃棄物として排出される見込量として、主務大臣が定める。

(5)　再商品化義務の履行方法

特定事業者は、算定された再商品化義務量について再商品化義務を果たす必要があるところ、特定事業者が義務を履行する方法として、①指定法人ルート、②自主回収ルート、③独自ルートの３つの方法を定めている。

①　指定法人ルート（容器包装リサイクル法14条）

指定法人ルートは、特定事業者が自らの再商品化義務量の再商品化を指定法人に委託し、再商品化委託料を支払うことで再商品化義務を履行する方法である。

法は、特定事業者が、再商品化義務量の全部または一部の再商品化について指定法人と再商品化契約を締結し、当該契約に基づく自らの債務を履行したときは、その委託した量に相当する特定分別基準適合物の量について再商品化義務を果たしたものとみなされることを規定する。

主務大臣は、一般社団法人または一般財団法人であって、再商品化業務を適正かつ確実に行うことができる者を、再商品化業務を行う者（指定法人）として指定できるものとしており（法21条1項）、「財団法人日本容器包装リサイクル協会」を指定法人として指定している。

指定法人は、特定事業者の委託を受けて分別基準適合物の再商品化を行う。具体的な再商品化については、再商品化事業者に委託して実施される。

特定事業者が指定法人との再商品化契約に基づき指定法人に支払う再商品化委託料は、再商品化義務量に指定法人が算出する再商品化委託単価を乗じることにより算定される。

②　自主回収ルート（容器包装リサイクル法18条）

自主回収ルートは、特定事業者が販売店等を通じて自ら容器包装廃棄物を回収して再商品化を行う方法である。

法は、特定事業者は、その用いる特定容器、その製造等をする特定容器またはその用いる特定包装を自ら回収し、または他の者に委託して回収するときは、その回収方法が主務省令で定める回収率を達成するために適切なものである旨の主務大臣の認定（自主回収の認定）を受けることができることを規定する。

この自主回収の認定を受けることにより、当該回収に係る量を再商品化義務量から控除することができる。

自主回収の認定に係る回収率は、同法施行規則により、「おおむね90パーセント」と定められており、自主回収の認定は、特定容器または特定包装の種類ごとに行うことが基本とされている。

自主回収の認定を受けた特定事業者は、毎事業年度終了後3月以内に、認定を受けた特定容器または特定包装ごとに、利用量または販売量、回収量について主務大臣への報告が求められる。

③　独自ルート（容器包装リサイクル法15条）

独自ルートは、特定事業者が、自らまたは指定法人以外の者に委託して再商品化を行う方法であり、法で定める一定の基準を満たし、主務大臣の認定を受けなければならない。

＜参考資料＞

- 3R容器リサイクル法（環境省）(https://www.env.go.jp/recycle/yoki/)
- 容器包装に関する基本的な考え方について（環境省）
  (http://www.env.go.jp/recycle/yoki/dd_3_docdata/pdf/guideline_1.pdf)
- 特定事業者による容器包装廃棄物として排出される見込量の算定のためのガイドライン（環境省）
  (http://www.env.go.jp/recycle/yoki/dd_3_docdata/pdf/guideline_3.pdf)
- ３R政策リデュース・リユース・リサイクル（経済産業省）
  (https://www.meti.go.jp/policy/recycle/index.html)
- 容器包装リサイクル法－活かそう「資源」に（経済産業省）平成18年12月発行
  (https://www.meti.go.jp/policy/recycle/main/data/pamphlet/pdf/youri_0612.pdf)
- 改正容器リサイクル法説明資料（経済産業省）平成18年12月
  (https://www.meti.go.jp/policy/recycle/main/admin_info/law/04/pdf/kaisei/setsumei.pdf)
- 容器リサイクル法説明資料（経済産業省）平成15年度
  (https://www.meti.go.jp/policy/recycle/main/data/pamphlet/pdf/all.pdf)
- 食品産業における環境対策－容器リサイクル法関連（農林水産省）
  (http://www.maff.go.jp/j/shokusan/recycle/youki/index.html)
- 公益財団法人日本容器包装リサイクル協会（https://www.jcpra.or.jp/)
- 協会案内パンフレット（公益財団法人日本容器包装リサイクル協会）
  (https://www.jcpra.or.jp/Portals/0/resource/association/pamph/pdf/kyoukaiannnai.pdf)

3　家電リサイクル

――家電廃棄物、ビジネスの仕組み

1　特定家庭用機器再商品化法

(1)　法律の目的等

特定家庭用機器再商品化法（家電リサイクル法）は、「特定家庭用機器の小売業者及び製造業者等による特定家庭用機器廃棄物の収集及び運搬並びに再商品化等に関し、これを適正かつ円滑に実施するための措置を講ずることにより、廃棄物の減量及び再生資源の十分な利用等を通じて、廃棄物の適正な処理及び資源の有効な利用の確保を図り、もって生活環境の保全及び国民経済の健全な発展に寄与することを目的」としている（家電リサイクル法（以下本節において「法」と記す）1条）。

家電リサイクル法は、廃棄物の減量と資源の有効利用を通じて循環型経済社会を実現するため、通商産業省および厚生省の共同による策定に向けた準備作業を経て、政府提出法案として国会に提出され、1998年5月に成立し、同年6月に公布された。製造業者等、小売業者、排出者、国および市区町村がそれぞれの役割を担い、協力して家電製品廃棄物の発生の抑制とリサイクルを進めていくことを基本理念としている。

(2)　家電リサイクル法の法的位置付け

家電リサイクル法は、リサイクルを特定家庭用機器という個別の分野で推進するため、リサイクル促進のための一般法である資源有効利用促進法よりも具体的、かつ、強い措置を講じている。また、家電リサイクル法は、廃棄物処理の一般法である廃棄物処理法の対象となるもののうち、特定家庭用機器という個別の分野における適切な廃棄物処理方法について規定するものである。すなわち、家電リサイクル法は、資源有効利用促進法および廃棄物処理法の両法の特別法として位置付けられる。

2　特定家庭用機器と再商品化等の意義

(1)　特定家庭用機器

法律名にもある「特定家庭用機器」とは、「一般消費者が通常生活の用に供する電気機械器具その他の機械器具」のうち、市町村等による再商品化等が困難であり（法2条4項1号）、再商品化等をする必要性が特に高く（法2条4項2号）、設計、部品等の選択が再商品化等に重要な影響があり（法2条4項3号）、配送品であることから小売業者による収集が合理的なもの（法2条4項4号）のうち、政令で定めるものをいう（法2条4項）。事業用の機械器具は含まれない。

具体的な品目としては、2017年4月1日現在、「エアコン」、「テレビ（ブラウン管式、液晶式およびプラズマ式）」、「冷蔵庫・冷凍庫」および「洗濯機・衣類乾燥機」の4品目が「特定家庭用機器」として定められている（法施令1条）。なお、冷凍庫は2004年4月1日から、液晶式テレビ、プラズマ式テレビおよび衣類乾燥機は2009年4月1日から、それぞれ追加されたものである。

今後、家電リサイクル法の対象機器を追加する場合には、当該機器が家電リサイクル法2条4項各号に該当するかを検討しつつ、政令で「特定家庭用機器」として指定されることになる。もちろん、同項各号に該当するものであっても、たとえば家電リサイクル法で定める措置によらず再商品化等が円滑に実施されているものなどは、政令で指定されないこともありうる。

(2)　再商品化等

「再商品化等」とは、「再商品化」および「熱回収」をいう（法2条3項）。

ア　再商品化

「再商品化」とは、材料・素材としての再利用である、いわゆる「マテリアル・リサイクル」をいう。具体的には、以下のとおりである。

①　機械器具が廃棄物となったものから部品および材料を分離し、自らこれを製品の部品または原材料として利用する行為（法2条1項1号）。

　たとえば、金属部品を自社製品の金属部品の原材料とすることなどである。

②　機械器具が廃棄物となったものから部品および材料を分離し、これを製

品の部品または原材料として利用する者に有償または無償で譲渡しうる状態にする行為（法2条1項2号）。

たとえば、テレビのブラウン管のガラスをカレット化し、ガラス製造業者に売却可能な状態にすることなどである。

イ　熱回収

「熱回収」とは、廃棄物を単に焼却処理せずに焼却の際に発生する熱エネルギーを回収・利用する、いわゆる「サーマル・リサイクル」をいう。具体的には、以下のとおりである。

① 機械器具が廃棄物となったものから分離した部品および材料のうち再商品化されたもの以外のものであって、燃焼の用に供することができるものまたはその可能性のあるものを、熱を得ることに自ら利用する行為（法2条2項1号）。

たとえば、プラスチック部品を分離し発電用燃料として使用することなどである。

② 機械器具が廃棄物となったものから分離した部品および材料のうち再商品化されたもの以外のものであって、燃焼の用に供することができるものまたはその可能性のあるものを、熱を得ることに利用する者に有償または無償で譲渡しうる状態にする行為（法2条2項2号）。

たとえば、プラスチック部品を一定の形状に固め、固形燃料として販売可能な状態にすることなどである。

(3)　特定家庭用機器廃棄物

特定家庭用機器が廃棄物となったものを、「特定家庭用機器廃棄物」という（法2条5項）。

3　基本方針

製造業者等、小売業者、排出者、国および自治体といった各主体が積極的に特定家庭用機器廃棄物の回収促進に取り組み、社会全体として適正なリサイクルを推進するため、主務大臣が基本方針を定めることとされている（法3条）。

この規定に基づき、2000年6月23日、環境庁長官、厚生大臣および通商産業大臣名で、「特定家庭用機器廃棄物の収集及び運搬並びに再商品化等に関する基本方針」が公表された。この基本方針につき、2017年4月1日時点における直近の2015年3月30日付改正では、現行49%の回収率を平成30年度までに56%とする回収率目標、製造業者等による高度なリサイクルの取組みを促進すること、国による小売業者の引渡義務違反等への監督の徹底等に関する規定が追加された。

4　法が定める役割分担

家電リサイクル法は、製造業者等、小売業者、排出者、国および自治体の各主体につき、以下の役割分担を規定している。

(1)　製造業者等（製造および輸入販売を行う事業者）の役割

家電リサイクル法は、「特定家庭用機器の製造等を業として行う者（以下「製造業者等」という。）は、特定家庭用機器の耐久性の向上及び修理の実施体制の充実を図ること等により特定家庭用機器廃棄物の発生を抑制するよう努めるとともに、特定家庭用機器の設計及びその部品又は原材料の選択を工夫することにより特定家庭用機器廃棄物の再商品化等に要する費用を低減するよう努めなければならない。」と規定している（法4条）。製造業者等の具体的な役割は、以下のとおりである。

ア　小売業者（家電販売業者）等からの引取義務

製造業者等は、正当な理由がある場合を除き、引取りの求めに応じ、自らが製造・輸入した特定家庭用機器廃棄物を引き取らなければならない（法17条）。

正当な理由とは、たとえば天災等によって指定引取場所や再商品化等のための施設が操業できなくなっているなどの不可抗力により、特定家庭用機器廃棄物の引取りや再商品化等を行うことができないとき、あるいは引取りを求めた者が製造業者等の請求する料金の支払いを拒否しているときなどがあげられる。

イ　再商品化等実施義務

製造業者等は、引き取った特定家庭用機器廃棄物について、一定基準以上の再商品化等を行わなければならず（法18条1項、22条1項）、再商品化等の状況について公表するよう努めなければならない（法18条2項）。

ウ　再商品化等料金の設定・発表義務

製造業者等は、小売業者等から引取りを求められた場合、リサイクル料金を請求できることとなっているが（法19条）、あらかじめこの料金を品目別に設定し、毎日刊行される新聞に掲載する方法で公表しなければならない（法20条1項、法施規8条）。この料金は、以下の条件で決定する。

① 廃家電のリサイクルを能率的に実施した場合の適正な原価を上回らないこと（法20条2項）。

② 排出者の廃家電の適正な排出を妨げることのないよう配慮すること（法20条3項）。

なお、製造業者等は、特定家庭用機器廃棄物の引取りを求めた者に対し、公表した料金額以外の額を、再商品化等に必要な行為に関する料金として請求してはならない（法20条4項）。

エ　名称表示義務

製造業者等は、特定家庭用機器が廃棄物となった後に再商品化等の義務を負う者を明確にするため、特定家庭用機器を販売する時までに、自らの名称を、当該家庭用機器の表面の見やすい箇所に容易に消えない方法によって表示しなければならない（法26条、法施規15条）。

なお、電気用品安全法や家庭用品品質表示法に基づき、すでに製造業者等の名称（氏名）が表示されている場合には、当該表示をもって家電リサイクル法26条の表示とみなされる。

オ　指定引取場所の適正な配置・公表義務

製造業者等は、小売業者から特定家庭用機器廃棄物を引き取る場所を適正に配置し（法29条1項）、これを毎日刊行される新聞に掲載する方法で、遅滞なく公表しなければならない（法29条2項、法施規16条）。

カ　管理票の回付と写しの保管義務

製造業者等は、後述する管理票制度に従い、特定家庭用機器廃棄物管理票を小売業者に回付し、その写しを一定期間保存しなければならない。

(2)　小売業者の役割

家電リサイクル法は、「特定家庭用機器の小売販売を業として行う者（以下「小売業者」という。）は、消費者が特定家庭用機器を長期間使用できるよう必要な情報を提供するとともに、消費者による特定家庭用機器廃棄物の適正な排出を確保するために協力するよう努めなければならない。」と規定している（法5条）。小売業者の具体的な役割は、以下のとおりである。

ア　排出者（消費者）からの引取義務

小売業者は、以下のいずれかの場合、正当な理由がある場合を除き、排出者から当該特定家庭用品機器廃棄物を排出する場所において、特定家庭用機器廃棄物を引き取らなければならない（法9条）。

① 自らが過去に小売販売した特定家庭用機器廃棄物の引取りを求められたとき（法9条1号）。

② 対象機器の小売販売に際し、同種の特定家庭用機器廃棄物の引取りを求められたとき（法9条2号）。

正当な理由とは、たとえば天災等によって引取りができないときや、引取りを求めた排出者が小売業者の請求する料金の支払いを拒否したときなどがあげられる。

イ　製造業者等への引渡義務

小売業者は、特定家庭用機器廃棄物を引き取ったときは、原則として、その対象機器を引き取るべき製造業者等（製造業者等が明らかでないときは指定法人）に引き渡さなければならない（法10条）。

ただし、小売業者が当該特定家庭用機器廃棄物を以下のとおり再使用（リユース）する場合、小売業者は、対象機器を引き取るべき製造業者に対する引渡義務を負わない（法10条、法施規3条）。

① 小売業者自らが当該特定家庭用機器廃棄物を特定家庭用機器として再度使用する場合（法施規3条1号）。

② 当該特定家庭用機器廃棄物を特定家庭用機器として再度使用する者に販売する場合（法施規3条2号）。

たとえば、小売業者がリサイクルショップである場合等である。

③ 小売業者が当該特定家庭用機器廃棄物を特定家庭用機器として販売する者に譲渡する場合（法施規3条2号）。

たとえば、小売業者がリサイクルショップに譲渡する場合等である。

ウ　収集・運搬料金の設定・公表義務

小売業者は、特定家庭用機器廃棄物の引取りを求められたときは、小売業者が当該特定家庭用機器廃棄物を再使用（リユース）に回す場合を除き、当該特定家庭用機器廃棄物を引き取るべき製造業者等または指定法人に当該特定家庭用機器廃棄物を引き渡すために行う収集および運搬に関し、料金を請求することができるが（法11条、10条、法施規3条）、この料金を品目別に設定し、小売業者の店舗の見やすい場所への掲示その他の適切な方法によって、あらかじめ公表しなければならない（法13条1項、法施規5条）。

エ　収集・運搬料金等の提示義務

小売業者は、特定家庭用機器を使用する者または特定家庭用機器を購入しようとする者から求められたときは、その求めに応じ、以下の料金額を示さなければならない（法13条4項、法施規6条）。

①　小売業者の公表する収集・運搬料金（法13条1項）。

②　製造業者等により公表された再商品化等料金（法20条1項）。

③　指定法人により公表された再商品化等に必要な行為の実施に係る料金（法34条1項、33条2号・3号）。

オ　管理票の発行等義務

小売業者は、後述する管理票制度に従い、排出者から特定家庭用機器廃棄物を引き取るときなどに、管理票の発行等を行う。

(3)　排出者（消費者・事業者）の役割

家電リサイクル法は、「事業者及び消費者は、特定家庭用機器をなるべく長期間使用することにより、特定家庭用機器廃棄物の排出を抑制するよう努めるとともに、特定家庭用機器廃棄物を排出する場合にあっては、当該特定家庭用機器廃棄物の再商品化等が確実に実施されるよう、特定家庭用機器廃棄物の収集若しくは運搬をする者又は再商品化等をする者に適切に引き渡し、その求めに応じ料金の支払に応じることにより、これらの者がこの法律の目的を達成するために行う措置に協力しなければならない。」と規定している（法6条）。排出者の具体的な役割は、以下のとおりである。

ア　排出の抑制

排出者は、家電リサイクル法の目的の一つである廃棄物の減量を実現するため、特定家庭用機器をより長期間使用することによって、特定家庭用機器廃棄物の排出自体を抑制するよう努めなければならない。

イ　適切な排出

排出者は、特定家庭用機器廃棄物を適切に排出しなければならない。たとえば、特定家庭用機器の買換えの場合、排出者は、買換えする小売業者または過去に当該特定家庭用機器廃棄物を販売した小売業者に対し、当該特定家庭用機器廃棄物を引き渡すことになる。

また、買換え以外の場合、排出者は、過去に当該特定家庭用機器廃棄物を販売した小売業者がわかれば当該小売業者に引き渡し、または指定引取場所に自ら運搬して製造業者等に引き渡すなどすることになる。

ウ　料金の支払い

排出者は、小売業者、製造業者等、自治体またはその指定業者に対し、料金を支払う必要がある。排出者が支払う料金は、「収集・運搬料金」と「再商品化等料金」からなる。

(4)　国の役割

家電リサイクル法は、以下の3点を国の責務として定めている（法7条）。

① 特定家庭用機器に関する情報の収集・整理・活用、特定家庭用機器廃棄物の収集運搬・再商品化等に関する研究開発の推進・成果の普及（法7条1項）。

② 特定家庭用機器廃棄物の再商品化等に要した費用、有効利用された資源の量その他情報の適切な提供（法7条2項）。

③ 教育活動、広報活動等を通じた特定家庭用機器廃棄物の収集運搬・再商品化等に関する国民の理解の増進等（法7条3項）。

(5)　自治体の役割

家電リサイクル法は、「都道府県及び市町村は、国の施策に準じて、特定家庭用機器廃棄物の収集及び運搬並びに再商品化等を促進するよう必要な措置を講ずることに努めなければならない。」と規定している（法8条）。

なお、家電リサイクル法施行当初に環境省から各自治体宛に発出された「家電リサイクル法の運用に伴う留意事項について」(平成13年3月22日環廃企62・環廃対74・環廃産115) では、小売業者に対する監督の徹底、自治体またはその指定業者による収集運搬および処分に係る留意事項、住民に対する普及啓発、不法投棄に係る監視および連絡体制の構築等について言及されている。

5　再商品化等の実施

(1)　製造業者等の再商品化等実施義務

特定家庭用機器廃棄物が製造業者等に引き渡されると、製造業者等によって、遅滞なく、当該特定家庭用機器廃棄物の再商品化等が行われる (法18条1項)。

なお、小売業者については引き取った特定家庭用機器廃棄物の再使用 (リユース) が認められているのに対し、製造業者等については一切認められていない。これは、製造物責任法 (PL法) 等との関係で、製造業者等が中古品を再出荷することは想定しがたいためである。そのため、製造業者等は、引き取ったすべての特定家庭用機器廃棄物を、必ず再商品化等しなければならない。

(2)　再商品化等の実施

製造業者等は、引き取った特定家庭用機器廃棄物につき、再商品化等、すなわち「再商品化 (マテリアル・リサイクル)」と「熱回収 (サーマル・リサイクル)」を行う。

これらの定義規定である家電リサイクル法2条1項・2項の文言から明らかなとおり、再商品化と熱回収のいずれの場合でも、家電リサイクル法1項1号 (自己利用) の場合は実際に自ら利用しなければならないが、家電リサイクル法1項2号 (譲渡) の場合は有償または無償で譲渡しうる状態にすれば義務を履行したこととなり、実際に第三者に対して譲渡することまでは義務付けられていない。

家電リサイクル法1項2号に関しては、それまで有償または無償で譲渡されていたものが、市況の変化等によって、逆に製造業者等が料金を支払わなければ譲渡しえなくなった場合、製造業者等は、有償または無償で譲渡しうる状態にするため必要な追加的加工等を行わなければならない。

再商品化等の実施においては、技術的・経済的に可能な範囲で、以下の取組みを実施することとされている（平成28年1月25日付20160112情第6号・環廃企発第1601252号経済産業大臣・環境大臣通知「特定家庭用機器廃棄物の再商品化等について」）。

① 非鉄金属のうち銅およびアルミニウムについては、素材別に分別回収すること。また、合金の種類ごとに分別回収すること。

② プラスチックのうちポリプロピレン、ポリスチレン、アクリロニトリル・ブタジエン・スチレン等、特定家庭用機器廃棄物に多く含まれるものについては、その種類ごとに分別回収すること。

③ 複合素材から成る部品については、破砕等して鉄、銅、アルミニウム、プラスチック、ガラス等の主要な素材別に、プラスチックについてはその種類別に分別回収すること。破砕等による分別回収が困難な場合には、譲渡先がそのままの形で原料として利用できる状態にしたうえで、譲渡すること。

④ 特定家庭用機器廃棄物に含まれるネオジムその他の希少金属類については、種類ごとに分別回収すること。

(3) 再商品化等の実施と一体的に行うべき生活環境の保全に資する事項

再商品化等の際には、エアコン、冷蔵庫・冷凍庫に含まれる冷媒用フロン・代替フロン、冷蔵庫・冷凍庫の断熱材フロンを回収し、再利用または破壊を行わなければならない（法18条2項、法施令2条）。このフロン、代替フロンは、同条にいう「特定物質等」であり、具体的にはCFC（クロロフルオロカーボン）、HCFC（ハイドロクロロフルオロカーボン）およびHFC（ハイドロフルオロカーボン）である。

特定物質等は、廃棄物処理法処理基準に基づき、回収、再利用または破壊の方法が示されているが、これらを適切に実施する観点から、以下の取組みを実施することとされている（平成28年1月25日付20160112情第6号・環廃企発第1601252号経済産業大臣・環境大臣通知「特定家庭用機器廃棄物の再商品化等について」)。

① エアコン、冷蔵庫・冷凍庫、洗濯機・衣類乾燥機の冷媒として使用されていたフロン類について、その種別ごとに回収すること。

② フロン類の回収作業中にフロン類の漏洩が発生していないか定期的に確認し、漏洩が発生した場合に直ちに必要な対策が実施できる体制を整備すること。

③ 回収後のフロン類については、出荷まで適正に温度管理された場所に保管すること。

④ 回収・出荷・処理時点でのフロン類の重量を記録し、重量差異を確認すること。

(4) 処理残渣

特定家庭用機器廃棄物も、廃棄物処理法に規定する「廃棄物」であることに変わりない。そのため、再商品化等を実施した後に残ったもの（処理残渣）は、廃棄物処理法の規定に基づき処分する必要がある。

(5) 再商品化等基準

製造業者等は、引き取った特定家庭用機器廃棄物について、毎年度、特定家庭用機器廃棄物ごとに政令で定める再商品化等を実施すべき量に関する基準に従い、その再商品化等をしなければならず（法22条1項）、また、その状況について公表するよう努めなければならない（法22条2項）。

この「政令で定める再商品化等を実施すべき量に関する基準」は、毎年度の製造業者等が引き取り、再商品化等を行った特定家庭用機器廃棄物の総重量と、再商品化等により得られた部品・原材料等の総重量との比率で表される。同基準は、これまで複数回の見直しがなされており、平成27年4月以降は、エアコン80％以上、ブラウン管式テレビ55％以上、液晶式・プラズマ式テレビ74％以上、冷蔵庫・冷凍庫70％以上、洗濯機・衣類乾燥機82％とされている（法施令3条)。

なお、「再商品化等」は「再商品化」と「熱回収」を意味するが、家電リサイクル法施行令3条により、現在は「再商品化」のみで同基準を達成しなければならないとされている。

(6) 再商品化等の認定

前述のとおり、特定家庭用機器廃棄物も廃棄物処理法で規定される廃棄物の一種であり、そしてその再商品化等は廃棄物の処理の一類型である。そのため、再商品化等の実施に際しては、生活環境の保全（廃棄物処理1条参照）上、支障を生じさせてはならない。また、円滑な再商品化等を図るうえでは、事後に再商品化等基準の達成度を確認するだけでなく、事前に製造業者等の再商品化等の能力が担保される必要がある。

そのため、家電リサイクル法は、製造業者等による再商品化等につき、生活環境の保全上の支障がないかどうか、当該製造業者等が十分な再商品化等の能力を保持しているかどうかについて、主務大臣が認定する制度を定めている（法23条～25条）。

6 指定法人

(1) 主務大臣による指定等

小売業者の引取義務、製造業者等の引取り・再商品化等実施義務については、種々の原因により、その履行が困難な場合もある。このような場合にこれらの義務の履行を補完するため、家電リサイクル法は、その役割を担って再商品化等業務を行う一般社団法人または一般財団法人の主務大臣による指定について定めている（法32条）。

2017（平成29）年4月1日現在、家電リサイクル法32条に基づき、一般財団法人家電製品協会が指定法人に指定されている。

(2) 業　務

指定法人は、以下の5つの業務を行う（法33条）。

ア　中小規模の製造業者等の委託を受けて、再商品化等に必要な行為を実施すること（法33条1号）。

特定家庭用機器廃棄物の再商品化等に必要な行為を確実に実施するためには、相応の施設の確保と、全国的な指定引取場所の確保が必要となる。しかし、再商品化等の義務を負う製造業者等の製造または輸入の規模が相対的に小さい場合、これらの確保は事実上困難であり、また再商品化等の効率的な実施も望めないことが予想される。そのため、このような中小規模の製造業者等は、指定法人に対し、特定家庭用機器廃棄物の引取り（料金の受領を含む）や、再商品化等に必要な行為を委託できることとされている。

この委託が可能な製造業者等（特定製造業者等）は、指定法人に委託をしようとする時点において、直前3年間の総国内出荷台数が、「エアコン」と「テレビ」については各90万台未満、「冷蔵庫・冷凍庫」と「洗濯機及び衣類乾燥機」については各45万台未満であることが必要である（法施規19条）。

なお、特定製造業者等が指定法人にこの委託をしたとしても、それだけでは再商品化等実施義務を履行したことにはならず、受託者である指定法人が適切に受託業務を実施することによって初めて義務が履行されたことになる。また、再商品化等料金の設定・公表（法19条、20条1項）は指定法人に委託できず、特定製造業者等が自ら行う必要がある。

イ　製造業者等が不明または不存在の場合に、特定家庭用機器廃棄物の再商品化等に必要な行為を実施すること（法33条2号）。

たとえば、再商品化等を行うべき製造業者等が破産等によって不存在となっている場合や、その所在を知りえない場合等は、排出者や小売業者が引き渡す先が存在せず、再商品化等が実施されない。そのため、このような場合における再商品化等は、指定法人が行うこととされている。

ウ　市町村長の申出を受けて主務大臣が製造業者等への引渡しに支障が生じている地域として公示した地域について、市町村または住民から特定家庭用機器廃棄物を引き取り、製造業者等に引き渡すこと（法33条3号）。

主務大臣は、市町村長または小売業者から提出された申出書（法30条、法施規17条）を受け、当該製造業者等に対し、円滑な引渡しを確保するために必要な指定引取場所を設置すべきことを勧告することができる（法31条）。しかし、指定引取場所の配置は、製造業者等によってリサイクルプラントまでの運搬効率等も考慮されて決定されるのが通常であり、いかなる地域にも設置されるものではない。そのため、最寄りの指定引取場所までの運搬が他の地域に比して著しく困難になっている地域については、主務大臣が当該地域を公示し、当該地域における排出者からの指定引取場所までの収集・運搬を指定法人が行うこととされている（法施規20条）。

もっとも、2017年4月1日現在、主務大臣が公示した地域はない。

エ　特定家庭用機器廃棄物の収集運搬・再商品化等の実施に関する調査、普及啓発を行うこと（法33条4号）。

オ　特定家庭用機器廃棄物の収集運搬・再商品化等の実施に関し、排出者、市町村等の照会に応じ、これを処理すること（法33条5号）。

(3)　再商品化等契約の締結及び解除に関する制約

家電リサイクル法33条が規定する指定法人の業務のうち、同条1号に掲げる業務に関する委託（再商品化等契約）は、特定製造業者等と指定法人の間における私法上の委託契約である。そのため、指定法人には、本来は契約自由の原則によって締結の自由があり、また民法等の規定に基づき解除権が発生することになる。しかし、同号の業務は、特定製造業者等が自ら再商品化等を実施できない場合の補完措置として位置付けられるものであり、特定製造業者等にとって指定法人との再商品化等契約は重要なものである。そのため、指定法人の契約締結の自由および解除権の行使には一定の制限が加えられており、指定法人は、以下の場合を除き、同号の再商品化等契約の締結を拒絶し、または再商品化等契約を解除することができない（法38条、法施規27条、28条）。

ア　締結拒絶が可能な場合

①　申込者が再商品化等契約を締結していたことがある特定製造業者等である場合において、支払期限を徒過した未払委託料金があるとき。

②　申込者が再商品化等契約を解除されてから1年未満の者であるとき。

③　申込者が虚偽の申請等、不正な行為を行ったとき。

イ　解除可能な場合

①　指定法人が、再商品化等契約を締結した特定製造業者等の当該再商品化等契約に係るすべての特定家庭用機器廃棄物の再商品化等をしたとき。

②　特定製造業者等が、契約している特定家庭用機器の製造等をしなくなったとき。

③　特定製造業者等が、家電リサイクル法施行規則19条に定める特定製造業者等の要件を超えたとき。

たとえば、冷蔵庫・冷凍庫の直前3年間の総国内出荷台数が45万台を超えたときなどである。

④　特定製造業者等が支払期限後2月以内に委託料金を支払わなかったとき。

⑤　特定製造業者等が再商品化等業務規程に定める契約者の責任に関する事項に違反したとき。

7　管理票制度

家電リサイクル法は、小売業者から製造業者等に対する特定家庭用機器廃棄物の適切な引渡しを確保するため、特定家庭用機器廃棄物管理票（家電マニフェスト。以下「管理票」という）を用いる管理票制度を定めている。

(1)　記載事項

管理票には、以下の事項が記載される（法43条1項、法施規33条）。

①当該管理票の交付年月日

②当該排出者の氏名または名称および電話番号

③当該小売業者の氏名または名称および特定家庭用機器廃棄物を引き取る本店または支店の所在地

④引き取る特定家庭用機器廃棄物

⑤再商品化等実施者の氏名または名称

(2)　管理票の取扱いの流れ

管理票は、以下のように、特定家庭用機器廃棄物の流れに並行して交付・回付される。

ア　小売業者による引取り時

小売業者は、排出者から特定家庭用機器廃棄物を引き取るとき、当該排出者に管理票の写しを交付しなければならない（法43条1項）。原本は小売業者が保管する。

小売業者から排出者に対する管理票の写しの交付方法は、以下のとおりである（法43条1項、法施規34条）。

①当該特定家庭用機器廃棄物一品ごとに交付すること

②当該特定家庭用機器廃棄物を排出者から引き取る際に交付すること

③当該特定家庭用機器廃棄物ならびに排出者の氏名または名称および電話番号が管理票に記載された事項と相違ないことを確認のうえ、交付すること

なお、小売業者が当該特定家庭用機器廃棄物を再使用（リユース）する場合、小売業者は管理票の発行義務を負わない（法43条1項、10条、法施規3条）。

イ　小売業者から製造業者等への引渡し時

小売業者は、特定家庭用機器廃棄物を再商品化等の実施義務を負う製造業者等または指定法人（以下「再商品化等実施者」という）に対して引き渡すとき、当該再商品化等実施者に対し、管理票を交付しなければならない（法43条2項、法施規35条）。

小売業者が再商品化等実施者に対して特定家庭用機器廃棄物を直接引き渡さず、廃棄物収集運搬業者を利用する場合、まずは小売業者から当該廃棄物収集運搬業者に対して特定家庭用機器廃棄物を引き渡す際に管理票を交付し、そして当該廃棄物収集運搬業者から再商品化等実施者に特定家庭用機器廃棄物を引き渡す際に管理票を交付する（法45条）。

ウ　再商品化等実施者による引取り時

再商品化等実施者は、小売業者から特定家庭用機器廃棄物を引き取り、管理票を交付された際、交付された管理票に以下の事項を記載した上、当該小売業者に当該管理票を回付しなければならない（法43条3項前段、法施規36条、37条）。

①当該特定家庭用機器廃棄物を引き取る指定引取場所（当該特定家庭用機器廃棄物を指定法人が引き取る場合には、その引取りを行った場所。法施規36条1号）

②当該特定家庭用機器廃棄物を引き取った年月日（法施規36条2号）

この場合、当該再商品化等実施者は、当該管理票の写しを当該回付をした日から3年間保存しなければならない（法43条3項後段、法施規38条）。

エ　再商品化等実施者による引取り後

小売業者は、再商品化等実施者から回付を受けた管理票を3年間保存しなければならない（法43条4項、法施規38条）。

⑶　排出者からの閲覧・確認の申出

排出者は、特定家庭用機器廃棄物の排出時に、収集・運搬料金と再商品化等料金からなる料金を負担していることから、排出した特定家庭用機器廃棄物が再商品化等実施者に適切に引き渡されたかどうかは、排出者の関心事項と考えられる。

そのため、小売業者は、特定家庭用機器廃棄物の引取り時に管理票の写しを交付した排出者から保管する管理票の閲覧の申出があった場合、正当な理由がなければこれを拒んではならないとされている（法43条5項）。

また、再商品化等実施者も、排出者からその者が排出した特定家庭用機器廃棄物に係る管理票の受領についての確認を求められたときは、正当な理由がなければ、当該管理票の受領の有無について返答しなければならないとされている（法46条）。

これらの正当な理由とは、たとえば管理票の保存期間が経過した場合や、管理票が不可抗力によって滅失した場合等があげられる。

⑷　家電リサイクル券システム

以上の家電リサイクル法が規定する管理票制度は、2017年4月1日現在、家電リサイクル法32条に基づく指定法人である一般財団法人家電製品協会が構築した、家電リサイクル券システムによって主に実行されている。このシステムは、一般財団法人家電製品協会内に設置された家電リサイクル券センターが運用している。

このシステム下における管理票は「家電リサイクル券」と呼ばれる。家電リサイクル券には、「料金販売店回収方式」と「料金郵便局振込方式」の2方式がある。

排出者は、オンラインで家電リサイクル券に記載された管理票番号を入力して照会することにより、排出した特定家庭用機器廃棄物の再商品化等実施者による引取りの有無を確認することができる。

＜参考資料＞

・リサイクル法令研究会監修『家電リサイクル法（特定家庭用機器再商品化法）Q＆A』（中央法規出版、2000年）

・経済産業省商務情報政策局情報通信機器課編『2004年版　家電リサイクル法［特定家庭用機器再商品化法］の解説』（(財) 経済産業調査会出版部、2004年)
・日本エヌ・ユー・エス株式会社ほか『業務フロー図から読み解く　ビジネス環境法』(レクシスネクシス・ジャパン、2012年)
・環境省・経済産業省等主務官庁の各ホームページ、同ホームページ掲載資料
・一般財団法人家電製品協会のホームページ

4　建設リサイクル

1　建設工事に係る資材の再資源化等に関する法律

(1)　法律の目的・制定の背景

近年、廃棄物の発生量が増大し、廃棄物の最終処分場の逼迫および廃棄物の不適正処理等、廃棄物処理をめぐる問題が深刻化している。建設工事に伴って廃棄されるコンクリート塊、アスファルト・コンクリート塊、建設発生木材等の建設廃棄物は、産業廃棄物全体の排出量および最終処分量の約2割を占め、また、不法投棄量の約6割を占めている。さらに、昭和40年代の建築物が更新期を迎え、今後建設廃棄物の排出量の増大が予測される。そこでその解決策として、資源の有効な利用を確保する観点から、これらの廃棄物について再資源化を行い、再利用していくため、2000年5月に建設工事に係る資材の再資源化等に関する法律（「建設リサイクル法」。平成12年5月31日法律第104号）が制定された。

建設リサイクル法は、「特定の建設資材について、その分別解体等及び再資源化等を促進するための措置を講ずるとともに、解体工事業者について登録制度を実施すること等により、再生資源の十分な利用及び廃棄物の減量等を通じて、資源の有効な利用の確保及び廃棄物の適正な処理を図り、もって生活環境の保全及び国民経済の健全な発展に寄与すること」を目的としている（建設リサイクル法（以下本節において「法」と記す）1条）。

(2)　主な内容

ア　基本的規定

建設リサイクル法は、まず、「第二章　基本方針等」において、以下のような基本的規定を定めている。

①主務大臣が定める「基本方針」（法3条）

②都道府県知事が定める「実施に関する指針」（法4条）

③関係者（建設業者・発注者・国・地方公共団体）の責務（法5条～8条）

イ　具体的措置・制度

そのうえで、建設リサイクル法は、第三章以下で、以下のような具体的な措置および制度等に関する規定を定めている。

①建築物等に係る分別解体等および再資源化等の義務付け

②分別解体等および再資源化等の実施を確保するための措置（届出、報告義務等）

③解体工事業者の登録制度

(3)　用語の定義

建設リサイクル法は、用語について定義規定を置いている（法2条）。主な用語の定義は以下のとおりである。

・「建設資材」（法2条1項）：土木建築に関する工事に使用する資材。

・「建設資材廃棄物」（法2条2項）：建設資材が廃棄物（廃棄物処理法（昭和45年法律第137号）2条1項に規定する廃棄物）となったもの。

・「分別解体等」（法2条3項）：次の各号に掲げる工事の種別に応じ、それぞれ当該各号に定める行為。

①　建築物その他の工作物の全部または一部を解体する建設工事：建築物等に用いられた建設資材に係る建設資材廃棄物をその種類ごとに分別しつつ当該工事を計画的に施工する行為

②　建築物等の新築その他の解体工事以外の建設工事：当該工事に伴い副次的に生ずる建設資材廃棄物をその種類ごとに分別しつつ当該工事を施工する行為

・「再資源化」（法2条4項）：次に掲げる行為であって、分別解体等に伴って生じた建設資材廃棄物の運搬または処分（再生することを含む）に該当するもの。

①　分別解体等に伴って生じた建設資材廃棄物について、資材または原材料として利用すること（建設資材廃棄物をそのまま用いることを除く）ができる状態にする行為。

②　分別解体等に伴って生じた建設資材廃棄物であって燃焼の用に供することができるものまたはその可能性のあるものについて、熱を得ることに利用することができる状態にする行為。

・「特定建設資材」(法2条5項)：コンクリート、木材その他建設資材のうち、建設資材廃棄物となった場合におけるその再資源化が資源の有効な利用および廃棄物の減量を図るうえで特に必要であり、かつ、その再資源化が経済性の面において制約が著しくないと認められるものとして政令で定めるもの[1]。
「特定建設資材廃棄物」(法2条6項)：特定建設資材が廃棄物となったもの。

2　基本方針等

(1)　主務大臣が定める「基本方針」

主務大臣は、建設工事に係る資材の有効な利用の確保および廃棄物の適正な処理を図るため、特定建設資材に係る分別解体等および特定建設資材廃棄物の再資源化等の促進等に関する基本方針（以下「基本方針」という）を定めるものとされる（法3条1項)。

基本方針においては、次に掲げる事項を定めるものとされている（法3条2項)。

①特定建設資材に係る分別解体等および特定建設資材廃棄物の再資源化等の促進等の基本的方向
②建設資材廃棄物の排出の抑制のための方策に関する事項
③特定建設資材廃棄物の再資源化等に関する目標の設定その他特定建設資材廃棄物の再資源化等の促進のための方策に関する事項
④特定建設資材廃棄物の再資源化により得られた物の利用の促進のための方策に関する事項
⑤環境の保全に資するものとしての特定建設資材に係る分別解体等、特定建設資材廃棄物の再資源化等および特定建設資材廃棄物の再資源化により得られた物の利用の意義に関する知識の普及に係る事項
⑥その他特定建設資材に係る分別解体等および特定建設資材廃棄物の再資源化等の促進等に関する重要事項

---

1)　この点について、建設工事に係る資材の再資源化等に関する法律施行令（以下本節において「法施令」）1条は次のとおり定める。
①コンクリート　②コンクリートおよび鉄から成る建設資材　③木材　④アスファルト・コンクリート

これらの規定に基づき、2001年1月17日に国土交通大臣によって基本方針が定められ、特定建設資材に係る分別解体等および特定建設資材廃棄物の再資源化等の促進に当たっての基本理念、関係者の役割、基本的方向などを定めるとともに、特定建設資材廃棄物の2010（平成22）年度の再資源化等率を95%とすることや、国の直轄事業における特定建設資材廃棄物の最終処分量を2005（平成17）年度までにゼロとすることなどの目標が掲げられた。

(2)　都道府県知事が定める「実施に関する指針」

都道府県知事は、基本方針に即し、当該都道府県における特定建設資材に係る分別解体等および特定建設資材廃棄物の再資源化等の促進等の実施に関する指針を定めることができるとされている（法4条1項）。

この規定に基づき、たとえば東京都では、「東京都建設リサイクル法実施指針」を定めている[2)]。

(3)　関係者の責務

関係者には以下の責務（努力義務）が課せられている。

ア　建設業者の責務

建設業を営む者は、建築物等の設計およびこれに用いる建設資材の選択、建設工事の施工方法等を工夫することにより、建設資材廃棄物の発生を抑制するとともに、分別解体等および建設資材廃棄物の再資源化等に要する費用を低減するよう努めなければならない（法5条1項）。また、建設資材廃棄物の再資源化により得られた建設資材（建設資材廃棄物の再資源化により得られた物を使用した建設資材を含む）を使用するよう努めなければならない（法5条2項）。

イ　発注者の責務

発注者は、その注文する建設工事について、分別解体等および建設資材廃棄物の再資源化等に要する費用の適正な負担、建設資材廃棄物の再資源化により得られた建設資材の使用等により、分別解体等および建設資材廃棄物の再資源化等の促進に努めなければならない（法6条）。

2)　http://www.toshiseibi.metro.tokyo.jp/seisaku/recy/recy_07.pdfを参照。

ウ　国の責務

国は、建築物等の解体工事に関し必要な情報の収集、整理および活用、分別解体等および建設資材廃棄物の再資源化等の促進に資する科学技術の振興を図るための研究開発の推進およびその成果の普及等必要な措置を講ずるよう努めなければならない（法7条1項）。また、教育活動、広報活動等を通じて、分別解体等、建設資材廃棄物の再資源化等および建設資材廃棄物の再資源化により得られた物の利用の促進に関する国民の理解を深めるとともに、その実施に関する国民の協力を求めるよう努めなければならない（法7条2項）。

さらに、建設資材廃棄物の再資源化等を促進するために必要な資金の確保その他の措置を講ずるよう努めなければならない（法7条3項）。

エ　地方公共団体の責務

都道府県および市町村は、国の施策と相まって、当該地域の実情に応じ、分別解体等および建設資材廃棄物の再資源化等を促進するよう必要な措置を講ずることに努めなければならない（法8条）。

3　分別解体等および再資源化等の義務付け

(1)　分別解体等

ア　分別解体等実施義務

特定建設資材を用いた建築物等に係る解体工事又はその施工に特定建設資材を使用する新築工事等であって、その規模が一定規模以上のもの（対象建設工事）の受注者またはこれを請負契約によらないで自ら施工する者は、正当な理由がある場合[3)]を除き、分別解体等をしなければならない（法9条1項）。

従来、建築物の解体現場では、いわゆる「ミンチ解体」（現場で分別することなく、重機を使って一気に解体してしまい、ミンチ状の廃棄物を発生させる解体方法）

---

3)　離島で行う工事で当該離島内に再資源化を行う施設がまったくない場合、有害物で建築物が汚染されている場合、分別解体を実施することが危険な場合（災害で建築物が倒壊しそうな場合等）、災害の緊急復旧工事など緊急を要する場合、ユニット型工法等工事現場で解体せずともリサイクルされることが廃棄物処理法における広域認定制度により担保されている場合などが「正当な理由がある場合」に当たると解されている（国土交通省建設業課「建設リサイクル法　質疑応答集」Q33・Q34）。

の方法が一般的であったが、様々な材質の廃棄物を細かい混合状態のミンチ状にすると、材質を分けてリサイクルをすることはできず、そのままでは処分に高い費用がかかるという問題に直面していた。そのため、一部の悪質な解体業者は、処分コストの高いミンチ状の廃棄物を不法投棄し、これが不法投棄の温床となっているとの指摘がなされていた。また、最終処分場の残存容量が逼迫していることからも、分別解体によるリサイクルの推進が緊急の課題となっていた。そこで、建設リサイクル法は、不法投棄の防止および最終処分場の延命を図るために、対象建設工事受注者に対して、分別解体等実施義務を課した。

なお、分別解体等は、解体工事等の現場で行わなければならないと解されており、たとえば解体工事の実施にあたり、現場ではミンチ解体を行って別の場所で分別をすることは許されない（国土交通省建設業課「建設リサイクル法　質疑応答集」Q5）。

イ　対象建設工事

分別解体等実施義務が課される対象建設工事は、以下の表のとおりである（法施令2条1項）。

工事の種類	規模の基準
建築物の解体	床面積80㎡以上
建築物の新築・増築	床面積500㎡以上
建築物の修繕・模様替等工事（リフォーム工事等）	請負代金1億円以上
建築物以外の工作物の工事（土木工事等）	請負代金500万円以上

（注1）　解体工事とは、建築物の場合、基礎、基礎ぐい、壁、柱、小屋組、土台、斜材、床版、屋根版または横架材で建築物の自重もしくは積載荷重、積雪、風圧、土圧もしくは水圧または地震その他の振動もしくは衝撃を支える部分を解体することを指す。
（注2）　建築物の一部を解体、新築、増築する工事については、当該工事に係る部分の延床面積の合計が基準にあてはまる場合について対象建設工事となる。また、建築物の改築工事は、解体工事＋新築（増築）工事にあたる。
（注3）　工事金額には消費税を含む。

なお、特定建設資材を用いた建築物等に係る解体工事またはその施工に特定建設資材を使用する新築工事等であって、その規模が建設工事の規模に関する基準以上のものであれば、特定建設資材廃棄物の発生量にかかわらず対象建設工事となる。よって、わずかしか特定建設資材廃棄物が発生しないような工事も対象となりうる（国土交通省建設業課「建設リサイクル法　質疑応答集」Q20）。

ウ　分別解体等の施工方法等

分別解体等は、次のとおり主務省令で定める基準に従って行わなければならない（法9条2項、法施規2条）。

①　施工方法

ⓐ　対象建設工事に係る建築物等に関する事前調査の実施

建築物等、周辺状況、作業場所、搬出経路、残存物品及び付着物等について調査を行わなければならない。

ⓑ　ⓐの調査に基づく分別解体等の計画の作成

ⓒ　ⓑの計画に従い、工事着手前における作業場所の確保・搬出経路の確保、残存物品の搬出、付着物の除去等の事前措置の実施

ⓓ　ⓑの計画に従い、工事の施工

②　工程の順序

(a)　建築物

ⓐ　建築設備、内装材等の取外し

ⓑ　屋根ふき材の取外し

ⓒ　外装材および構造耐力上主要な部分の取壊し

ⓓ　基礎および基礎ぐいの取壊し

(b)　工作物（建築物以外のもの）

ⓐ　さく、照明設備、標識等の附属物の取外し

ⓑ　工作物のうち基盤以外の部分の取壊し

ⓒ　基礎および基礎ぐいの取壊し

③　作業方法

手作業または手作業および機械による作業。ただし、建築設備、内装材、屋根ふき材等の取外しの場合は、原則、手作業による。

(2)　再資源化等義務

分別解体等することによって生じたコンクリート塊、アスファルト・コンクリート塊、建設発生木材（これらを「特定建設資材廃棄物」という）については、再資源化等が義務付けられている（法16条本文）。

ただし、特定建設資材廃棄物のうち建設発生木材については、工事現場から

最も近い再資源化施設までの距離が50キロメートルを超える場合等は、再資源化に代えて縮減（焼却等）をすれば足りるとされる（法16条ただし書、法施令4条、法施規3条）。

4　分別解体等および再資源化等の実施を確保するための措置

分別解体等および再資源化等の実施を確保するため、以下のとおり、手続関係が整備されている（法10条～15条、17条～20条）。

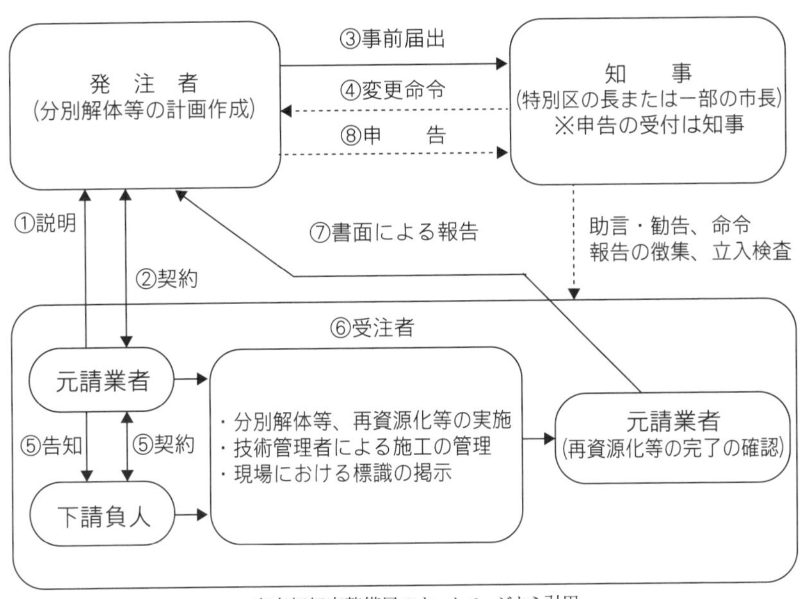

東京都都市整備局のホームページから引用
http://www.toshiseibi.metro.tokyo.jp/seisaku/recy/recy_03.htm

①　説明（法12条1項）：対象建設工事を受注しようとする者は、発注しようとする者に対し、建築物等の構造、工事着手の時期および工程の概要、分別解体等の計画等について書面を交付して説明しなければならない。

②　契約（法13条1項）：対象建設工事の契約書面においては、分別解体等の方法、解体工事に要する費用、再資源化をするための施設の名称および所在

地、再資源化等に要する費用を明記しなければならない（下請契約を含む）。

③　事前届出（法10条1項）：発注者（または自主施工者）は、工事に着手する7日前までに、分別解体等の計画等について、知事に届け出なければならない。

④　変更命令（法10条3項）：知事は、届出に係る分別解体等の計画が施工方法に関する基準に適合しないと認めるときは、計画の変更等を命令することができる。

⑤　告知（法12条2項）：元請業者は、下請負人に対して発注者が知事または特定行政庁の長に対して届け出た事項を告げなくてはならない。

⑥　分別解体等及び再資源化等の実施（法9条、16条、32条、33条）受注者は、分別解体等および再資源化を適正に実施しなければならない。また、技術管理者による施工の管理、標識の掲示をしなければならない。

⑦　書面による報告（法18条1項）：元請業者は、再資源化等が完了したときは、その旨を発注者に書面で報告するとともに、再資源化等の実施状況に関する記録を作成、保存しなければならない。

⑧　申告（法18条2項）：⑦の報告を受けた発注者は、再資源化等が適正に行われなかったと認めるときは、知事に対しその旨を申告し、適当な措置を求めることができる。

知事は、分別解体等の適正な実施を確保するため必要があると認めるときは、当該建設工事受注者（または自主施工者）に対し必要な助言、勧告、命令をすることができる（法14条、15条）。また、再資源化等に関しても知事は、その適正な実施を確保するため必要があると認めるときは、当該建設工事受注者に対し必要な助言、勧告、命令をすることができる（法19条、20条）。

5　解体工事業者の登録等

(1)　登録制度導入の背景

請負金額が500万円以上の家屋等の建築物その他の工作物の解体工事または解体工事を含む建設工事（建築一式工事に該当する解体工事を含む建設工事にあっ

ては請負金額が1500万円以上）を行う者は、建設業法に基づき建設業許可が必要である（建設業法3条1項、建設業法施行令1条の2第1項）。もっとも、家屋の解体工事の平均的な規模は30坪程度にとどまり、請負金額も100万円程度にすぎないことから、解体業者の多くは建設業の許可が不要であり、技術力のない者や不良業者（ミンチ解体によって生じた廃棄物を不法投棄するような業者）の参入が容易であったことが問題視されていた。

そこで、建設リサイクル法は、解体工事業者の登録制度を新設し、土木工事業、建築工事業または解体工事業に係る建設業の許可を持たずに、家屋等の建築物その他の工作物の解体工事を行う者は、元請・下請の別にかかわらず、工事を施工する区域を管轄する都道府県知事の登録を受けなければならないものとした（法21条1項）。

(2)　登録が必要な業者

土木工事業、建築工事業または解体工事業に係る建設業の許可を持たずに、家屋等の建築物その他の工作物の解体工事を行う者は、元請・下請の別にかかわらず、工事を施工する区域を管轄する都道府県知事の登録を受けなければならない。

したがって、たとえば解体工事を含む建設工事を請け負った者が、解体工事部分を他の者に下請けさせる場合であっても、土木工事業、建築工事業または、解体工事業に係る建設業許可を持たない場合は、元請負人、下請負人双方が、登録しなければならない。また、登録は解体工事を施工しようとする区域を管轄する都道府県知事に行うため、複数の都道府県内で解体工事を行う場合、営業所の有無にかかわらず、当該複数の都道府県への登録が必要となる。

(3)　登録の要件

解体工事業の登録をするには、以下の2つの要件を満たしていなければならない。

ア　法が定める登録拒否要件（建設リサイクル法24条1項）に該当しないこと

以下のような場合は、都道府県知事は登録を拒否しなければならない。

①　登録申請書及び添付書類に虚偽の記載があったり、重要な事実の記載がなかった場合

②　解体工事業者としての適正な営業を期待し得ない場合

(a)　解体工事業の登録を取り消された日から、2年を経過していない者

(b)　解体工事業の業務停止を命ぜられ、その停止期間を経過していない者

(c)　建設リサイクル法に違反して罰金以上の刑罰を受け、その執行を終わってから2年を経過していない者

(d)　暴力団員又は暴力団員でなくなった日から5年を経過していない者等

イ　主務省令で定める基準に適合する技術管理者を選任していること

(3)　技術管理者の選任

解体工事業者は、工事現場における解体工事の施工の技術上の管理をつかさどる者で主務省令の定める基準に適合するもの（技術管理者）を選任しなければならない（法31条）。

解体工事業者は、その請け負った解体工事を施工するときは、原則として、技術管理者に当該解体工事の施工に従事する他の者の監督をさせなければならない（法32条）。

このように技術管理者の選任が必要とされたのは、一定の知識および技能を有する者に監督を行わせることで、適正な解体工事の実施を確保する趣旨である。

(4)　登録の有効期間

登録は5年間有効である。引き続き解体工事業を営む場合は、登録の更新をする必要がある（法21条2項）。

(5)　罰則

登録を受けないで解体工事業を営んだ者は、1年以下の懲役または50万円以下の罰金に処せられる。不正の手段によって登録または登録の更新を受けた者も同様である（法48条1号・2号）。

＜参考資料＞

・国土交通省ウェブページ「リサイクルホームページ」

http://www.mlit.go.jp/sogoseisaku/recycle/index.html

・建設リサイクル法　質疑応答集（国土交通省建設業課）

・環境省ウェブページ（「建設リサイクル法の概要」）

http://www.env.go.jp/recycle/build/gaiyo.html

・東京都ウェブページ（建設リサイクル法）

http://www.toshiseibi.metro.tokyo.jp/seisaku/recy/index.html

・建設リサイクル法パンフレット（東京都）

・株式会社ジェネス『図解　産業廃棄物処理がわかる本』（第2版）（日本実業出版社、2011年）

5　食品リサイクル

1　食品循環資源の再生利用等の促進に関する法律

(1)　制定の経過

食品循環資源の再生利用等の促進に関する法律（以下「食品リサイクル法」）は、2000年に制定された法律である。

1991年に、廃棄物処理法が廃棄物の排出抑制と再生を目的に加えて大改正されたが、依然として廃棄物の量は減少することはなかった。また、リサイクルも進まず、廃棄物の焼却の際に発生するダイオキシン等有害物質問題や最終処分場の建設問題も顕在化して、国民生活への影響が取り沙汰されるようになった。

そこで、1995年以降にこれらの問題を解決するため、容器包装リサイクル法、家電リサイクル法、自動車リサイクル法等、個別のリサイクル推進法が制定された。大量消費、大量廃棄型社会から循環型社会への転換を図ったといえる。

加えて1998年頃になると、環境庁等を中心に、廃棄物等の発生を抑制しリサイクルを推し進めるためには、廃棄物・リサイクル関連の基本法を制定すべきであるという指摘がなされ、国会で議論されるようになってきた。

その結果、2000年に、循環推進基本法および、食品リサイクル法が制定された。

その後「川下」にあたる食品の小売業および外食産業については、法律制定により一定の成果が認められるものの、食品流通の食品廃棄物が少量かつ分散して発生する結果、十分な再生利用の取組みがなされていない、といった問題が指摘され、2007年に、これらの事業者への指導監督の強化と取組みの円滑化措置を講ずる必要から、食品リサイクル法は、一部改正に至った。

(2)　法律の目的（食品リサイクル法1条）

この法律は、食品に係る資源の有効な利用の確保および食品に係る廃棄物排出の抑制等を目的とする。すなわち、「食品の製造、流通、消費、廃棄等の各段階で、食品廃棄物等（2条2号）に係わる者が、一体となって、まず食品廃棄物等の発生抑制に優先的に取り組み、次いで、食品循環資源の再生利用、および熱回収、ならびに食品廃棄物等の減量に取り組むことで、環境負荷の少ない循環を基調とする循環型の社会の構築」を目指すことを理念としている。

(3)「食品廃棄物等（食品リサイクル法2条）」とは

食品リサイクル法でいう「食品廃棄物等」とは、食品そのものに由来する廃棄物であり、①食品が食用に供された後にまたは食用に供されずに、廃棄されたもの（いわゆる食べ残し）と、②食品の製造、加工または調理の過程において副次的に得られた物品のうち、食用に供することができないものをいう（食品リサイクル法（以下本節において「法」と記す）2条2項）。

ところで、廃棄物処理法と食品リサイクル法は一般法と特別法の関係にある。もっとも、これらの法律は、目的が異なるため、同じ「食品廃棄物」でも、その範囲が一致しない点には注意が必要である。

具体的にいうと、食品リサイクル法では、食品そのものに由来する「食品廃棄物等」であって、肥料や飼料等の原料となる有用なものかという視点で分類している。

そのため、食品廃棄物等のうち、原料として有用なものについては、さらに「食品循環資源」（法2条3項）として区別している。

これに対し廃棄物処理法は、事業者に排出事業者責任を課すという観点から、事業活動に伴って発生する廃棄物を「産業廃棄物」とし、それ以外を「一般廃棄物」と分類しているため、廃棄物処理法上の「産業廃棄物」と「一般廃棄物」の双方に食品リサイクル法上の食品廃棄物等が含まれていることとなる。

(4)　食品リサイクル法の概要

法律は、①主務大臣（法25条）が基本方針を策定し、②食品関連事業者により再生利用等の実施を推進すること、および③再生利用を促進するための措置についての定めを骨子としている。

①　行為主体

食品リサイクル法では、事業者および消費者（法4条）、国（法5条）、地方公共団体（法6条）について、それぞれの責務が定められている。

行為主体に消費者が含まれているのは、食品廃棄物の発生過程には、①製造段階、②流通段階、③消費段階の3つの段階が考えられるところ、消費段階でも、外食産業での調理くずや食品廃棄、食べ残しのみならず、家庭での食べ残しや食品廃棄の問題も含まれているからである。

ただし、国民は、食品の購入時や家庭での調理時に食品廃棄物の発生の抑制に努め、肥料、飼料等食品循環資源の再生利用により得られた商品を利用するという側面において、食品リサイクルの責務を負っているにすぎない。

②　基本方針の策定

主務大臣（農林水産大臣、環境大臣、財務大臣、厚生労働大臣、経済産業大臣および国土交通大臣）は、再生利用等を実施すべき量に関する目標を、業種別に基本方針として定めることとされている（法25条）。

③　食品関連事業者によるリサイクル等の推進

「食品関連事業者」とは、食品の製造、加工、卸売または小売を業として行う者、および飲食店業その他食事の提供を伴う事業として政令で定めるものを行う者をいう（法2条4号）。

食品関連事業者のうち、食品廃棄物等の発生量が年間100トンを超える事業者を特に、「食品廃棄物等大量発生事業者」として区別し、それらの事業者には、毎年度、主務大臣に主務省令で定める事項（発生量や食品循環資源等の再生利用状況等）の報告を義務付けている（法9条）。ここでは、要件の当否について、フランチャイズチェーン事業を展開する食品関連事業者についても、本部事業者が約款に基づいて加盟者に対し食品廃棄物等について指導できる関係にあるときは、本部と加盟者を合わせて大量性を判断することとされている。

そして、食品関連事業者に対し、①食品廃棄物等の発生を抑制すること、②抑制しても発生してしまった食品廃棄物等については、食品循環資源としての再生利用を求め（再生利用）、③再生利用ができない食品循環資源については、熱回収を求め（熱回収）、④それでも発生し、残ってしまう食品廃棄物等については、減量を求めることとしている。これら4行為は、促進すべき行為（以下、「食品循環資源の再生利用等」という。法3条）と位置付けられており、取り組むべき優先順位も同様とされている。

④　登録再生利用事業者制度

食品循環資源の再生利用等は、「食品関連事業者」自ら、あるいは他人に委託することによって行われる。

法は、再生利用を的確になしうる事業者として、一定の要件（①生活環境保全上の基準、②効率性の基準、③経理的基礎の基準をすべて満たし、④登録拒否事由に該当しないこと）を満たすものについては、主務大臣による登録（5年ごと更新）を受けることができるとしている（登録再生利用事業者制度）。

なお、登録は任意となっているが、廃棄物処理業者にとっては、優良なリサイクル業者であるという主務大臣のお墨付きを得ることにより、食品関連事業者からの食品廃棄物等の委託がふえることも見込まれることから、メリットがあるといわれている。

実際にも、食品リサイクル法が制定されると、多くの廃棄物処理業者らが、申請して食品リサイクル法上の登録再生利用事業者となった。

登録を受けると、登録再生利用事業者となり、公益性を有する事業者と公的に認められるようになることから廃棄物処理法上必要とされる市町村をまたぐ場合の荷卸し地での許可について、不要となるうえ、手数料についても上限規制不適用の特例が認められている（法21条）。

そして法は、登録再生利用事業者が、再生利用事業の実施に際し、委託者となる食品関連事業者等に対し差別的取扱いをすることの禁止を定めている（法16条）。

また、肥料取締法や飼料安全法でも、同様に届出を一部不要とする特例を認めている（法22条、23条）。

なお、2018年7月1日時点での登録再生利用事業者は、171件ある（農林水産省ホームページ参照　http://www.maff.go.jp/j/shokusan/recycle/syoku_loss/161227_7.html）。

⑤　再生利用事業計画（食品リサイクルループ）認定制度

食品関連資源の再生利用を促進するためには、食品廃棄物等を排出する「食品関連事業者」と、食品循環資源をリサイクル加工する「再生利用事業者」と、製品化された再生利用品を利用する事業者（法律上では、飼料化と肥料化が想定されているので、農林漁業者等が想定されている）の三者が協力しあっていくことが不可欠である。

そこで、法律は、これらの三者が連携して再生利用事業を実行していくための方法として、再生利用事業計画を策定し主務大臣の認定を受けるという任意の制度を設けている。

■再生利用事業計画（食品リサイクルループ）の認定制度

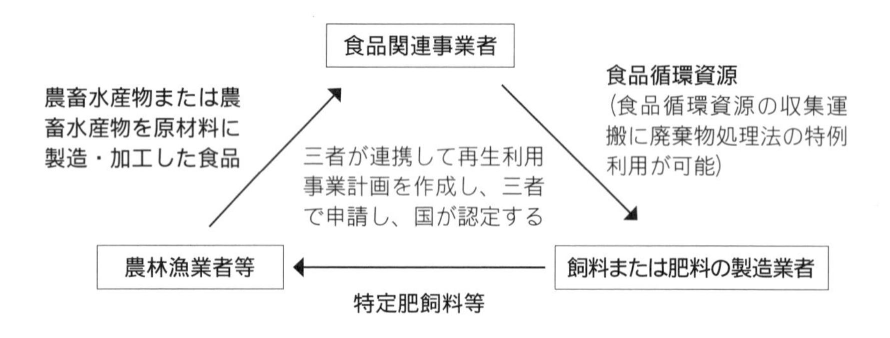

もっとも、ここでは、食品関連事業者に、食品廃棄物の収集・運搬を委託する事業者および肥飼料等製造業者を登録させるのみならず、再生された特定肥飼料を利用する農林漁業者等についてもあらかじめ確保して、再生利用事業計画を策定することが求められているので、実施のためのハードルはかなり高いものと考えられる。

しかし、主務大臣による計画の認定を受けた場合には、この計画に基づいて実施される一般廃棄物の収集または運搬について、廃棄物処理法上の特例（①荷卸し地のみならず荷積み地での許可も不要とし、②再生利用事業にかかる料金の上限規制不適用とする）が認められている。

また、肥料取締法、飼料安全法上でも、再生利用事業計画の認定を受けた場合には、届出義務の一部省略という特例を認め、事務負担軽減措置を定めている。

2018年4月末時点での再生利用事業計画認定数は、平成19年改正前の認定計画も含めて51件ある（農林水産省ホームページ参照　http://www.maff.go.jp/j/shokusan/recycle/syoku_loss/161227_7.html）。

2　食品廃棄物処理の実情と課題

(1)　廃棄冷凍カツ流出事件

2016年1月に発覚した株式会社壱番屋（愛知県一宮市、東証一部、名証一部上場）の廃棄冷凍カツ流出事件で、同社のカレー専門店が廃棄した冷凍カツを受け入れ、流出させた産業廃棄物処理業者のダイコー株式会社（愛知県稲沢市、以下、「ダイコー」という）も、食品リサイクル法上の登録再生利用事業者だったという。なお、ダイコーはこの事件により、事実上、倒産している。

ダイコーは、廃棄食品を飼料化する施設を運営し、廃棄食品による肥料化、飼料化、容器の資源化が想定されている業者として登録されていたが、最初から躓いていたはずだとの指摘がある（石渡正佳『産廃Gメンが見た食品廃棄の裏側』（日経BP社、2016年））。

ダイコーは、大量の食品廃棄物を受け入れたものの、処理能力を超えた結果、それらを不法投棄、もしくは横流しするしかないという事態に陥り、今回の事件に至ったのではないかという見方がある。

実際にも、愛知県環境部資源循環推進課が、平成29年2月27日に、ダイコーに残されていた食品等廃棄物（体積にして1441立方メートル、重量にして3036トン）の撤去を完了したとの発表からみてとれる。

排出事業者である食品関連事業者は、「被害者」であるとの見方もあるが、ダイコーの許可内容を確認し、さらには、ダイコーの施設について、現地確認していれば、その処理能力について把握できたはずであり、それを怠って漫然と契約をして食品等廃棄物を排出していた食品関連事業者にも、責任があるという厳しい指摘がある（石渡・前掲）。

なお、この事件では、ダイコーに残されていた食品等廃棄物を、愛知県が、民法697条に基づく事務管理として、稲沢市の協力を得て撤去し、平成29年2月27日に、作業は完了したという。

愛知県としても、排出事業者への回収指導をするなかで、廃棄物の腐敗等による悪臭や害虫の発生等による周辺住民からの苦情もあり、苦渋の選択をしたと推察される。ダイコーは、事実上倒産しており、愛知県が、これらの撤去費用について求償できないことは、明らかである。

将来、同種の事件が起きたときに、これらの費用を誰が負担するのかについては、議論および検討の余地があるといわれている。

(2) 食品リサイクルにおける課題

① 食品リサイクル法が制定される以前から、①食品関連事業者は、食品廃棄物等の処分を、廃棄物処理業者に委託し、②廃棄物処理業者は、その廃棄物を原料に、飼料、肥料を生産して出荷し、③廃棄物処理業者が、飼料化、肥料化できなかった廃棄物のうち、燃料化が可能なものについては、燃料に加工して出荷し、④それもできない廃棄物のみが最終処分場へとのフローはあった。

その後、食品リサイクル法が制定されて、食品廃棄物のリサイクルが徹底して求められるようになると、食品メーカーが次々と食品廃棄物を処理業者に送り込むようになった。

また、飼料化施設よりも肥料化施設のほうが、廃棄物の受入基準が必然的に甘いことから、食品廃棄物排出業者は、食品リサイクル法上の報告書や環境報告書にリサイクル率の目標を達成するため、食品廃棄物を、肥料化施設をもつ処理業者に次々と送り込むようになった。

その結果、施設の処理能力を超え、処理しきれなくなるといった事態に陥った処理業者が、ひそかに廃棄物を放置したり、横流ししたり、不法投棄したりするようになったという。

なぜならば、廃棄物処理業者からすれば、せっかくリサイクルした飼料や肥料が余剰在庫となれば、新たな食品廃棄物を保管する場所もなくなって、新たに受け入れることができなくなる。業者は、廃棄物を受け入れることによって、利益を得ているのであるから、余剰在庫を抱えて、保管場所を失うということは、死活問題につながりかねないからである。

また、リサイクルした飼料や肥料の在庫がいつまでも残っていれば、保管場所がなくなるだけでなく、それらを腐敗させずに保管するためのコストも発生するからである。

廃棄冷凍カツオ流失事件は、こういった背景のもとで起きた食品廃棄物の不正転売事案ではあるが、それを単なる、廃棄物処理業者だけの責任であるとしてかたづけることは、問題を見誤ることとなる。

2016年9月に開かれた中央環境審議会では、この事件を受けて、食品リサイクル法に基づき規定される判断基準省令において、食品廃棄物等の不適正な転売防止措置を位置付け、食品関連事業者による取組みの指針を示していく必要があることおよび、また、食品関連事業者に、自らの事業に伴って流出された食品廃棄物等の処理について最後まで責任を負う排出事業者責任を再認識させることについて協議されており、こうした事案の再発防止に向け、2017年には廃棄物処理法および食品リサイクル法の判断基準省令を改正するとともに、「食品廃棄物等の不適正な転売防止の取組強化のための食品関連事業者向けのガイドライン（2017年1月)」を取りまとめている。

②　また、廃棄冷凍カツ流出事件と、わが国の食糧自給率（参考：2011年穀物自給率178の国・地域中125番目、OECD加盟34か国中29番目）が低いという事情は、無関係ではないとの指摘もある（石渡・前掲)。

食料自給率が低いということは、肥料や飼料の需要が低いということにもつながっていく。その結果、食品リサイクル法のもとでは、食品廃棄物のほとんどが、肥料化あるいは飼料化されることになることから、食品廃棄物等の減量と食品等廃棄物の再生処理を推し進めるだけでは、いつかは需要と供給のバランスが崩れて、限界に達することが容易に想像できるからである。

(3)　食品廃棄物問題について

食品リサイクル法の制定により、食品廃棄物に対する取組みは大きく進展したとの一定の評価がある一方で、今後の課題については、次のような指摘がある（泉谷眞実「食品廃棄物問題と『食品リサイクル法』の課題」弘前大学経済研究第25号（2002年）31～40頁)。2007年の法改正前の論文ではあるものの、改正後の現在でも指摘はあてはまると思われるので、引用しておく。

まずは、泉谷論文では、「食品廃棄物等」として、食品製造業、食品流通業、外食産業、家庭のそれぞれから発生する食品廃棄物を一括して一つの法律で規制しているという点が問題であると指摘する。また、不可食部分と可食部分も区別せずに規制していることも問題であるという。

なぜならば、これらの発生源によって、発生要因、発生形態、発生する廃棄物の内容のみならず、社会に与える影響も異なってくるからだという。

また、日本の食品廃棄物政策の最大の特徴は、「リサイクル対策」が重視されている点にあるが、食品廃棄物の飼料化、肥料化に向けた取組み自体は積極的に評価されるべきであるとしても、実際には、機能していないとの指摘がある。

わが国の食料自給率は低く、大量の輸入飼料、輸入食料に依存した食料供給が行われているが、それは、海外から膨大な有機物の流入が行われていることを意味し、一定の範囲内での物質循環の構築という「循環型農業」ではないからだというのである。

しかも、輸入された食品等は、廃棄物となり、リサイクルの名の下に、国内の農地に過剰投入されることになるが、リサイクルによって作られた堆肥が実際には利用されていないという問題も起きているというのである。したがって、この問題を解決せずに、リサイクルシステムを進めれば、農地が有機性廃棄物の単なる廃棄場になる危険すらあるとも指摘されている。

そして、これらの問題を解決するためには、①廃棄物の発生抑制対策、②食料、飼料自給率の向上と有機物フローの国境管理、③リサイクルシステムの取組みが重要だと述べられている。

食料自給率の低さの原因としては、少子高齢化問題と、農業の担い手不足問題が考えられる。

これらの各問題は、食品廃棄物問題とは、一見、関係がなさそうに見えるが、関連しあっており、目先の問題だけを解決すれば足りるという問題ではないことに気付かされる。

3　環境省の事業

(1)　2015年7月31日策定の基本方針について

食品リサイクル法においては、概ね5年ごとに同法の基本方針を定めることとされている。

2015年7月31日に策定された食品リサイクル法の新たな基本方針（食品循環資源の再生利用等の促進に関する基本方針）では、国は、食品関連事業者、再生利用事業者および農林漁業者等のマッチングを強化することによって、地方公共団体にあっては、リサイクルループに対するさらなる理解の促進等を通じて主体間の連携を促すことによって、地域における多様なリサイクルループの形成を促進すること等と定められた。

また、これまで再生利用等が進んでいなかった食品流通の川下を中心とする食品リサイクルの取組み等を促進する観点から、地方公共団体を含めた関係主体の連携による計画的な食品リサイクル等の取組みを促進すること等が基本方針として定められた。

(2)　環境省の取組み

この基本方針を受けて、環境省では、リサイクルループ形成促進および登録再生利用事業者育成事業として、①継続的に全国数か所において、食品関連事業者、再生利用事業者、農林漁業者、一般消費者、地方公共団体等を対象に、「食品リサイクル推進マッチングセミナー」を開催し、②食品関連事業者および登録再生利用事業者等への指導等を行うため、各地方環境事務所における非常勤職員を配置している。

そして、食品廃棄物等の発生抑制・再生利用等促進事業として、①発生抑制の目標値達成のための取組促進および未設定業種における目標検討のため、実態調査および情報の整理の実施、②食品ロス削減による環境負荷低減効果の実証事業の実施、③家庭から排出される食品廃棄物の実態・取組事例調査、家庭系食品廃棄物リサイクルのポテンシャル分析の実施および学校給食等の実施に伴い排出される廃棄物の3R促進のモデル事業を実施、④新たなリサイクル手法に係る調査、食品廃棄物の再生利用施設・熱回収施設の立地状況等に係る調査・情報提供を実施している。

4　食品廃棄物ビジネスの仕組み

(1)　登録再生利用事業者の登録

農林水産省によれば、2018年7月1日時点で計171の事業者が登録再生利用事業者として登録している。

一定の要件を充足していることにより、主務大臣の登録を受ければ、優良事業者として食品関連事業者からの再生利用事業の受託を受けることができるというメリットがあるといわれている。

(2) 再生利用事業計画の認定

2016年6月30日の時点で、食品リサイクル法のもとで合計54件の再生利用事業計画が認定されている。

飼料化、肥料化した再生利用品の供給先が確保されることによって、リサイクルループが形成されることから、一定の効果が期待されているところである。

いくつか、主なものを列挙しておく。

① スターバックスコーヒージャパン株式会社の取組み

スターバックスコーヒージャパン株式会社は、2014年3月28日付で、食品リサイクル法に基づく再生利用事業計画を、農林水産省、環境省、厚生労働省に2件同時に申請し、認定を受けている。

なお、コーヒーの豆かすを飼料、肥料として再生利用する再生利用事業計画が認定されたのは国内で初めてだという。

・東京都および神奈川県の一部の店舗から出た豆かすを、登録再生利用事業者である三友プラントサービス株式会社に委託して乳酸発酵飼料化して牛の餌とし、提携先の農林漁業者等がこれを利用して育てた牛乳やこのたい肥を用いて育てた野菜を、スターバックスが購入してそれぞれ店舗でドリンクやサンドイッチの原料として利用するという連携スキームを構築。

・主に関西地域の一部スターバックス店舗で出た豆かすを再生利用事業者であるハリマ産業エコテック株式会社に委託して肥料化し、これを有限会社エーアンドエス、株式会社ヴェジファームおよび個人の農業従事者らに野菜を育てる堆肥として販売し、そこで収穫された野菜等を自社あるいは提携している食品関連事業者が購入して利用、販売等をするという連携スキームを構築。

② 株式会社イトーヨーカ堂の取組み

・農業生産法人セブンファーム深谷を設立し、イトーヨーカドー店舗から排出される食品残渣を株式会社アイル・クリーンテックの肥料化工場で肥料化し、それをセブンファーム深谷で利用して露地野菜を中心に栽培し、収穫した野菜のほぼ全量を埼玉県内のイトーヨーカドー店舗に出荷して販売という連携スキームを構築。

③ イオンリテール株式会社、マックスバリュ西日本株式会社、ダイエー株

式会社、フードサプライ株式会社、関東屋またの食品株式会社、株式会社清浄野菜普及研究所の取組み

・農業法人イオンアグリ創造株式会社を設立して、各店舗から出る野菜くずや賞味期限の切れた肉やパン等の食品残渣を、リサイクル事業者である大栄環境株式会社に運んで堆肥化し、その堆肥をイオンアグリ創造が運営するイオン兵庫三木里脇農場で使用して農産物を生産し、これをイオン株式会社が購入して各店舗で販売するという連携スキームを構築。

④　株式会社ファミリーマート、トオカツフーヅ株式会社、戸田フーズ株式会社の取組み

・東京23区を中心に神奈川県、栃木県、埼玉県の一部の店舗から販売期限切れの食品残渣を毎日回収して、液体飼料化リサイクルを行う有限会社ブライトピック千葉、株式会社エコ・フードに飼料化を委託し、完成した豚の液体試料を同社の養豚農場であるブライトピック千葉や有限会社ブライトピックの豚に給餌し、これで育てた豚を使って、一部の弁当や総菜パンを商品として販売するという連携スキームを構築。

⑤　株式会社スーパーホテルなどの取組み

・名古屋駅前店で出された食品廃棄物を再生利用事業者である中部有機リサイクル株式会社に運び、そこで飼料化されたものを、農林漁業者等にあたる大場養豚場にて総合飼料を加えて豚に給餌し、育てられた豚を食肉センターに販売したものを、スーパーホテルが調理原材料として購入してホテルの客に提供するという連携スキームを構築。

＜参考資料＞

1)　大塚直『環境法〔第3版〕』(有斐閣、2013年)
2)　末松広行編『解説　食品リサイクル法』(大成出版社、2008年)
3)　石渡正佳『食品廃棄の裏側』(日経BP社、2016年)
4)　「食品リサイクル法」農林水産省（財）食品産業センター作成（平成20年度版)
5)　泉谷眞実「食品廃棄物問題と『食品リサイクル法』の課題」弘前大学経済研究25号（2002年)
6)　スターバックスコーヒージャパン㈱ホームページより

7)　三友プラントサービス㈱ホームページより

8)　日刊工業新聞ホームページより（2016年8月22日）

9)　農林水産省ホームページより

・平成28年7月「食品リサイクル法に基づく再生利用事業計画の認定実例

・再生利用事業計画認定一覧表（平成28年6月末時点）

・登録再生利用事業者一覧表（平成28年12月31日時点）

10)　環境省ホームページより

・「平成28年度　食品リサイクル推進事業費」

・平成28年9月16日報道発表資料「食品循環資源の再生利用等の促進に関する食品関連事業者の判断の基準となるべき事項の改定について」（中央環境審議会答申）について

11)　愛知県環境部資源循環推進課ホームページより

平成29年2月27日「ダイコー株式会社に保管されていた廃棄物の撤去完了について」

6　自動車リサイクル

1 「使用済自動車の再資源化等に関する法律」の制定背景・目的

日本における自動車のリサイクルは、法律が制定される以前に、重量ベースで約80％がリサイクルされるほどのシステムが存在していた。それは、使用済みであっても自動車には資源価値があるからであり、通常、解体業者が中古部品（エンジン等の機能部品やドア・バンパー等の外装部品ほか）を回収し、また、破砕業者等による破砕処理を通じて鉄や非鉄金属（排ガス触媒として使用されているプラチナやパラジウムなど）などが再生利用されていた。

しかし、いわゆる豊島事件（1990年に摘発された香川県豊島における産業廃棄物の不法投棄事件）で広く知られることとなったように、シュレッダーダスト（自動車ほかの破砕に伴って生じた廃プラスチック類、金属くずおよびガラスくず等。ASR（Automobile Shredder Residue）とも紹介される）は、鉛などが含まれている場合には、土壌や地下水の汚染を引き起こしうる。そのため、シュレッダーダストを安定型産業廃棄物として埋立処分することが1996年に禁止されると（廃棄物処理施令6条3号イ）、最終処分場の残余容量の逼迫（2001年4月1日時点の残余年数3.9年）に伴ってシュレッダーダストの処分費用が高騰した（安定型処分場への埋立費用がトン当たり5,000円から8,000円のところ、管理型処分場への処分費用はその2倍程度といわれた）。加えて、鉄スクラップ価格が低迷し（1980年にはトン当たり2万円超のところ、2000年9月には同1万円未満）、破砕業者にとっては処理費を受け取らないと採算がとれないこととなり（「使用済自動車の逆有償化」）、使用済自動車の不法投棄や不適正処理が懸念される状況になった。

他方で、オゾン層保護および地球温暖化対策として自動車のエアコンに使用されているフロン類（クロロフルオロカーボンおよびハイドロフルオロカーボン）の回収・破壊や、爆発性を有するエアバッグ類（エアバッグおよび衝突時にシートベルトを瞬時に巻き取るシートベルト・プリテンショナー）の処理など、使用済自動車について専門的技術に基づく適正かつ安全な処理が求められることとなった。

このような状況を受け、通商産業省（現経済産業省）による使用済自動車リサイクル・イニシアティブの策定（1997年）、日本自動車工業会および各自動車メーカーによる自主行動計画の策定（1998年）など、自動車リサイクルに向けた取組みが進展する中、2002年に「使用済自動車の再資源化等に関する法律」（「自動車リサイクル法」）が制定された。同法は、シュレッダーダスト、エアバッグ類およびフロン類という3品目（特に前二者を「特定再資源化物品」、三者あわせて「特定再資源化等物品」という。自動車リサイクル法（以下本節において「法」と記す）2条4項）について、自動車所有者の費用負担において自動車製造業者等が再資源化を行う仕組みを新たに構築するものである。

自動車リサイクル法は、使用済自動車に係る廃棄物の減量ならびに再生資源および再生部品の十分な利用等を通じて、使用済自動車に係る廃棄物の適正な処理および資源の有効な利用の確保等を図り、もって生活環境の保全および国民経済の健全な発展に寄与することを目的としている。

2 「自動車」と「再資源化」

自動車リサイクル法にいう「自動車」とは、大型特殊自動車などを除き、大型自動車（バス、トラック）を含め基本的にすべての自動車であり（法2条）、また、「使用済自動車」とは、自動車としての使用（倉庫としての使用その他運行以外の用途への使用を含む）を終了したものである（法2条2項）。

二輪車は、エアバッグ類およびフロン類が搭載されておらず、その中古車は海外輸出が多いために国内処理が少ないことなどから自動車リサイクル法の対象外となっているが、製造業者が中心となって自主的なリサイクルシステムを2004年から運営している。

自動車リサイクル法における再資源化とは、使用済自動車等の全部または一部を原材料または部品その他製品の一部として利用すること（いわゆるリサイクル）ができる状態にする行為、および使用済自動車等の全部または一部であって燃焼の用に供することができるものまたはその可能性のあるものを、熱を得ること（いわゆるサーマルリサイクル）に利用することができる状態にする行為である（2条9項）。どれだけ再資源化すべきかについて、同法は再資源化実施基準（後述）という量的基準を定めている。

3　各主体の役割

自動車リサイクル法では、自動車製造業者のほか、自動車所有者、引取業者、フロン類回収業者、解体業者、破砕業者など各関係主体の役割が明確に規定されており、従来のリサイクルシステムにおける各者の役割分担や専門性を活かしつつ、使用済自動車の逆有償化を解消し、環境保全にも資することが期待されている。

図1：自動車リサイクルにおける各主体の役割

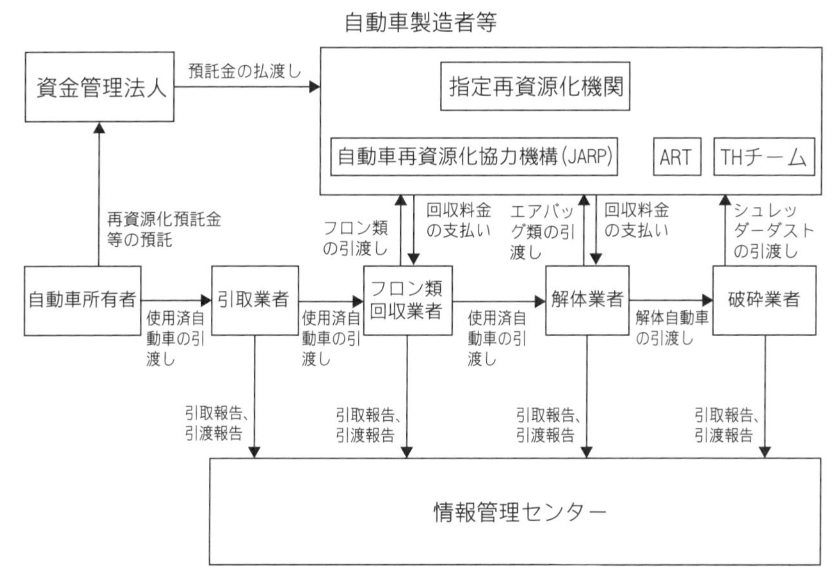

出典：公益財団法人自動車リサイクル促進センター『自動車リサイクルデータBook』(2017年)掲載図（2頁）ほかより作成

(1)　自動車製造業者等

自動車製造業者等とは、自動車の製造等を行う事業者のほか、自動車の輸入業者が該当する（法2条15項・16項）。自動車製造業者等は、努力義務として、自動車の設計およびその部品または原材料の種類を工夫することにより、自動車が長期間使用されることを促進するとともに、使用済自動車の再資源化等を容易にし、および使用済自動車の再資源化等に要する費用を低減することが求められている（法3条）。

自動車製造業者等は、フロン類回収業者、解体業者または破砕業者から自らが製造または輸入した自動車に係る特定再資源化等物品（シュレッダーダスト、エアバッグ類およびフロン類。法2条4項～6項、法施令3条）の引取りを求められたときは、引き取らなければならず（法21条）、かかる引取りについて必要事項を3日以内に情報管理センター（後述）に報告するとともに（法81条13項、法施規95条2項）、当該物品を遅滞なく再資源化するか（法25条）またはフロン類の破壊についてフロン類破壊業者に委託しなければならない（法26条）。また、自動車製造業者等は、再資源化等について種類や分量等を記録・保存するとともに、再資源化等の状況について毎年公表しなければならない（法27条、法施規28条、29条）。

再資源化に際しては、自動車製造業者等は、再資源化の実施者が省令基準（基本的に廃棄物処理法に準じている。）に適合し、かつ、省令基準に適合する施設を有することについて主務大臣の認定を受けなければならない（法28条）。主務大臣の認定を受けて、解体業者・破砕業者に委託して解体自動車の全部資源化（シュレッダーダストを生じさせない方法で解体自動車を再資源化処理すること）を行うことも可能である（法31条）。自動車製造業者等は、再資源化等に必要な料金を特定再資源化等物品ごとに事前に定め、公表しなければならない（法34条）。

(2)　自動車の所有者

自動車の所有者は、努力義務として、自動車をなるべく長期間使用することにより、自動車が使用済自動車となることを抑制するとともに、自動車の購入にあたってその再資源化等の実施に配慮して製造された自動車を選択すること、自動車の修理にあたって使用済自動車の再資源化により得られた物またはこれを使用した物を使用すること等により、使用済自動車の再資源化等を促進することが求められている（法5条）。

自動車所有者は、その自動車が使用済自動車となったときには、引取業者（後述）に引き渡さなければならない（法8条）。

自動車リサイクル法は、リサイクルに必要な費用の負担を自動車所有者に求めている。すなわち、自動車所有者は、道路運送車両法上の最初の自動車登録ファイルへの登録を受ける時（いわゆる新車としての登録時）、リサイクル料金として再資源化等預託金（自動車製造事業者等が設定し事前に公表している、当該自動車に係る再資源化等料金に相当する額）および情報管理預託金（当該自動車に係る情報管理料金）を資金管理法人に預託（いわゆる「新車時預託」）」しなければならない（法73条1項～4項）。なお、これら預託金（両者をあわせて「再資源化預託金等」と呼ぶ）が預託されていることを証する書面（「預託証明書」）の提示がないときには、国土交通大臣等は当該自動車について自動車登録ファイルへの登録および自動車検査証の交付をしないものとされているため（法74条3項）、ほぼすべての自動車所有者が新車販売店を通じて資金管理法人にかかる預託金を支払っているのが現状である。

新車時預託のほか、継続検査時預託（自動車リサイクル法施行前にすでに販売されていた自動車（既販車）について最初の継続検査時に主に自動車整備事業者等を通じて自動車所有者からなされる預託）および引取時預託（既販車のうち継続検査時預託がなされていない自動車について当該自動車が使用済自動車として廃車処理される際に引取業者を通じて自動車所有者からなされる預託）があり（法附則8条）、継続検査時預託については、2004年から2007年の間にその役割を終えている。

(3)　関連事業者

関連事業者とは、引取業者、フロン類回収業者、解体業者および破砕業者を指し（法2条17項）、使用済自動車の再資源化に関する知識および能力の向上に努めることが求められている（法4条1項）。

ア　引取業者

引取業者とは、使用済自動車の引取りを行う事業について当該事業所の所在地を管轄する都道府県知事の登録を受けた者であり（法42条。登録は5年ごとの更新制）、実際には、自動車整備事業者（23,771社）を筆頭に、新車販売事業者（14,447社）、中古車販売事業者（8,663社）、解体事業者・破砕事業者等（計

5,684社）など全国で52,565社を数える（2016年度）。同法は引取業者に対して、自動車製造事業者等と協力し、自動車の再資源化等に係る料金などについて自動車所有者に周知を図り、自動車所有者による使用済自動車の引渡しが円滑に行われるよう努めることを求めている（法4条2項）。

引取業者は、使用済自動車の引取りを求められたときは、当該使用済自動車について再資源化等預託金等が預託されているかを確認のうえ、引き取らなければならない（法9条）。引取業者が引取りを拒めるのは、再資源化預託金等の預託がなされていない場合（このとき引取業者は、引取りを求めた者に対して預託すべき旨を告知しなければならない。法9条2項）や、天災その他やむをえない事由により使用済自動車の引取りが困難である場合などに限定されている（法9条1項、法施規4条）。

使用済自動車を引き取る際、引取業者は、引取りを求めた者に対しては書面ほかで自己の氏名ほか必要事項を伝え（法81条）、また、情報管理センターに対しては、引取りを求めた者の氏名ほか必要事項を引き取った日から3日以内に報告しなければならない（法81条1項、法施規83条3項）。

イ　フロン類回収業者

フロン類回収業者とは、使用済自動車に搭載されている特定エアコンディショナー（車両のうち乗車のために設備された場所の冷房の用に供するもので、冷媒としてフロン類が充てんされているもの。法2条8項）からフロン類の回収を行う事業について、当該事業所の所在地を管轄する都道府県知事の登録を受けた者であり（法53条。登録は5年ごとの更新制）、実際には、自動車整備業者（5,079社）や新車販売業者（4,769社）など全国で15,200社を数える（2016年度）。

フロン類回収業者は、引取業者から使用済自動車の引取りを求められたときは、引取業者の場合と同様の正当な理由がある場合を除き、引き取らなければならない（法11条、法施規5条）。フロン類回収業者は、引き取った使用済自動車からフロン類を省令基準（法施規6条）に則って回収し（法12条）、その後、自動車製造業者等または指定再資源化機関（後述）に当該フロン類を引き渡し（法13条1項）、当該使用済自動車を解体業者に引き渡さなければならない（法13条2項）。

フロン類回収業者の情報管理センターに対する報告義務として、使用済自動車を引き取ったときの3日以内の報告（法81条3項、法施規85条2項）、自動車製造業者等にフロン類を引き渡したときの3日以内の報告（法81条4項、法施規86条2項）、引き渡したフロン類の種類・量などについての年次報告（法81条5項）、フロン類回収後の当該使用済自動車を解体業者に引き渡したときの3日以内の報告（法81条6項、法施規88条2項）が規定されている。

ウ　解体業者

解体業者とは、使用済自動車または解体自動車（使用済自動車から部品や材料など有用物を分離・回収した残存物）の解体を行う事業につき、当該事業所の所在地を管轄する都道府県知事の許可を受けた者であり（法60条。許可は5年ごとの更新制）、実際には、解体事業者（破砕事業者と合わせて4,414社）のほか、自動車整備事業者（856社）、中古車販売業者（413社）など全国で5,717社を数える（2016年度）。なお、登録制の引取業者およびフロン類回収業者と異なり、解体業者および破砕業者（後述）について許可制がしかれているのは、解体や破砕の過程では廃油や騒音が生じるなど環境保全上の支障を来すおそれが多いからとされる。

解体業者は、引取業者またはフロン類回収業者から使用済自動車の引取りを求められたときは、引取業者の場合と同様の正当な理由がある場合を除き、引き取らなければならない（法15条、法施規8条）。解体業者は、引き取った使用済自動車について、省令基準（法施規9条）に則って再資源化を行い、指定回収物品を回収して自動車製造業者等に引き渡さなければならず（法16条3項）、また、当該解体自動車を他の解体業者または粉砕業者に引き渡さなければならない（法16条4項）。

ここで指定回収物品とは、当該自動車が使用済自動車となった場合において、解体業者が当該使用済自動車から当該物品を回収し、これを自動車製造業者等に引き渡してその再資源化を行うことが、当該使用済自動車の再資源化を適正かつ円滑に実施し、かつ、廃棄物の減量および資源の有効な利用を図るうえで特に必要なものであって、当該物品の再資源化を図るうえで経済性の面における制約が著しくないと認められ、また、当該自動車が使用済自動車となった場合において、当該物品の再資源化を図るうえでその物品の設計またはその部品もしくは原材料の種類が重要な影響を及ぼすと認められるもの（法2条6項）であり、いわゆるエアバッグが該当する（法施令3条）。

解体業者の情報管理センターに対する報告義務として、使用済自動車または解体自動車を引き取ったときの3日以内の報告（法81条7項、法施規89条2項）、自動車製造業者等または指定再資源化機関に指定回収物品を引き渡したときの3日以内の報告（法81条8項、法施規90条2項）、他の解体業者等に使用済自動車または解体自動車を引き渡したときの3日以内の報告（法81条9項、法施規91条2項）が規定されている。

エ　破砕業者

破砕業者とは、解体自動車の破砕および破砕前処理（圧縮およびせん断）を行う事業につき、当該事業所の所在地を管轄する都道府県知事の許可を受けた者であり（法67条。許可は5年ごとの更新制）、実際は、破砕事業者（解体事業者と合わせて1,307社）、自動車整備事業者（18社）など全国に1,332社を数える（2016年度）。

破砕業者は、解体事業者および他の破砕業者（破砕前処理専業者）から解体自動車の引取りを求められたときは、引取業者の場合と同様の正当な理由がある場合を除き、引き取らなければならない（法17条、18条3項、法施規13条、15条）。破砕業者は、引き取った解体自動車について、省令基準（法施規14条）に則って異物を混入しないように破砕前処理を行い（法18条1項）、また、省令基準（法施規16条）に則って技術的かつ経済的に可能な範囲で、鉄、アルミニウムその他の金属を分別して回収するなど、当該解体自動車の再資源化を行わなければならない（法18条4項・5項）。破砕業者は、破砕を行ったときは、自動車製造業者等にシュレッダーダストを引き渡さなければならず（法18条6項）、他方、自ら破砕または破砕前処理を行わないときは、速やかに他の破砕業者に当該解体自動車を引き渡さなければならない（法18条7項）。

破砕業者の情報管理センターに対する報告義務として、解体自動車を引き取ったときの3日以内の報告（法81条10項、法施規92条2項）、他の破砕業者等に解体自動車を引き渡したときの3日以内の報告（法81条11項、法施規93条2項）、自動車製造事業者等または指定再資源化機関にシュレッダーダストを引き渡したときの3日以内の報告（法81条12項、法施規94条2項）が規定されている。

4　自動車リサイクル制度の特徴

自動車リサイクル法における自動車リサイクルの流れをまとめると（図参照）、使用済みとなった自動車は、まず最終的な自動車所有者から引取業者（自動車販売業者等）に渡り、次に、引取業者からフロン類回収業者に渡されてフロン類が回収される。その後、解体業者に引き渡されて、エアバッグ類が回収されるとともに他の有用物品が再使用に回されるなどして、残った廃車スク

図2：自動車リサイクル処理の流れ

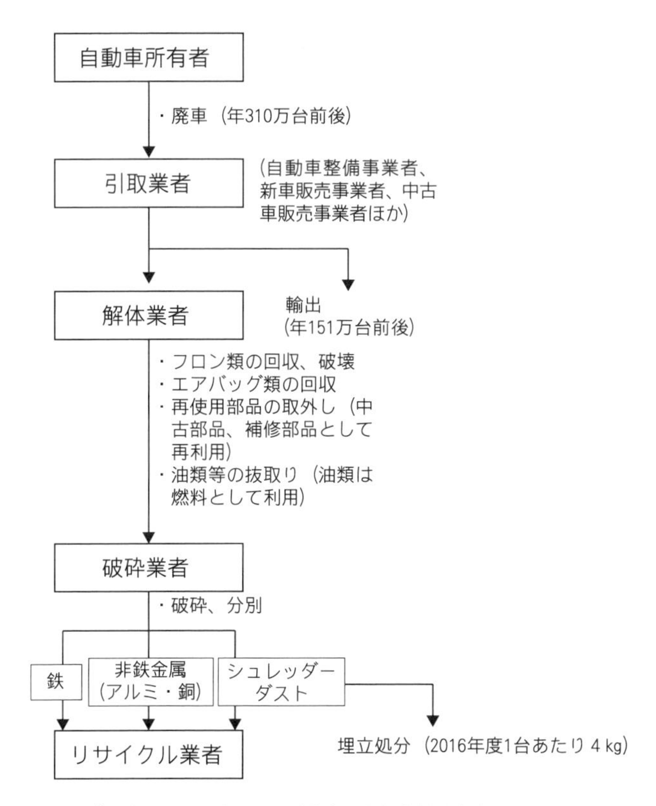

出典：『平成30年版環境・循環型社会・生物多様性白書』図3-1-12および藤井和則「自動車リサイクルの現状」（旭リサーチセンターARCリポート、2017年）7頁図ほかに基づき作成

ラップが破砕業者の手に渡る。破砕業者によって有用金属が回収された残りであるシュレッダーダストは、自動車製造者等に引き渡され、再資源化される。引き取られるシュレッダーダストは1台あたり185kgで、そのうち最終処分（埋立処分）されるのはわずか4kgである（2016年度）。

ところで、国内の自動車保有台数は、約7,700万台（2016年77,301,798台）であり、また、毎年の新車販売台数は、500万台前後（2016年4,970,198台）である。このような規模の自動車を対象として適切にリサイクルを実施するために、以下の特徴的な仕組みが見られる。

(1)　指定法人

自動車リサイクル法は、資金管理、再資源化および情報管理について以下の3つの法人を用いる指定法人制度を採用している。

ア　資金管理法人

資金管理法人は、自動車所有者が支払う再資源化預託金等の管理や、その預託に関する証明などを行う（法92条）ほか、特定再資源化等物品を引き取った自動車製造業者等に対する再資源化預託金等の払渡し（法76条1項）、自動車を輸出した自動車所有者等に対する再資源化預託金等の払戻し（法78条1項）を行う。

主務大臣は、これら業務を適正かつ確実に行うことができる非営利法人を全国に1つ指定することができるとされており（法92条）、自動車関係業界が共同で2000年に設立した財団法人自動車リサイクル促進センター（2010年より公益財団法人）が2003年6月にその指定を受けている。

自動車所有者がリサイクル料金を負担するとして、それをどのように管理するかは制度設計の問題である。たとえば自動車製造者等が引当金として管理する方法も考えられるが、その場合の当該製造者等の倒産リスクなどを考慮して、自動車リサイクル法では、より安全で効率的な方法として第三者機関による管理を採用したものである。

資金管理法人が収受するリサイクル料金は多額に上るため（2016年度535億円）、その運用方法には制限が課せられるとともに（法97条1項）、管理業務に関する事業計画について主務大臣の認可および公表（法95条）、資金管理業務諮問委員会の設置およびその人的構成（法99条）など、法人運営の透明性を確保する措置がとられている。

イ　指定再資源化機関

指定再資源化機関は、自動車の製造・輸入台数が年間1万台未満の小規模の自動車製造業者等（特定自動車製造業者等。2017年3月末時点で32社）から受託された再資源化等処理（法106条1号、法施規123条）や、並行輸入車など再資源化等を実施すべき自動車製造業者等が存在しない場合などの再資源化等処理（法106条2号）、離島地域の市町村に対する使用済自動車運搬費用にかかる支援（法106条3号）、地方公共団体に対する使用済自動車等の不法投棄等対策にかかる支援（法106条4号）などを行う。

主務大臣は、資金管理法人についてと同様に、これらの業務を適正かつ確実に行うことができる非営利法人を全国に1つ指定することができるとされており（法105条）、自動車リサイクル促進センターがその指定を受けている。

ウ　情報管理センター

情報管理センターは、いわゆる電子マニフェスト（移動報告）システムとして、使用済自動車の関連事業者間での移動（引取りおよび引渡し）を記録・保存・提供する情報システムを維持・管理する（法105条）。

主務大臣は、資金管理法人および指定再資源化機関についてと同様に、これらの業務を適正かつ確実に行うことができる非営利法人を全国に1つ指定することができるとされており（法114条）、自動車リサイクル促進センターがその指定を受けている。

従来、使用済自動車のうち産業廃棄物に該当するものについては、廃棄物処理法に基づく産業廃棄物管理票によって、その他のものについては、自主的取組みとして自動車管理票によって管理されていた。情報管理センターによる電子マニフェストの運用は、リサイクル制度下でのすべての自動車の移動にかかる電子情報を一元的に管理することで、管理票の管理や、管理票交付後の処理状況の把握・照合を紙管理票によるよりも容易にするものである。また、電子マニフェストシステムは、自動車の登録制度など他の法律とのリンク（後述）も組み込まれており、使用済自動車の不法投棄防止やリサイクルを促しうる。

(2)　再資源化の実施義務・実施基準

自動車リサイクル法は、再資源化の実施について自動車製造者等に促すのではなく、義務としている。これは、製造者こそがリサイクルを見据えてリサイクルの容易な物を製造することができる立場にあることなどを踏まえ、当該製造物が使用目的を果たして廃棄されるところにまで製造者の責任を拡大する「拡大生産者責任（EPR）」という考え方に基づいたものである。

同法は、再資源化実施基準として量的基準（重量ベース）を定めており、シュレッダーダストについては、2005年度から2009年度までは30％、2010年度から2014年度までは50％、2015年度以降は70％とし、エアバッグ類については85％としている（法施規26条）。

シュレッダーダストのリサイクルについて、自動車製造者等は、当時見込まれたシュレッダーダスト発生量が同等になるように2チームに分かれて対応している。ひとつは、13社（いすゞ自動車、自動車リサイクル促進センター、ジャガー・ランドローバー・ジャパン、スズキ、日産自動車、ボルボ・カー・ジャパン、マツダ、三菱自動車工業、三菱ふそうトラック・バス、メルセデス・ベンツ日本、FCAジャパン、SUBARU、UDトラックス）による「自動車破砕残さリサイクル促進チーム」（ART：Automobile shredder residue Recycling promotion Team）であり、いまひとつは、8社（ダイハツ、トヨタ、日野、ホンダ、アウディジャパン、ビー・エム・ダブリュー、フォルクスワーゲングループジャパン、プジョー・シトロエン・ジャポン）によるTHチームである。複数社がまとまって再資源化に臨むことにより、各社が個々に実施するよりも効率よく進められることが期待されている。

(3)　費用負担

使用済自動車のリサイクルに要する費用は、自動車所有者が再資源化等預託金として負担する（上記**3**(2)参照）。そして、その支払いは、基本的には新車を購入する時点であり、いわゆる前払い方式である。概して前払い方式は、ごみとして廃棄する時点で費用を支払うこととなる後払い方式（たとえばいわゆる家電リサイクル法が採用している。）よりも、不法投棄を招きにくいとして評価される。

再資源化等預託金の額は、自動車製造業者等が車種・形式別に当該自動車の販売前に設定・公表するものであり、適正原価を上回ることも著しく不足することも許されず（法34条）、不適切な場合には主務大臣が料金変更の勧告および措置命令をすることが認められている。各自動車製造者等がリサイクルに向けて工夫をすればするほど、リサイクル費用が下がることが期待される。なお、自動車製造業者等は、再資源化等を実施したときに当該自動車についてあらかじめ預託されているリサイクル料金を資金管理法人から利息を付して払い渡されるものであり（法76条、法施規70条）、リサイクル費用の変動にかかるリスクを負っているといえる。

また、自動車所有者は、リサイクルそのものの費用だけでなく、その費用（再資源化等預託金）の管理についての資金管理料金および電子マニフェストシステムの運用等のための情報管理料金も負担する。資金管理料金は、1台あたり新車購入時290円、引取時410円（いずれも2017年4月にそれぞれ380円および480円から引下げ）であり、情報管理料金は、1台あたり130円（2012年4月に230円から引下げ）である。

(4)　他の法律とのリンク

ア　道路運送車両法

自動車リサイクル法の制定に合わせて、道路運送車両法に定める自動車の抹消登録制度が改正され、使用済自動車が自動車リサイクル法に基づいて解体されたことを確認したうえでなされる永久抹消登録（道路運送車両法15条）、これまで法律上明記されていなかった輸出を事由とする輸出抹消登録（道路運送車両法15条の2）、および一時抹消登録（道路運送車両法16条）が整備された。特に一時登録抹消を受けた自動車が使用済自動車として解体または輸出される場合には、国土交通大臣に届け出ることとされた（道路運送車両法16条3項・4項）。

これにより、自動車リサイクル法によるリサイクルシステムと一貫し、また、従来当局による確認等がなされなかった一時登録抹消後の自動車の解体および輸出が把握されることとなり、自動車リサイクルの促進及び不法投棄の防止について実効性が高められている。

また、永久抹消登録の整備に併せて、自動車重量税廃車還付制度が用意されている。自動車重量税法に基づく自動車重量税については、自動車の新規登録および車検の際に、いわゆる車検証（自動車検査証）の有効期間（道路運送車両法61条）の分がまとめて支払われているところ（自動車重量税法8条）、当該車検証の有効期間内に使用済自動車が自動車リサイクル法に基づいて適正に解体され、永久抹消登録または解体届出がなされた場合には、当該自動車の最終所有者による申請に基づき、車検残存期間に応じて重量税額を還付するものである（租税特別措置法90条の15）。

自動車重量税廃車還付制度は、車検有効期間内の使用済自動車を引取業者に引き渡せば当該税が還付されるという経済的なインセンティブを自動車所有者等に付与するものであり、使用済自動車が不法投棄されずに自動車リサイクルシステムに流れていくことを促しうる。

イ　廃棄物処理法

自動車リサイクル法は、解体業者および破砕業者について許可制をしいている。自動車リサイクル法の施行に伴う経過措置として、解体業については、廃棄物処理法上の一般廃棄物または産業廃棄物の収集・運搬・処分業のいずれかの許可を受け、解体業に該当する事業を行っている者は、施行後3か月以内に都道府県知事に届け出た場合には、自動車リサイクル法上の許可を受けたものとみなすこととされた（法附則5条）。破砕業についても同様に、廃棄物処理法上の産業廃棄物の処分業の許可を受け、破砕業に該当する事業を行っている者は、自動車リサイクル法施行後3か月以内に都道府県知事に届け出た場合には、同法上の許可を受けたものとみなすこととされた（法附則6条）。

廃棄物処理法では、一般廃棄物と産業廃棄物との区分に基づいた規制体系となっているところ、自動車リサイクル法にいう使用済自動車はそのいずれにも該当しうる。そこで、自動車リサイクル法は、いわゆる相互乗入れとして、産業廃棄物収集運搬業者が一般廃棄物たる使用済自動車を、一般廃棄物収集運搬業者が産業廃棄物たる使用済自動車をそれぞれ扱う特例を認めている（法123条）。

また、自動車リサイクル法に基づいて登録を受けた者（引取業者およびフロン類回収業者）および許可を受けた者（解体業者および破砕業者）は、廃棄物処理法上の一般廃棄物または産業廃棄物の収集・運搬・処分業の許可を要しないこととされている（法122条1項～3項）。ただし、運搬・処理に際しては、廃棄物処理法に基づく基準に従わなければならない（法122条7項～9項）。

ところで、自動車リサイクル法は、使用済自動車、解体自動車および特定再資源化物品を廃棄物とみなし、自動車リサイクル法に定めるほかは、廃棄物処理法を適用するとしている（法121条）。これは、使用済自動車等の構成物について個別に廃棄物性を特定するのではなく、一括して廃棄物処理法上の廃棄物（廃棄物処理法2条1項）として扱うこととしたものである。実際の廃棄物処理法の適用においては、原則的には有償で取引されるものは廃棄物とはとらえられないため、たとえば使用済自動車から取り外された部品であってリユース目的で有償取引されるものは、これまでと同様に有価物として認められ、廃棄物処理法にいう廃棄物には該当しないことになる。

ウ　フロン類法

自動車リサイクル法は、2001年に制定されたフロン類回収・破壊法（特定製品に係るフロン類の回収び破壊の実施の確保等に関する法律）およびその2013年改正法であるフロン排出抑制法（フロン類の使用の合理化及び管理の適正化に関する法律。ちなみに自動車リサイクル法は「フロン類法」を略称として用いているが、「フロン排出抑制法」がより一般的である。）が規定するフロン類の回収および破壊等の枠組みを引き継いでいる。

自動車リサイクル法の施行に伴う経過措置として、すでにフロン類回収・破壊法に基づく登録を受けている引取業者および回収業者については、それぞれ自動車リサイクル法に基づく都道府県知事の登録を受けたものとみなされた（法附則3条、4条）。これらのみなし規定により、かかる引取業者および回収業者は、何らの手続を要することなく自動車リサイクル法上の引取業者および回収業者として事業を継続することができ、円滑な自動車リサイクルシステムへの移行が図られたものである。

フロン類法は、自動車リサイクル法にいう特定エアコンディショナー（法2条8項）を第二種特定製品（フロン排出抑制法2条4項）として、当該製品に使用されているフロン類の回収について基本的に自動車リサイクル法に委ねている。そして、自動車リサイクル法の下で回収され、自動車製造者等に引き取られたフロン類については、フロン類法上のフロン類破壊業者（フロン排出抑制法63条に基づき破壊業の許可を受けた者）に対して破壊の委託がなされることを自動車リサイクル法は定めている（法26条）。

(5)　自動車業界の対応

自動車リサイクル法によってリサイクルを義務付けられた自動車業界は、各社においても業界としても積極的な対応を示している。そのひとつが、一般社団法人「自動車再資源化協力機構」(JARP）である。同機構は、自動車製造者12社（いすゞ自動車、スズキ、トヨタ、ダイハツ、日産自動車、UDトラックス、日野、SUBARU、ホンダ、マツダ、三菱自動車工業、三菱ふそうトラック・バス）および自動車輸入組合が2004年に設立したもので、これら自動車製造者等からの委託に基づきフロン類およびエアバッグ類の引取り・再資源化のための業務を行っている。

同機構は、使用済自動車から実際にフロン類の回収作業やエアバッグ類の解体作業を行う事業者等への一元的な窓口であり、それゆえ、それら事業者にとっても自動車製造者等にとっても、自動車リサイクル法に定める自動車リサイクルの効率的な実施を可能にしている。

5　自動車リサイクルシステムの現況

(1)　リサイクルの状況

使用済自動車は、自動車リサイクル法に基づくリサイクルシステムが始まって以降、累計3,200万台発生し、全体で約99％がリサイクルされていると推計されている。

シュレッダーダストの再資源化率は、自動車製造者等に引き渡されたもの（590,624トン）のうち96.7％がリサイクル（サーマルリサイクル72.4%およびマテリアルリサイクル24.3%）され、最終処分は3.3％（19,501トン）である（2013年重量実績ベース)。自動車リサイクル法における再資源化実施基準（2015年度以降70％）を前倒しして達成している。

エアバッグ類については、取外し回収（使用済自動車から未作動のエアバッグ類を取り外して回収）と車上作動処理（使用済自動車に装備されたままのエアバッグ類を作動）とがありうるが、前者の場合には、その94.1％（2014年）がリサイクルされている（後者の場合には、解体自動車とともにシュレッダー処理等がなされ、その中で金属分がリサイクルされるため、車上作動処理としてのリサイクル率は公表されていない)。エアバッグ類のリサイクル率を自動車製造者別にみれば、トヨタ自動車94.0％、日産自動車93.5％、ホンダ93.6％など高水準であり（2016年度)、自動車リサイクル法における再資源化実施基準（85％）を達成している。

フロン類については、クロロフルオロカーボン（CFC）について35,800台から1台あたり約176.5グラム、ハイドロフルオロカーボン（HFC）について2,665,700台から1台あたり約256.0グラムがそれぞれ引き取られている（2016年度）。

(2)　離島対策・不法投棄対策の状況

離島の使用済自動車については、リサイクルのために本土への海上輸送を必要とすることから、指定再資源化機関は、その費用にあてるための資金を支援しているところ（法106条3号）、その対象車数はおよそ2万台（2016年度21,873台）、拠出額は9千万円から1億円程度（2016年度9,782万円）で推移している。

また、指定再資源化機関は、使用済自動車等の不法投棄や不適正な保管について、廃棄物処理法に基づき行政代執行により処理した地方自治体への支援も業務としているが（法106条4号）、これまでに3例（2007年度北海道札幌市、2008年度鹿児島県奄美市、2013年度富山県滑川市）があるのみである。

6　今後に向けて

自動車リサイクル法の施行に伴い、使用済自動車の引取りにかかる逆有償化が解消され（2013年度の解体業者による引取価格は1台あたり平均28,139円）、リサイクルが進展し、そして、シュレッダーダストの最終処分が減少した。現行の自動車リサイクルシステムは、概ね期待どおりに機能していると評価されよう。

他方で、今後のよりよい自動車リサイクルシステムに向けた取組課題も指摘される。たとえば、努力義務として規定されている自動車製造者等によるリサイクルに向けた設計についての一層の進展や、そのリサイクル料金への反映、そして自動車購入者への具体的な働きかけなどである。

現行の自動車リサイクルシステムに関して、紙幅の都合から一点のみ懸案事項を記せば、特定再資源化預託金等の残高が利息等を含めて153億円にのぼること（2016年時点）である。特定再資源化預託金等とは、中古車として輸出された自動車にかかる再資源化預託金等の取戻請求がなされなかったことなどにより、自動車リサイクルにあてられなくなったリサイクル料金である（法98条1項）。

特定再資源化預託金等は、自動車所有者が自動車リサイクルシステムのために預託したものであることを考えると、かくも過剰に存在していることは看過すべきではない。自動車リサイクル法は、特定再資源化預託金等を用いてリサイクル料金の軽減を行うことも認めている（法98条2項）。自動車ユーザーおよび社会の信頼を失わずに自動車リサイクルシステムを適正に維持・発展させていくためには、特定再資源化預託金等の使途や、そもそも預託金の額の妥当性について絶えず検証していくことが必要である。

＜参考資料＞

・公益財団法人自動車リサイクル促進センター「自動車リサイクルデータBook」2017年7月21日発行（同財団ホームページ（https://www.jarc.or.jp）よりダウンロード可）

・産業構造審議会産業技術環境分科会廃棄物・リサイクル小委員会ほか「自動車リサイクル制度の施行状況の評価・検討に関する報告書」2015年9月（経済産業省ホームページ（http://www.meti.go.jp）よりダウンロード可）

・一般社団法人自動車再資源化協力機構ホームページ（http://www.jarp.org/）

・環境省「平成30年版環境・循環型社会・生物多様性白書」

・藤井和則「自動車リサイクルの現状」（ARCリポート、2017年12月）

7　小型家電リサイクル
——小型電子機器等廃棄物、ビジネスの仕組み

1　使用済小型電子機器等の再資源化の促進に関する法律

(1)　法律の目的

使用済小型電子機器等の再資源化の促進に関する法律（小型家電リサイクル法）は、「使用済小型電子機器等に利用されている金属その他の有用なものの相当部分が回収されずに廃棄されている状況に鑑み、使用済小型電子機器等の再資源化を促進するための措置を講ずることにより、廃棄物の適正な処理および資源の有効な利用の確保を図り、もって生活環境の保全及び国民経済の健全な発展に寄与することを目的」としている（小型家電リサイクル法（以下本節において「法」と記す）1条）。

ここにいう「再資源化」とは、使用済小型電子機器等の全部または一部を原材料または部品その他製品の一部として利用することができる状態にすることである（法2条3項）。

小型家電リサイクル法は、2012年8月10日に公布され、2013年4月1日から施行されている。

(2)　制定の背景

小型家電リサイクル法3条に基づいて策定された基本方針（経済産業省・環境省告示第1号、改正：2017年4月5日告示第6号。以下「基本方針」という）では、「今後の我が国経済社会の持続的な発展を可能にするため、天然資源の消費を抑制し環境への負荷ができる限り低減される循環型社会を構築していくことが喫緊の課題」であることから、小型電子機器等の再資源化について、以下のことが指摘されている。

ア　金や銅などの有用金属の回収

以前は、小型電子機器等が使用済みとなった場合には、その相当部分が一般廃棄物として市町村によって処分されており、そこで回収されているものは鉄

やアルミニウム等一部の金属にとどまり、金や銅などの金属の大部分が埋立処分されていた。

しかし、主要な資源の大部分を輸入に依存している日本にとって資源の確保は重要な課題である。金属の中には産出国の偏在性が高い鉱種もあり、主要生産国の輸出政策等により、供給リスクや価格乱高下のリスクをつねに抱えている。また、新興国の経済成長等を背景として多くの金属の価格が高騰するなど、資源確保の重要性が高まっている。このような見地から、使用済小型電子機器等についても再資源化の促進が求められている。

政府広報オンライン（2017年10月13日）『使用済み小型家電のリサイクル』によると、携帯電話やデジタルカメラ、CDプレーヤーなどの小型家電には「ベースメタル」といわれる鉄や銅、貴金属の金や銀、そして「レアメタル」といわれる希少な金属など、様々な鉱物が含まれていること、そのため都市にある鉱山という意味で「都市鉱山」といわれていることが指摘されている。日本全体で年間に廃棄されている小型家電は約60～65万トンと推定されており、仮にその中に含まれている有用な金属などをすべて回収、リサイクルすると約844億円にも上るとのことである。現在使用中の製品も含めて、日本国内の「都市鉱山」には、金は6,800トン（世界の埋蔵量の約16%）、銀は6万トン（世界の埋蔵量の約22%）、リチウムは15万トン、プラチナ等の白金属元素は2,500トンが眠っているという試算もある（独立行政法人物質・材料研究機構が2008年1月11日に発表した「元素別の年間消費量・埋蔵量等の比較資料」参照）。

このように使用済小型電子機器等には有用金属（鉄・銅・金等）が含まれている（資源性を有する）のであり、その全部または一部を原材料または部品その他製品の一部として利用することができる状態にする（再資源化する）ことには重要な価値がある。

しかし、個々の使用済小型電子機器等に含まれる有用金属の量は限られており、個別に回収することによって採算性を確保することは容易ではない。ところが、広域的かつ効率的な回収が可能になれば、規模の経済が働いて、採算性を確保しつつ再資源化することも可能になる。そこで小型家電リサイクル法は、関係者が協力して自発的に回収方法やリサイクルの実施方法を工夫しながら、それぞれの実情に合わせた形で広域的かつ効率的なリサイクルを実施する促進型の制度としている。

イ　環境への影響

使用済小型電子機器等に含まれる有害物質（鉛等）が含まれるところ、再資源化の工程の中でこれらが適切に処理されることとなり、環境管理の改善効果も期待される。

また、資源採掘時には、岩石、土砂を含めた廃棄物の発生やエネルギー消費等、多量の物質・資源が関与しており、資源採掘時の環境負荷を低減する観点からも、再生資源の十分な利用を図ることには重要な意義がある。

ウ　廃棄物の最終処分量の削減

新規の最終処分場の立地が困難となる中で、残余容量は減少が続いていた。そこで、使用済小型電子機器等の再資源化を行うことによって、廃棄物の最終処分量を削減することも期待される。

2　再資源化の対象となる小型電子機器等の意義

(1)　小型電子機器等の意義

小型家電リサイクル法において定める「小型電子機器等」とは、一般消費者が通常生活の用に供する電子機器その他の電気機械器具（家電リサイクル法2条4項に規定する特定家庭用機器を除く）であって、次の各号のいずれにも該当するものとして政令で定めるものをいう（法2条1項）。

①当該電気機械器具が廃棄物（廃棄物の処理及び清掃に関する法律2条1項に規定する廃棄物をいう）となった場合において、その効率的な収集および運搬が可能であると認められるもの

②当該電気機械器具が廃棄物となった場合におけるその再資源化が廃棄物の適正な処理および資源の有効な利用を図るうえで特に必要なもののうち、当該再資源化に係る経済性の面における制約が著しくないと認められるもの

そして、小型家電リサイクル法施行令（平成25年3月6日政令第45号）1条は、上記各号に該当する電気機械器具について、以下のとおり28分類を定めている（一般消費者が通常生活の用に供する電気機械器具であるものに限るものとし、これらの附属品を含む）。

①電話機、ファクシミリ装置その他の有線通信機械器具
②携帯電話端末、PHS端末その他の無線通信機械器具
③ラジオ受信機およびテレビジョン受信機（家電リサイクル法施行令1条2号に掲げるテレビジョン受信機を除く。）
④デジタルカメラ、ビデオカメラ、DVDレコーダーその他の映像用機械器具
⑤デジタルオーディオプレーヤー、ステレオセットその他の電気音響機械器具
⑥パーソナルコンピュータ
⑦磁気ディスク装置、光ディスク装置その他の記憶装置
⑧プリンターその他の印刷装置
⑨ディスプレイその他の表示装置
⑩電子書籍端末
⑪電動ミシン
⑫電気グラインダー、電気ドリルその他の電動工具
⑬電子式卓上計算機その他の事務用電気機械器具
⑭ヘルスメーターその他の計量用または測定用の電気機械器具
⑮電動式吸入器その他の医療用電気機械器具
⑯フィルムカメラ
⑰ジャー炊飯器、電子レンジその他の台所用電気機械器具（家電リサイクル法施行令1条3号に掲げる電気冷蔵庫および電気冷凍庫を除く）
⑱扇風機、電気除湿機その他の空調用電気機械器具（家電リサイクル法施行令1条1号に掲げるユニット形エアコンディショナーを除く）
⑲電気アイロン、電気掃除機その他の衣料用または衛生用の電気機械器具（家電リサイクル法施行令1条4号に掲げる電気洗濯機および衣類乾燥機を除く）
⑳電気こたつ、電気ストーブその他の保温用電気機械器具
㉑ヘアドライヤー、電気かみそりその他の理容用電気機械器具
㉒電気マッサージ器
㉓ランニングマシンその他の運動用電気機械器具
㉔電気芝刈機その他の園芸用電気機械器具
㉕蛍光灯器具その他の電気照明器具

㉖電子時計および電気時計

㉗電子楽器および電気楽器

㉘ゲーム機その他の電子玩具および電動式玩具

この28分類について、環境省大臣官房廃棄物・リサイクル対策部長の2013年3月8日付「使用済小型電子機器等の再資源化の促進に関する法律の施行について（通知）」環廃企発第1303083号（以下「環境省通知」という）は、一般消費者が通常生活の用に供する電気機械器具については特定家庭用機器（家電リサイクル法2条4項に規定する特定家庭用機器をいう）を除き「ほぼ全ての品目を対象としている」としつつ、「太陽光パネル等」は特殊な取外し工事を必要とするため、また、「蛍光管や電球等」は破損しやすく特別な収集運搬を必要とするため、いずれも「効率的な収集運搬を行うことができない」ものとして小型家電リサイクル法の対象外であると説明している。

(2)　使用済小型電子機器等の意義

小型家電リサイクル法において定める「使用済小型電子機器等」とは、小型電子機器等のうち、その使用を終了したものをいう（法2条2項）。

環境省通知によれば、「家庭で使用されている小型電子機器等やリユースショップで中古品として販売されている小型電子機器等」は、「使用を終了」していないため、小型家電リサイクル法の対象外である。ここでは、リユースショップで中古品として販売するため、リユース品としての査定を行い、買取価格を決定したうえで消費者から引渡しを受ける行為は、従来どおり行うことが可能であることが確認されている。

その一方で、環境省通知は、「無料で引き取られる場合又は買い取られる場合であっても、直ちに有価物と判断されるべきではなく、廃棄物であることの疑いがあると判断できる場合」については「積極的に廃棄物該当性を判断」することを各都道府県知事・各政令市市長に求めている。これは、いわゆる「不用品回収業者」により国内外で不適正な処理がされている事例があるためである。

3　法が定める役割分担

基本方針は、「物流や中間処理においては規模の経済を働かせ、効率的に収集とリサイクルを実施するためには、回収量を確保することが非常に重要である」という見地から「関係者の適切な役割分担の下でそれぞれが積極的に参加することが必要」とし、以下の事項を指摘している。

①消費者および事業者は適正な排出を行うこと

②市町村は分別収集を行うこと

③小売業者は消費者の適正な排出に協力すること

④製造業者は解体しやすい設計を行うこと等によって再資源化に要する費用を低減するとともに再生資源を利用すること

⑤国は制度の円滑な立上げと運用に向けて分別収集や再資源化の促進のために必要な資金の確保等を行い、市町村が主体となった回収体制を構築すること

⑥都道府県は市町村に対し必要な協力を行うこと

このような役割分担について、小型家電リサイクル法が定める責務の順序により整理すると、以下のとおりである。

(1)　国の責務・役割

小型家電リサイクル法は、国の責務として、以下のとおり定めている。

ア　国は、使用済小型電子機器等を分別して収集し、その再資源化を促進するために必要な資金の確保その他の措置を講ずるよう努めなければならない（4条1項）。

イ　国は、使用済小型電子機器等に関する情報の収集、整理および活用、使用済小型電子機器等の再資源化に関する研究開発の推進およびその成果の普及その他の必要な措置を講ずるよう努めなければならない（法4条2項）。

ウ　国は、教育活動、広報活動等を通じて、使用済小型電子機器等の収集および運搬ならびに再資源化に関する国民の理解を深めるとともに、その実施に関する国民の協力を求めるよう努めなければならない（法4条3項）。

基本方針は、国に対し、制度の円滑な立上げと運用に向けて分別収集や再資

源化の促進のために必要な資金の確保等を行い、市町村が主体となった回収体制を構築することを求めている。そこでは、「携帯電話端末などの重要な個人情報を多く含む機器については、個人情報漏えいに対する不安から、使用済みとなった後も家庭内に保管されている場合も多く、国が市町村や認定事業者に対し適切な個人情報保護対策を求めることで、これらの機器についても国民が安心して排出できるようにすることも重要である」と指摘されている。

(2)　地方公共団体の責務・役割

小型家電リサイクル法は、地方公共団体の責務として、以下のとおり定めている。

ア　市町村は、その区域内における使用済小型電子機器等を分別して収集するために必要な措置を講ずるとともに、その収集した使用済小型電子機器等を小型家電リサイクル法10条3項の認定を受けた者（以下「認定事業者」という）その他使用済小型電子機器等の再資源化を適正に実施しうる者に引き渡すよう努めなければならない（法5条1項）。

イ　都道府県は、市町村に対し、小型家電リサイクル法5条1項の責務が十分に果たされるように必要な技術的援助を与えることに努めなければならない（法5条2項）。

ウ　都道府県および市町村は、国の施策に準じて、使用済小型電子機器等の再資源化を促進するよう必要な措置を講ずることに努めなければならない（法5条3項）。

基本方針は、都道府県に対して市町村に必要な協力を行うことを求め、市町村に対して分別収集を行うことを求めている。そこでは「使用済小型電子機器等の相当部分が一般廃棄物として市町村によって処理されていることから、市町村が主体となった回収は使用済小型電子機器等の再資源化の前提となるものであり、できるかぎり多くの市町村の参加が不可欠である」ことが指摘されている。

環境省・経済産業省が2018年6月に公表した「使用済小型電子機器等の回収に係るガイドライン」Ver.1.2では、市町村による回収方式として以下の7つの方式が想定されている。

	メリット	デメリット
ボックス回収	常時排出可能であるため、物理的に排出しやすい。 ごみの分別区分を増やす必要がない。	ボックス設置費用、ボックスからの収集運搬費用、普及啓発費用が必要である。 ボックスへの持参に手間がかかり、適切に配置されない場合には燃えないごみ等として排出される。 無人の場合、盗難を防止するためのセキュリティ面への配慮が必要である。 ごみ等の異物が混入されるおそれがある。 専用車両を必要とする場合、収集運搬費用が増加する。
ステーション回収	通常のごみ収集時にも利用しているステーションへの排出であり、物理的に排出しやすい。 通常のごみ区分の一環となるため、他のごみ区分（燃えるごみ等）への混入が大幅に減る。	分別区分を新設する場合は、コンテナ等設置費用、収集運搬費用、普及啓発費用が必要である。 使用済小型電子機器等に固有の分別区分を新設するため、市町村における収集運搬費用が増加する。
ピックアップ回収	通常のごみの分別区分への排出であり、物理的に排出しやすい。 ごみの分別区分を増やす必要がない。	ピックアップ費用が必要である(この費用は、市町村の特徴によって大きく異なる)。
集団回収・市民参加型回収	既存の資源物の集団回収にて回収することとなり、新たな費用の増加を抑えることが可能である。	普及啓発費用が必要である。 開催頻度が低い場合には、回収量の確保が難しい。
イベント回収	ごみの分別区分を増やす必要がない。	イベント出展費用、普及啓発費用が必要である。 回収量の確保が難しい。
清掃工場等への持込み	清掃工場等において常時持込みを受け付けることが可能である。 ごみの分別区分を増やす必要がない。	普及啓発費用が必要となる。 清掃工場等への持参に手間がかかり、回収量の確保が難しい。
戸別訪問回収	各家庭における回収であり、物理的に排出しやすい。 対面回収であるため、盗難等のトラブルの可能性は低い。	専用車両を必要とする場合、収集運搬費用が増加する。 普及啓発費用が必要である。

(3)　消費者の責務・役割

小型家電リサイクル法は、消費者の責務として、以下のとおり定めている。

消費者は、使用済小型電子機器等を排出する場合にあっては、当該使用済小型電子機器等を分別して排出し、市町村その他使用済小型電子機器等の収集もしくは運搬または再資源化を適正に実施しうる者に引き渡すよう努めなければならない（法6条）。

基本方針は、消費者に対し、適正な排出を行うことを求めている。そこでは「消費者は、使用済小型電子機器等を排出する場合にあたっては、当該使用済小型電子機器等を分別して排出し、市町村その他認定事業者から委託を受けた小売業者等の使用済小型電子機器等の収集若しくは運搬又は再資源化を適正に実施できる者に引き渡すように努めなければならない」ことが指摘されている。

(4)　事業者の責務・役割

小型家電リサイクル法は、事業者の責務として、その事業活動に伴って生じた使用済小型電子機器等を排出する場合にあっては、当該使用済小型電子機器等を分別して排出し、小型家電リサイクル法10条3項の認定を受けた者（認定事業者）その他使用済小型電子機器等の収集もしくは運搬または再資源化を適正に実施しうる者に引き渡すよう努めなければならない（法7条）と定めている。

基本方針は、事業者に対しても、適正な排出を行うことを求めている。

(5)　小売業者の役割

小型家電リサイクル法は、小型電子機器等の小売販売を業として行う者の責務として、消費者による使用済小型電子機器等の適正な排出を確保するために協力するよう努めなければならない（法8条）と定めている。

基本方針は、小売業者に対し、消費者の適正な排出に協力することを求めている。そこでは「市町村が主体となった使用済小型電子機器等の回収に加え、小売業者が補完的に回収に協力することで、効率的な回収が実現できる場合もある」と指摘されている。

(6) 製造業者の役割

小型家電リサイクル法は、小型電子機器等の製造を業として行う者の責務として、小型電子機器等の設計およびその部品または原材料の種類を工夫することにより使用済小型電子機器等の再資源化に要する費用を低減するとともに、使用済小型電子機器等の再資源化により得られた物を利用するよう努めなければならない（法9条）と定めている。

基本方針は、製造業者に対し、解体しやすい設計を行うこと等によって再資源化に要する費用を低減するとともに再生資源を利用することを求めている。そこでは「小型電子機器等の製造業者は、解体しやすい設計を行うことや原材料の種類をできる限り統一すること等のいわゆる環境配慮設計を行うことにより、再資源化に要する費用の低減に努める必要がある」ことが指摘されている。

4　再資源化（リサイクル）の事業計画

(1) 再資源化事業計画の認定

小型家電リサイクル法は、再資源化事業計画の認定について、以下のとおり定めている。

ア　使用済小型電子機器等の再資源化のための使用済小型電子機器等の収集、運搬および処分（再生を含む）の事業（以下「再資源化事業」という）を行おうとする者（当該収集、運搬または処分の全部または一部を他人に委託して当該再資源化事業を行おうとする者を含む）は、主務省令で定めるところにより、使用済小型電子機器等の再資源化事業の実施に関する計画（以下「再資源化事業計画」という）を作成し、主務大臣の認定を申請することができる（法10条1項）。

この申請書に添付すべき書類は、小型家電リサイクル法施行規則（平成25年3月6日経済産業省・環境省令第3号。以下「小型家電リサイクル施規」という）2条に定められている。

イ　再資源化事業計画においては、次に掲げる事項を記載しなければならない（法10条2項）。

①申請者の名称または氏名および住所並びに法人にあっては、その代表者の

氏名

②申請者が法人である場合においては、その役員（業務を執行する社員、取締役、執行役またはこれらに準ずる者をいい、相談役、顧問その他いかなる名称を有する者であるかを問わず、法人に対し業務を執行する社員、取締役、執行役又はこれらに準ずる者と同等以上の支配力を有するものと認められる者を含む）の氏名および政令で定める使用人があるときは、その者の氏名

③申請者が個人である場合において、政令で定める使用人があるときは、その者の氏名

④使用済小型電子機器等の収集を行おうとする区域

⑤再資源化事業の内容

⑥使用済小型電子機器等の収集、運搬または処分を行う者およびその者が行う収集、運搬または処分の別

⑦使用済小型電子機器等の収集または運搬の用に供する施設

⑧使用済小型電子機器等の処分の用に供する施設の所在地、構造および設備

⑨使用済小型電子機器等の再資源化に関する研究開発を行おうとする場合にあっては、その内容

⑩その他主務省令で定める事項

この主務省令で定める事項は、小型家電リサイクル法施行規則3条で定められている。

ウ　主務大臣は、10条1項（上記**ア**）の規定による申請があった場合において、その申請に係る再資源化事業計画が次の各号のいずれにも適合するものであると認めるときは、その認定をするものとする（法10条3項）。この認定証については小型家電リサイクル法施行規則7条、表示等については同8条で定められている。

①再資源化事業の内容が、基本方針に照らし適切なものであり、かつ、廃棄物の適正な処理および資源の有効な利用の確保に資するものとして主務省令で定める基準に適合するものであること。

この主務省令で定める事項は、小型家電リサイクル法施行規則4条で定められている。そこでは、(1)使用済小型電子機器等の引取りから処分が終了するまでの一連の行程が明らかであること、(2)使用済小型電子機器等から密閉形蓄電池等を技術的かつ経済的に可能な範囲で回収し、当該密閉形

蓄電池等の処理を自ら行うか、または当該処理を業として行うことができる者に当該密閉形蓄電池等を引き渡すこと、(3)使用済小型電子機器等からフロン類を技術的かつ経済的に可能な範囲で回収し、当該フロン類の破壊を自らまたは他人に委託して適正に行うこと、(4)破砕、選別その他の方法により、使用済小型電子機器等に含まれる鉄、アルミニウム、銅、金、銀、白金、パラジウムおよびプラスチックを高度に分別して回収し、当該回収物に含まれる資源（鉄、アルミニウム、銅等）の再資源化等を自ら行うか、または当該再資源化等を業として行うことができる者に当該回収物を引き渡すこと、(5)個人情報が記録されている使用済小型電子機器等の収集、運搬および処分にあたっては、当該個人情報の漏洩の防止のために必要な措置を講じていること、(6)再資源化事業の全部または一部を他人に委託する場合にあっては、委託する業務の範囲および委託する者の責任の範囲が明確であり、かつ、その委託先の監督について、当該申請に係る収集、運搬または処分が適正に行われるために必要な措置を講じていること、(7)使用済小型電子機器等の再使用を行う場合にあっては、当該使用済小型電子機器等が適正に動作することを確認すること等を行うことにより、再使用を適正に行うこと、および、(8)再資源化事業の実施の状況を把握するために必要な措置を講じていることが指摘されている。

②10条2項4号（上記**イ**④）に掲げる区域が、広域にわたる使用済小型電子機器等の収集に資するものとして主務省令で定める基準に適合すること。

この主務省令で定める事項は、小型家電リサイクル法施行規則5条で定められている。

③申請者および10条2項6号（上記**イ**⑥）に規定する者の能力ならびに同項7号（**イ**⑦）に掲げる施設および同項8号（**イ**⑧）に規定する施設が、再資源化事業を的確に、かつ、継続して行うに足りるものとして主務省令で定める基準に適合すること。

この主務省令で定める事項は、小型家電リサイクル法施行規則6条で定められている。

④申請者および10条2項6号（上記**イ**⑥）に規定する者が次のいずれにも該当しないこと。

ａ．廃棄物処理法14条5項2号イまたはロのいずれかに該当する者

b．小型家電リサイクル法の規定に違反し、罰金の刑に処せられ、その執行を終わり、または執行を受けることがなくなった日から5年を経過しない者

c．11条4項の規定により10条3項（上記ウ）の認定を取り消され、当該取消しの日から5年を経過しない者（当該認定を取り消された者が法人である場合においては、当該取消しの処分に係る行政手続法15条の規定による通知があった日前60日以内に当該法人の役員であった者で当該取消しの日から5年を経過しないものを含む）

d．営業に関し成年者と同一の行為能力を有しない未成年者でその法定代理人（法定代理人が法人である場合においては、その役員を含む）が10条3項4号イからハまで（上記a.～c.）のいずれかに該当するもの

e．法人でその役員または政令で定める使用人のうちに10条3項4号イからハまでのいずれかに該当する者のあるもの

f．個人で政令で定める使用人のうちに10条3項4号イからハまでのいずれかに該当する者のあるもの

g．廃棄物処理法14条5項2号へに該当する者

(2)　再資源化事業計画の変更等

小型家電リサイクル法は、再資源化事業計画の変更等について、以下のとおり、定めている。

ア　認定事業者は、小型家電リサイクル法10条2項4号から8号までに掲げる事項を変更しようとするときは、主務省令で定めるところにより、主務大臣の認定を受けなければならない。ただし、主務省令で定める軽微な変更については、この限りでない（法11条1項）。この主務省令で定める事項は、小型家電リサイクル法施行規則9条および10条で定められている。

イ　認定事業者は、11条1項ただし書の主務省令で定める軽微な変更をしようとするときは、主務省令で定めるところにより、あらかじめ、その旨を主務大臣に届け出なければならない（法11条2項）。この主務省令で定める事項は、小型家電リサイクル法施行規則11条で定められている。

ウ　認定事業者は、小型家電リサイクル法10条2項1号から3号まで、9号または10号に掲げる事項を変更したときは、主務省令で定めるところに

より、遅滞なく、その旨を主務大臣に届け出なければならない（法11条3項）。この主務省令で定める事項は、小型家電リサイクル法施行規則12条で定められている。

エ　主務大臣は、次のいずれかに該当すると認めるときは、小型家電リサイクル法10条3項の認定を取り消すことができる（法11条4項）。

①認定事業者（10条3項の認定に係る再資源化事業計画（1項の規定による変更または2項・3項の規定による届出に係る変更があったときは、その変更後のもの。以下「認定計画」という。）に記載された10条2項6号に規定する者を含む。以下「認定事業者」という。）が、認定計画に従って再資源化事業を実施していないとき。

②認定事業者が、認定計画に記載された10条2項6号に規定する者以外の者に対して、当該認定に係る使用済小型電子機器等の再資源化に必要な行為を委託したとき。

③認定事業者等の能力または10条2項7号に掲げる施設もしくは同項8号に規定する施設が、同条3項3号の主務省令で定める基準に適合しなくなったとき。

オ　小型家電リサイクル法10条3項の規定は、11条1項の認定について準用する（法11条5項）。

5　認定事業者の取組み

(1)　引取り義務

小型家電リサイクル法10条3項の認定を受けた者が「認定事業者」であり、使用済小型電子機器等の再資源化を適正に実施しうる者として、市町村および事業者が引き渡すよう努めるべき対象とされている（法5条1項、7条）。

基本方針によれば、「認定事業者は、使用済小型電子機器等の再資源化を担う中核的な主体として、継続的、安定的及び高度に再資源化を行い、より多くの資源が回収されるよう、責任をもって再資源化事業に取り組むことが求められる」とされる。

小型家電リサイクル法12条は、使用済小型電子機器等の引取りに応ずる義務について、認定事業者は、同法10条2項4号に掲げる区域内の市町村から、当該市町村が分別して収集した使用済小型電子機器等の引取りを求められたときは、主務省令で定める「正当な理由」がある場合を除き、当該使用済小型電子機器等を引き取らなければならないと定めている。

そして、小型家電リサイクル法施行規則14条は、小型家電リサイクル法12条の主務省令で定める「正当な理由」を、次のとおり定めている。

①天災その他やむをえない事由により使用済小型電子機器等の引取りが困難であること。

②当該使用済小型電子機器等の引取りにより当該認定事業者等が行う使用済小型電子機器等の適正な保管に支障が生じること。

③当該使用済小型電子機器等の引取りの条件が使用済小型電子機器等に係る通常の取引の条件と著しく異なるものであること。

④当該使用済小型電子機器等の引取りが法令の規定または公の秩序もしくは善良の風俗に反するものであること。

(2)　認定事業者等に係る廃棄物処理法等の特例

小型家電リサイクル法は、認定事業者および認定事業者から委託を受けて使用済小型電子機器等の再資源化に必要な行為を業として実施する者（認定計画に記載された委託先に限る）については、当該認定に係る使用済小型電子機器等の再資源化に必要な行為について、廃棄物処理業の許可は不要としている（法13条1項・3項）。

認定事業者および委託先については、廃棄物処理業者とみなすことにより、廃棄物処理基準の遵守等の規制が適用されるほか、廃棄物処理法に基づく措置命令や改善命令の対象となる（法13条4項～7項）。

また、小型家電リサイクル法14条は、産業廃棄物の処理に係る特定施設の整備の促進に関する法律の特例について定めている。

6　主務大臣の取組み

小型家電リサイクル法における主務大臣は、環境大臣および経済産業大臣である（法19条）。主務大臣については、以下のことが規定されている。

(1)　指導および助言

主務大臣は、認定事業者等に対し、認定計画に係る再資源化事業の的確な実施に必要な指導および助言を行うものとする（法15条）。

(2)　報告の徴収

主務大臣は、小型家電リサイクル法の施行に必要な限度において、認定事業者等に対し、使用済小型電子機器等の引取りまたは再資源化の実施の状況に関し報告をさせることができる（法16条）。なお、この規定による報告をせず、または虚偽の報告をした者には罰則がある（法21条1項1号）。

(3)　立入検査

主務大臣は、小型家電リサイクル法の施行に必要な限度において、その職員に、認定事業者等の事務所、工場、事業場または倉庫に立ち入り、帳簿、書類その他の物件を検査させることができる（法17条1項）。この規定による検査を拒み、妨げ、または忌避した者には罰則がある（法21条1項2号）。

小型家電リサイクル法17条1項の規定により立入検査をする職員は、その身分を示す証明書を携帯し、関係人に提示しなければならない（法17条2項）。

小型家電リサイクル法17条1項の規定による立入検査の権限は、犯罪捜査のために認められたものと解釈してはならない（法17条3項）。

(4)　関係行政機関への照会等

主務大臣は、小型家電リサイクル法の規定に基づく事務に関し、関係行政機関または関係地方公共団体に対し、照会し、または協力を求めることができる（法18条）。

(5)　権限の委任

小型家電リサイクル法に規定する主務大臣の権限は、主務省令で定めるところにより、地方支分部局の長に委任することができる（法20条）。

＜参考資料＞

・政府広報オンライン「使用済み小型家電のリサイクル」平成29年10月13日
https://www.gov-online.go.jp/useful/article/201303/2.html
・環境省「使用済小型電子機器等の再資源化の促進に関する基本方針の変更について」平成29年4月5日
https://www.env.go.jp/press/103913.html
・環境省「使用済小型電子機器等の再資源化の促進に関する法律施行令等の公布について（お知らせ）」平成25年3月6日
https://www.env.go.jp/press/16411.html
・環境省環廃企発第1303083号「使用済小型電子機器等の再資源化の促進に関する法律の施行について（通知）」平成25年3月8日
https://www.env.go.jp/recycle/recycling/raremetals/law/no1303083.pdf
・環境省・経済産業省「使用済小型電子機器等の回収に係るガイドライン（Ver.1.2）2018年6月」
http://www.env.go.jp/recycle/recycling/raremetals/gaidorain30-06.pdf
・独立行政法人物質・材料研究機構「プレスリリース」2008.01.11
https://www.nims.go.jp/news/press/2008/01/p200801110.html

産廃会社の元代表取締役の責任の否認事例

1　はじめに

法令遵守の重要性は高まっており、法令違反をする会社の役員に対して株主等から高額な損害賠償請求が提起されることも少なくない。そのような会社に対しては、裁判所の判断も厳しくなることは当然である。リサイクルビジネスを行う企業には遵守すべき法令が多数あることは、本書で扱ったとおりである。その中に、企業の運営に関する会社法の規律も含まれる。会社法は、企業規模に関わらず会社が遵守すべき法律である。

ところで、代表取締役が形式的に法令違反行為を行った場合、責任を追及されるのが普通であろう。もっともリサイクルビジネスでは実質的経営者が表に出ず、他の者を代表取締役に就任させ経営を行わせている場合もみられる。こうした特殊な関係の下で、形式的に会社に法令違反があったとしても、そのことについて実質的には代表取締役の責任が否認された注目すべき裁判例がある。産業廃棄物処理会社の内紛の事例であるが、リサイクルビジネスにおける知っておくべき判例であるからここに紹介する。

2　どのような規定を遵守すべきか

(1)　取締役会決議が必要な場合

リサイクルビジネスを行う株式会社であればそれなりの事業規模が必要であろう。慎重な経営をするために取締役会を設置することも多い。取締役会は業務執行の意思決定を行う機関であり（会社法362条2項1号）、取締役会設置会社では、法令・定款によって株主総会の権限とされている事項を除いて、通常の業務執行の意思決定は取締役会によってなされる（会社法295条2項）。

取締役会は、一定の事項その他の重要な業務執行を専決事項としており（会社法362条4項柱書）、重要な財産の処分・譲受けはこれに列挙される（同項1号）。それに違反する場合は法令違反となる。取締役は、会社との関係については委任に関する規定に従うため、会社に対して、委任の本旨に従い善良な管理者の注意をもって委任事務を処理する義務（善管注意義務）を負う（会社法330条、民法644条）。それと並んで、取締役は、法令、定款、株主総会の決議を遵守し、株式会社のため忠実にその職務を行わなければならないという忠実義務を負う（会社法355条）。

取締役は、善管注意義務や忠実義務に違反して会社に損害を与えた場合、会社法上、会社に対して責任を負う。すなわち、取締役がその任務を怠ったとき（任務懈怠）には、株式会社に対し、これによって生じた損害を賠償する責任を負う（会社法423条1項）。法令・定款に違反する行為は取締役の任務懈怠になるから、取締役会で決定すべき事項について、決議がないにもかかわらず代表取締役が独断で実施した場合も、取締役の任務懈怠責任を追及されることになる。

(2)　利益相反取引とは

リサイクルビジネスの対象は広いので、会社の必要としている物品を取締役が保有している場合に、会社と取締役との間で売買することも行われる。ビジネス機会を逃さないためには迅速な取引が必要になるからである。その場合に、その取締役が自ら会社を代表するときばかりでなく、他の取締役が会社を代表して取引するときであっても、当該会社の利益を害するおそれがある。これに対する規制が利益相反取引規制である。

利益相反取引とは、取締役が自己または第三者のために、取締役と株式会社との間で取引がなされた場合（直接取引）、あるいは取締役以外の第三者との間において株式会社と当該取締役の利益が相反する取引がなされた場合（間接取引）をいう。この場合には、当該取引につき重要な事実を開示して株主総会の承認（取締役会設置会社では取締役会の承認）を得なければならない（会社法356条1項2号・3号、365条1項）。取締役会設置会社における取締役会の承認のない利益相反取引は法令違反行為である（落合誠一編『会社法コンメンタール第8巻　機関(2)』（商事法務、2009年）90頁〔北村雅史〕）。利益相反取引をした取締役と会社を代表して当該取引を行った取締役は、法令違反行為を行ったという任務懈怠を理由に当該行為と相当因果関係にある損害の賠償責任を負うが、この取引により会社に損害が生じたときは、利益相反行為をした取締役と会社を代表して当該取引を行った取締役の任務懈怠が推定される（会社法423条3項1号2号）。そのため、原告は、取締役会の承認のないこと（任務懈怠）を主張立証する必要はなく、当該取引が利益相反取引であることおよび当該取引により会社に損害が生じたことを主張立証するだけでよい（岩原紳作編『会社法コンメンタール第9巻　機関(3)』（商事法務、2014年）267頁〔森本滋〕）。

3　リサイクルビジネス事業者における取締役会決議のない取引と取締役の責任

それでは具体的にリサイクルビジネス事業者の事例を取り上げてみたい。それは会社内部で必要な取締役会決議がないにも関わらず代表取締役が土地取得をした場合に、後から代表取締役の責任が追及されたものである（水戸地土浦支判平成29年7月19日金判1538号26頁・判タ1450号240頁、以下「本判決」という）。

(1)　どのような事例か

焼却装置、集塵装置、浄水装置の設計、施工および保守管理等を目的とするX社は、非公開の取締役会および監査役設置会社であり、X社の資本金は1000万円である。X社の実質的経営者はBである（ただし代表取締役ではない）。X社では設立以来、株主総会や取締役会が開かれたことはなかった。X社の主要な事業は焼却炉の販売であり、事業用地を取得してこれを焼却炉と一括売却することで利益の拡大を図っていた。X社の代表取締役であったYは、Bに誘われてX社の経営陣に加わった者であり、前職の経験を生かして主に経理部門を担当していた。X社の発行済株式200株中、60%相当の120株をBが保有し、40%相当の80株をYが保有していた。有限会社Aは、不動産の売買等の取引に関する業務等を目的とする会社であり、YはA社の代表取締役である。

A社は、前所有者から、2筆の土地〔隣接各土地〕を購入し、これらの土地を合筆・分筆し、CとDに売却した。その後X社は、E・Fから、隣接各土地の西側に接する土地〔本件土地1と本件土地2。これらを合わせて「本件各土地」という〕を、代金合計1150万円で購入した〔本件売買契約1〕。X社は、Aから本件敷地および本件建物を、代金1900万円で購入した〔本件売買契約2〕。これらの当時、Yは、A社の代表取締役であり、X社の代表取締役であった。

その後、BとYとの間で関連会社の経営方針をめぐって意見が対立した。それをもとにYがX社の取締役を退職した後、X社は、Yに対し、YがX社名義で行った本件売買契約は取締役の忠実義務に違反する等として損害賠償の支払いを求めた。

(2)　裁判所はどのように判断したか

裁判所は、次のように判示してYの任務懈怠責任を否定した。

ア　本件売買契約1について

「取締役会は、重要な財産の譲受けの決定を取締役に委任することができない（会社法362条4項1号）。そして、本件売買契約1の締結については、X社がこれを個々の取締役に委任する旨の取締役会決議自体が存在しないから、同契約が『重要な財産の譲受け』に該当すれば、この決議を経ずに同契約を締結したYは、原則として取締役の忠実義務に違反したというべきである。」

「しかし、本件売買契約1の締結当時、X社の発行済株式の保有者はB及びYの2人のみであった。その上で、X社の実質的経営者と目されていたBは、焼却炉の営業活動等に関し経営上の意思決定を行っており、隣接各土地の購入、合筆・分筆、転売や焼却炉の売却の一連の取引につき意思決定し、これを主導したこと、その後の本件売買契約１については、同契約の締結の意思表示をしたのはＸ社の代表取締役であったＹであり、本件各土地の購入を決め、土地売買契約書にＸ社の代表者印を押印したのはＢであったことなどを考慮すれば、Ｘ社の総株主（Ｂ及びＹ）は、本件売買契約１の締結を事前に承認したことが明らかである。

そうすると、本件売買契約１の締結につき取締役会の決議はなかったものの、総株主の事前承認がある以上、もはや株主の委任を受けた取締役で構成される取締役会での慎重な協議の必要性はないと考えられるから、同契約が重要な財産の譲受けに当たるか否かを判断するまでもなく、Ｙが忠実義務に違反したとは認められない。この判断は、事後的に総株主の同意があれば、取締役の任務懈怠に基づく損害賠償責任が免除されること（会社法424条）に整合するものと解される。」

「隣接各土地の取得ないし転売は、Ｘ社の主要な事業の一部であるが、その契約当事者がＡであったのは、土地を分筆して転売するに際し、同社が有する宅地建物取引業の免許を利用するためであった……本件土地１を購入することは、隣接各土地から公道への通行を確保して、焼却炉の販売先に対するＸ社の評判を維持するために必要不可欠であり、本件土地２は通行の確保には関係がなかったが、Ｅらの要求を受けて、本件土地１と併せて購入せざるを得ないものであった。」

「以上によれば、Ａが隣接各土地の転売等の当事者になったことには合理的な理由があったといえるし、本件売買契約１は、Ｘ社の主要な事業と密接な関連性があり、また、代金も適正であったというべきであるから、同契約につき、ＹがＡの利益を図る目的でＸ社の取締役の権限を濫用したとは認められない。

したがって、Ｙが取締役の忠実義務に違反したと認めることはできない。」

イ　本件売買契約２について

「本件売買契約２の締結が利益相反取引に当たること、ＹがＸ社の取締役会の承認を受けずにこれを締結したことは、当事者間に争いがない。本件売買契約２は、売主……と買主であるＸ社の双方の代表取締役を兼務するＹが締結した典型的な利益相反取引であり、実質的に利益相反取引に当たらないというＹの主張は、もとより失当というべきである。」

「取締役会の承認を受けずに利益相反取引を行ったＹは、取締役の忠実義務に違反し、その任務を怠ったと認められる（Yの任務懈怠……の有無を判断する必要はない。）。」

「本件建物は……市郊外の木造2階建ての中古物件であるものの、本件売買契約2の時点（平成20年9月）でまだ築1年程度であり、本件敷地も小さくなかった。……X社は、平成20年から平成26年までの間に、本件賃貸借契約による賃料収入を取得したほか、同契約前にも年額90万円程度の賃料収入を取得し、同契約の終了後には本件建物を社宅として利用するなどの使用利益を得ており、これを加味すれば、上記Aの販売価格は本件建物及び本件敷地の価格に見合うものであった。」

「X社は……本件建物及び本件敷地の時価が700万円であったとするが、上記記載は本件敷地のみの価格であり、X社の主張は失当である」

「以上によれば、本件売買契約2の締結によりXに損害が発生したとは認められないというべきである。」

(3)　この裁判例をどのように考えるべきか

ア　本件売買契約1と取締役の責任について

本件売買契約1とは、リサイクルビジネスを行うための事業用地の取得にあたり、その周辺土地を取得したものである。本件では、本件売買契約1が重要な財産の処分に当たるかが問題となる。これについて、先例となる最判平成6年1月20日（民集48巻1号1頁）は、会社法362条4項1号にいう重要な財産の処分に該当するかどうかは、当該財産の価額、その会社の総資産に占める割合、当該財産の保有目的、処分行為の態様及び会社における従来の取扱い等の事情を総合的に考慮して判断すべきものと解するのが相当であると判示する。

そこで本件で取締役会の承認決議が必要であったかどうかが問題となる。

この点で事案をもう少し詳しく眺めておきたい。A社は、前所有者が購入した隣接各土地を購入し、平成18年2月14日にCとD有限会社に売却した。しかし、この土地の東ルートは幅員が狭く、隣接各土地から車両で公道に出るには本件土地1を経て西ルートを通行しなければならなかった。ところが、この土地を所有していたEらが本件土地1の周囲に障害物を設置したことから、A社は、隣接各土地から公道への通行の確保のため、Eと交渉して本件土地1を取得するなどの必要に迫られた。このとき、Eは、本件土地1に加えEが代表取締役を務めるFの所有地（本件土地2）の買取りを要求した。同土地は隣接各土地の西側にあり、公道への通行の確保には関係がなかったが、Bはこの要求に応じ、X社がEらから本件各土地をX社名義で（代金合計1150万円で）購入した。これについて、X社の資本金は1000万円であるから、取締役会で承認すべき重要な財産の処分に当たるとするのがX社の主張である。

そこで本判決では、X社から代表取締役であったYに対し、YがX社名義で行った本件売買契約1は取締役の忠実義務に違反するとして損害賠償の支払いが求められた。2(1)で述べたように取締役会設置会社であるX社では、重要な財産の処分には取締役会の承認が必要となるため、たとえX社は設立以来株主総会や取締役会が開かれたことはなかったとしても、取締役会を招集して承認を得なければ取締役の忠実義務に違反する法令違反行為となり、取締役の責任追及の対象となるとする。

もっとも、本判決は、本件売買契約1について、X社の発行済株式の保有者はBおよびYの2人のみであり、取締役会の決議がなかったとしてもX社の総株主の事前承認があったと認められる以上、「もはや株主の委任を受けた取締役で構成される取締役会での慎重な協議の必要性はないと考えられるから、同契約が重要な財産の譲受けに当たるか否かを判断するまでもなく、Yが忠実義務に違反したとは認められない」と判示する。そして、この判断は、事後的に総株主の同意があれば、取締役の任務懈怠に基づく損害賠償責任が免除されること（会社法424条）に整合すると解している。

これは、最判昭和49年9月26日（民集28巻6号1306頁）が、利益相反取引について、株主全員の同意がある場合には取締役会の承認決議を要しないと解していることにも合致する。

会社法424条に定める総株主の同意は、株主全員一致による株主総会決議を要求するものではなく、各株主の個別的同意であってよいと解されている（岩原編・前掲『会社法コンメンタール第9巻』287頁〔黒沼悦郎〕）。したがって、株主両名の同意が認められるのであれば責任の免除は認められるべきである。こうした点を考慮して本判決は、総株主の同意をもって取締役の責任がないとしたのであろう。

また、産業廃棄物処理会社のようなリサイクルビジネスに携わる企業からすれば、騒音、臭気等の周囲の環境に配慮する必要もあるから処理場周辺の土地を広く購入しておくこともビジネス上必要な場合もある。したがって、Yによる土地の取得は経営判断として尊重されるべきで、事後的に責任追及の対象にすべきではないとも考えられるであろう。

イ　本件売買契約2と利益相反取引について

本件ではYの利益相反取引規制違反が問題となっている。Yは、X社の代表取締役であるとともに、不動産の売買等の取引に関する業務等を目的とするA社の代表取締役であった平成20年9月に、その当時A社が保有していた本件建物および本件敷地を、X社に対して代金1900万円で売却した（本件売買契約2）。X社は、この建物および本件敷地の時価が700万円程度であり、契約代金額はこれに見合わないと主張した。

また、本件売買契約2について、X社は、売主A社と買主X社の双方の代表取締役を兼務するYが締結した典型的な利益相反取引であり（会社法356条1項2号）、これについて取締役会の承認を受けなければならないのに（同条1項本文、365条1項）、これを受けなかったのであり、また本件建物および本件敷地の時価と比べてその売買代金額が少ないとして、Yは取締役の忠実義務に違反し、その任務を怠った、と主張する。

本判決は、YはA社・X社双方の代表取締役を兼務しているので、利益相反取引にあたり、取締役会の承認を受けずに利益相反取引を行ったことは、取締役の忠実義務に違反するとして、取締役の任務懈怠があることを認める。そうなると利益相反取引によってA社に損害が生じた時は、取締役は任務を怠ったものと推定されることになる（会社法423条3項）。

そこで本判決は、取締役の任務懈怠を肯定しつつ、X社の損害の有無について検討する。本判決は、本件売買契約2の対象となる建物について、X社は賃料収入を取得していたこと、賃貸借契約の終了後には社宅として利用して使用利益を得ていたこと、本件建物および本件敷地の時価が700万円であったとする主張については、それが本件敷地のみの価格であったこと等を認定し、本件売買契約2の締結によりX社の損害が発生したとは認められないと判示した。このように、利益相反取引に関する任務懈怠の推定を認めながら、損害が発生していないのであれば、Yの損害賠償責任は否定されることになるのは納得がいくであろう。

利益相反取引が問題となったのはYが、X社とともにA社の代表取締役だったからである。もっとも、不動産の売買取引業を行うのがA社であり、これがYの主たる業務であり、他方X社はBが実質的経営者なのであるから、X社の業務はBに依頼された職務をYが担当していたということになろう。そうしたこともあわせ考えると、X社に損害が生じていなかった行為について、X社が取締役会決議を経ていないという理由でBが事後的に問題視することも妥当ではないということになろう。

(4)　なぜ実質的経営者か？

本判決は、非公開の2人会社における実質的経営者と代表取締役の間に対立が生じ、代表取締役の退任後に任務懈怠責任の追及等がなされた事案である。X社では株主総会や取締役会が開かれたことがなかったにもかかわらず、代表取締役Yが取締役会の決議にもとづかずに本件売買契約1、本件売買契約2という業務執行を行ったことや利益相反取引規制の違反が取締役の任務懈怠にあたるとして損害賠償請求が行われている。これらの売買契約を行った行為時点では問題となっていないにもかかわらず、Yと実質的経営者であるBとが対立し、Yが代表取締役を退任した後になってから法令上必要な取締役会決議がなかったにもかかわらずこれらの行為を行っていたという主張がX社（B側）からなされ、事後的にYの責任追及を行っているのである。しかし、実質的な経営者であるBがこれらの契約に同意しており、また利益相反取引にあたるとしても損害の発生がない以上、この責任追及は初めから無理スジの請求といえる。

また、Bが実質的経営者でありながら代表取締役となっていない点も気になる。産業廃棄物の事業者ではあえてその名義を表に出さずに事業を行う場合もあるという。それにもかかわらず、形式的な法律違反があるとして代表取締役のYの責任を追及するというのは適正な行為とは認められまい。本判決は、裁判所が形式面だけではなく、実質面を考慮した判断を示したものといえる。

翻って、リサイクルビジネスにおいて実質的経営者が他人に事業を行わせる場合についても、本判決における裁判所の立場は参考になる。すなわち、他人に会社の経営を任せる場合、上記のような裁判所の厳しい態度（実質的経営者の請求をまったく認めなかった）を考慮すれば、法令を遵守した適正な業務運営が行われるような体制作りを心がけておくべきである。

第2編

リサイクル法制度の課題と展望

リサイクル法制度の課題

1　リサイクル法制度の整備

戦後、経済復興に専心した日本は奇跡といわれる高度経済成長を遂げ、化石燃料をエネルギー源として、大量生産・大量消費・大量廃棄の社会を築き上げてきた。このような社会経済の変化は、生活水準の向上、生活の利便性など正の面を有したが、他方で、自然環境に大きな負荷を与え、公害問題、地球温暖化を招来し、資源の枯渇の問題、不法投棄、最終処分場の残余容量の逼迫等の廃棄物処理にかかる諸問題など様々な問題を生じさせた。この反省から、持続可能な社会の構築に向けた動きが広がっている。

2000年に制定された循環型社会形成推進基本法（循環推進基本法）は、循環型社会を目指している。循環型社会とは、廃棄物等の抑制、循環資源の適正な利用促進、循環的な利用が行われない循環資源については適正処分の確保により、天然資源の消費抑制、環境負荷の低減を目指す社会をいう（循環推進基2条1項)。同法は、処理の優先順位を定め、①発生抑制（reduce)、②再使用（reuse)、③再生利用（recycle)（①～③は3Rと呼ばれる)、④熱回収、⑤適正処分という順序で、できる限り上位の処理を行うこととする（循環推進基5条～7条)。リサイクルにかかる責任を消費者や自治体から製造事業者等にシフトさせるべく同法は拡大生産者責任（EPR）の規定を設けている（循環推進基11条、18条、20条）。

循環推進基本法の下に、資源有効利用促進法（リサイクル分野の一般法）、廃棄物処理法（廃棄物分野の一般法）、個別リサイクル法（容器包装リサイクル法、家電リサイクル法、建設リサイクル法、食品リサイクル法、自動車リサイクル法、小型家電リサイクル法）が位置付けられている（なお、これらの個別リサイクル法は、廃棄物に特別の措置を講ずるという点で廃棄物処理法の特別法としての性格を有している）。

2　容器包装リサイクル制度

1　容器包装リサイクル制度

1995年に制定された容器包装リサイクル法は、2006年に改正され2008年4月に完全施行された。改正容器包装リサイクル法は、事業者に対する排出抑制を促進するための措置、資金拠出制度、再商品化義務をはたさない事業者に対する罰則の強化、容器包装廃棄物排出抑制推進員制度を導入し、ごみ排出量や廃棄物排出量の削減に貢献した。しかし、容器包装廃棄物は廃棄物の多くを占めている（環境省「容器包装廃棄物の使用・排出実態調査」（2016年度）によると、容器包装廃棄物は容積比で約55％、湿重量比で約23％である）。

このような中で、産業構造審議会産業技術環境分科会廃棄物・リサイクル小委員会容器包装リサイクルワーキンググループおよび中央環境審議会循環型社会部会容器包装の3R推進に関する小委員会合同会合は、容器包装リサイクル制度のあり方に関する検討を行ってきた。その成果は、「容器包装リサイクル制度の施行状況の評価・検討に関する報告書」（2016年5月）に取りまとめられた。ここでは、同報告書をもとに、容器包装リサイクル制度の現状と課題を整理・紹介する。

2　容器包装リサイクル法制度の課題

報告書は、容器包装リサイクル制度の課題として以下の7点をあげている。

①発生抑制・再利用の一層の推進

②最終処分場の逼迫への対応

③収集量の拡大：プラスチック製容器包装の分別収集・選別保管を実施する市町村数は、約75％（2013年度）で近年横ばいであり、市町村の参加拡大や回収ルートの多様化により収集を拡大することが必要である。

④再商品化事業者の生産性の向上：優良事業者の稼働率の向上、再商品化製

品の質の向上、再商品化手法ごとの競争の促進により、再商品化事業者の生産性の向上を図ることが必要である。

⑤再生材の需要の拡大：再生材を用いた製品の価値を高めるために、当該製品の環境特性や製品の機能を明らかにすること等が重要である。

⑥地球温暖化問題等への対応：地球温暖化対策の効果を高めていくために、さらなる排出削減を図ることが必要である。

⑦消費者の分別意識の向上と各主体の協働：いまだ分別排出の徹底・発生抑制といった国民一人ひとりの具体的な行動には十分につながっておらず、消費者・自治体・事業者等が連携した普及啓発および各主体による協働がより一層求められる。

上記③収集量の拡大については、店頭回収を行い自ら処理費用を払ってリサイクルしている小売業者へのインセンティブとして顕彰等を行うといった施策が考えられる（大塚直「容器包装リサイクル法の見直しについて」廃棄物資源循環学会誌25巻2号（2014年）7頁）。

3　制度の見直しに向けた検討の基本的視点

様々な課題に対し、報告書は、制度の見直しに向け、次のような基本的視点に沿って検討を行うことが必要であるとする。

①社会全体の環境負荷の低減を実現し、社会全体のコストの低減を目指し効率化を図る必要がある。

②循環型社会形成推進基本法の基本原則に基づき、リサイクルより優先されるリデュース・リユースを、社会や地域、生活実態等を踏まえ、推進する必要がある。

③消費者・自治体・特定事業者（特定容器利用事業者、特定容器製造等事業者、特定包装利用事業者）・再商品化事業者等の協働・情報共有の円滑化を図る必要がある。

上記①の環境負荷低減については、再商品化委託料の算定にあたって、その算定の基礎に環境負荷の観点が入っていないとの指摘がある。また、社会全体のコストの低減については、市町村の分別と再商品化事業者による選別という2つの作業を一体化し、コスト削減を図ることが提案されている（大塚・前掲5頁）。

4　ただ乗り事業者（フリーライダー）問題

容器包装リサイクル制度上のただ乗り事業者対策が問題になっている。

容器包装リサイクル法上の再商品化義務を履行する方法としては、①自主回収（容器リサイクル18条）、②指定法人（(財)日本容器包装リサイクル協会（容リ協会）が指定法人に指定されている）ルート（容器リサイクル14条）、③独自ルート（容器リサイクル15条～17条）がある。

②の指定法人ルートでは、特定事業者は再商品化委託契約を指定法人と締結し、所定の再商品化委託料を支払えば、再商品化義務を履行したとみなされる。ここで、再商品化委託料を負担している事業者と負担していない事業者（ただ乗り事業者）の間で大きな不公平が生じている。

指定法人ルートにおけるただ乗りの形態には次のものがあるといわれる。①再商品化義務があるにもかかわらず容リ協会と再商品化委託契約を締結しない場合、②実際に使用している容器包装の量よりも少ない量で再商品化契約を締結している場合、③いったんは容リ協会と再商品化契約を締結するものの継続して再商品化委託契約を締結しない場合、④再商品化契約を締結するものの、再商品化委託料を支払わない場合である。

再商品化義務を履行しない特定事業者に対しては、国による指導・助言、勧告、公表、命令の措置がありうる。命令違反には100万円以下の罰金が課される（容器リサイクル46条）。制定時は50万円以下の罰金であったが、ただ乗り事業者に対する抑止力を高めるため2006年改正で罰則が強化されたのである。

もっとも、このような措置がどれほどの成果を上げ、効果を有しているかは疑問の余地もある。今後、考えられる施策として、報告書は、①指導や公表等の措置を厳格に適用する、②消費者や消費者団体等による監視を期待しての義務履行事業者名等の公表を義務化することを検討事項としてあげている。

5　ライフ事件（東京地判平成20年5月21日判タ1279号122頁）（請求棄却、確定）

容器包装リサイクル法の規定の合憲性が争われた事例がある。原告の企業名からライフ事件とも呼ばれる。

ア　事案の概要

小売業を営む原告は、容器包装リサイクル法上の特定容器利用事業者として再商品化義務を履行するために被告容リ協会との間で再商品化に関する契約を締結して委託金を支払ってきた。

原告は、①容器包装リサイクル法11条2項2号ロ（以下「本件規定」と呼ぶ）が特定容器利用事業者に対して、特定容器の組成等を熟知している特定容器製造等事業者よりも過重な負担を課しているのは、憲法14条1項、29条1項・3項に違反するものであり、国会の本件規定に係る立法行為は違法であり、被告国が不適正な業務執行をしている被告協会を指定法人として指定したことや、その指定取消権限を行使しないことが違法である等と主張して、被告国に対し、国家賠償法1条1項に基づいて、また、②本件規定が違憲無効であるから、原告が本件規定に基づき算出された委託料として支払った金員は法律上の原因を欠くとして、被告協会に対し、不当利得返還請求権に基づいて、上記委託料相当額6億円余り及びこれに対する遅延損害金の支払いをそれぞれ求めた。

イ　判　旨

①　本件規定の憲法適合性について

「一般廃棄物の増加に伴い処分場がひっ迫し、資源の大半を輸入に頼る我が国では廃棄物となる物の再資源化が求められており、この状況は容リ法施行後10年を経過しても基本的に変わっていないこと……に照らせば、容リ法の上記立法目的は合理性があり、同法の上記立法目的を実現する一環として設けられた本件規定の目的も合理性があるというべきである」。

本件規定は、再商品化義務を負わせることによって、「経済的インセンティブを与え、もって容器包装廃棄物の減量化、再資源化を促進しようとするものであり、拡大生産者責任の考え方に依拠した一つの合理的な業種別特定容器利用事業者比率の定め方というべきであって、立法目的と合理的な関連性がある」。

「したがって、本件規定は、特定容器利用事業者を特定容器製造等事業者に比べて不合理に差別するものとはいえず、憲法14条1項に違反しない」。「再商品化に要する費用を負担させることは、財産権に対する、公共の福祉の実現を図るために必要かつ合理的な制約というべきであって、憲法29条1項、3項に違反するものではない」。

②　被告国に対する請求について

「原告は、被告協会において、①下請業者の二重請求や不法投棄といった不正な行為を阻止できず、再発防止もできていないなど、下請業者に対する監督が不十分である、②再商品化義務を果たしていない特定事業者（ただ乗り事業者）への対策を真剣に講じておらず、その業務執行が不適正であるとし、被告国は容リ法32条に基づいて被告協会への指定を取り消さなければならないのに、それを怠ったと主張する。しかしながら、上記①の主張事実を認めるに足りる証拠はない」。上記②について「被告協会の業務は特定事業者の委託を受けて分別基準適合物の再商品化をすることであって（容リ法22条）、ただ乗り事業者の対策は被告協会の業務ではないから、被告協会におけるただ乗り事業者対策の取組状況は指定法人の指定取消要件（同法32条1項）とは関係がない」。

③　被告協会に対する請求については、本件規定は憲法14条、29条1項、3項に違反しないので、原告の被告協会に対する請求は理由がないとした。

本件は、合理性の基準を採用し、拡大生産者責任の考え方について整理したうえで立法裁量を広く認め、立法目的と合理的な関連性を認めて容器包装リサイクル法を合憲とし、原告の違憲・違法の主張を退けた。

ただ乗り事業者を減らしていくための前提条件として、特定事業者間に公平感、納得感が存在していることは重要であろう。特定事業者間の公平性をいかに担保していくかは今後の大きな課題である。

3　家電リサイクル制度

1　家電リサイクル法の制定

家電リサイクル法は、1998年に制定された（2001年4月から本格的に施行）。家電リサイクル法施行当時、一般家庭から排出される家電製品（エアコン、テレビ、冷蔵庫、洗濯機）は年間約60万トンにも及び、これは一般廃棄物全体の約1％程度であったが、焼却による減量などが困難で、埋立処分場の大きな逼迫要因となっていた。また、廃家電には金属、ガラスなど再利用が可能な有用な資源が多く含まれている。そこで、有用な資源の再利用を促進し、廃棄物を減らすために家電リサイクル法が制定されたのである。本法は、対象機器の引取り・再商品化の義務を小売業者および製造業者の責任とし、その費用を消費者の負担としているところに特徴がある。

2　家電リサイクル制度の課題

産業構造審議会産業技術環境分科会廃棄物・リサイクル小委員会電気・電子機器リサイクルワーキンググループ中央環境審議会循環型社会部会家電リサイクル制度評価検討小委員会合同会合「家電リサイクル制度の施行状況の評価・検討に関する報告書」（2014年10月）は、今後の課題解決に向けた具体的な施策として以下の事項を掲げている。

①　消費者の視点からの家電リサイクル制度の改善に向けた具体的な施策

ⓐ社会全体で回収を推進していくための回収率目標の設定

国は、製造業者等、小売業者、市町村、消費者といった各主体が積極的に特定家庭用機器廃棄物の回収促進に取り組み、社会全体として適正なリサイクルを推進することを目指すため、達成時期を明らかにした回収率目標を設定するべきである。

ⓑ消費者の担うべき役割と消費者に対する効果的な普及啓発の実施

国、製造業者等、小売業者、市町村、指定法人、消費者団体等のNPOは、互いに連携しながら、消費者により支払われるリサイクル料金が支える家電リサイクル制度の意義も含め、消費者に対する効果的な普及啓発を実施すべきである。

ⓒリサイクル料金の透明化

リサイクル料金を負担している消費者の理解を深めるため、国は、リサイクル費用を細分化して製造業者等から報告させるとともに、製造業者等の協力のもと可能な限り明らかにすべきである。

ⓓ適正なリユースの促進

国・自治体は、「リユース・リサイクル仕分け基準の作成に係るガイドライン」に基づき仕分け基準を作成し、優良なリユースを行っている業者に関する情報発信や、小売業者が特定家庭用機器を適切に修理する取組みの推奨を行うべきである。

②　再商品化率の向上と質の高いリサイクルの推進

ⓐ再商品化率については、法定の水準と製造業者等が実際に達成している水準との間に乖離が生じていることを踏まえ、実態に即した適切な水準となるよう、国は法定の水準を引き上げるべきである。

ⓑ国は、製造業者等がリサイクルを実施した後の資源の譲渡先のトレーサビリティを可能な範囲で高めることについて、今後検討していくべきである。

③　リサイクル費用の回収方式

費用回収方式を排出時負担方式（後払い方式）から購入時負担方式（前払い方式）に移行することについては、見直しの議論がなされているが結論は出ていない。購入時負担方式を採用した場合の効果やそれぞれの方式における論点・課題等について、今後とも検討が必要である。

4　建設リサイクル制度

1　建設リサイクル制度の状況

高度経済成長期に建築された建物が建替え期を迎える中、建設リサイクル法は、2000年に制定され、資源の有効活用、廃棄物の減量に貢献してきた。建設廃棄物の最終処分量や不法投棄量は2000年度から2006年度までの6年間で半減以上した。2012年度の建設廃棄物の再資源化・縮減率は96.0%であり（国土交通省「建設副産物実態調査結果（2012年度）」）、高水準を維持している。このように建設リサイクル制度は大きな成果をあげている。

しかし、さらなる資源の有効活用および廃棄物の減量による循環型社会の構築に向けた課題も提示されている。建設リサイクルについては、建設工事関係者、一般市民の理解・認知度は低く、情報提供、啓発活動が大きな課題である。また、建設工事の関係者が情報を共有し、関係者による円滑な運用が可能となるような施策が求められている。

2　建設リサイクル制度の課題

社会資本整備審議会環境部会建設リサイクル推進施策検討小委員会及び中央環境審議会廃棄物・リサイクル部会建設リサイクル専門委員会「建設リサイクル制度の施行状況の評価・検討についてとりまとめ」（平成20年12月合同会合）は次のような課題を掲げている。

ア　建設廃棄物の再資源化の促進に関する課題

①建設廃棄物の適切な分別解体等、再資源化等および適正処理については、一般市民ら発注者等の意識が低い。処理費用を抑えようとして建設廃棄物が不適正に処理されるおそれがある。

②有害物質含有資材の分別解体等の際に適正処理が徹底されず、特定建設資材廃棄物に付着・混入して再資源化が阻害され、現場作業者や周辺住民の

健康に多大な影響を与えるおそれがある。

③元請業者から再資源化等の完了の報告を受けた発注者が適正な再資源化等を行わなかった場合の行政への申告制度が適切に作用しておらず、行政による再資源化等の状況把握が十分ではない。

④廃石膏ボードのリサイクルの取組みが十分に進んでいない。解体系廃石膏ボードについては、ほとんど再資源化されずに最終処分されている。

イ　関係者の意識向上等と循環型社会形成の促進に関する課題

①建設工事の関係者は、発注者、資材製造者、設計者、施工者、廃棄物処理業者など多岐にわたるが、建設リサイクルに関する意思疎通や情報交換が必ずしも十分に行われていない。

②建設リサイクルについての国民の理解・意識が高くない。

③発生抑制に関する情報は関係者間で十分に共有されておらず、また、発生抑制の実態把握や評価も十分になされていないことから、関係者の発生抑制に対する意識はリサイクルと比べて希薄である。

④ほとんどの建設資材等は製造段階において再使用を視野に入れた仕様になっておらず、建設資材等の再使用の総合的な取組みが進んでいない。

⑤環境安全性等の品質に対する信頼性の確保や、再生資材の再リサイクルの可能性についての情報が十分とはいえない。

5　食品リサイクル制度

1　食品リサイクル制度の状況

食品リサイクル法は、食品に係る資源の有効利用の確保、廃棄物の排出抑制を図り、食品の製造等の事業の健全な発展を促進することによって生活環境の保全・国民経済の健全な発展に寄与することを目的として、2000年に制定され、2007年に改正されている。

わが国の食料自給率はカロリーベースで39%、生産額ベースで66%であり(2015年度)、食料の多くを海外からの輸入に頼っている。他方で、2012年度においては、年間約2800万トンの食品廃棄物等が発生している。このうち、食品ロス（まだ食べられるにもかかわらず廃棄されている食品）が640万トンあると推計されている。国連の世界食糧計画（WFP）が75か国において行った食糧援助は460万トンであり（2010年）、このような数字に照らしても尋常ではない廃棄量であることがわかる。納品期限や賞味期限を不必要に短くするといった商慣習などにより過大な食品ロスが発生しているのである。

このような中、2013年から2014年にかけて再度見直しがなされ、2014年10月に、中央環境審議会で「今後の食品リサイクル制度のあり方について（意見具申)」(以下、「意見具申」という）が取りまとめられた。そして、この意見具申等を踏まえて、「食品循環資源の再生利用等の促進に関する基本方針」(以下、「基本方針」という）を含め、食品リサイクル法関係省令・告示が2015年7月に公布された。食品リサイクル制度における課題解決のためには、これらを踏まえ、適切に制度を運用し、改善につなげることが肝要である。

以下では、「意見具申」および「基本方針」に依拠して、課題を整理・紹介する。

2　食品リサイクル制度の課題

①　再生利用等実施率等のあり方

ⓐ　再生利用等実施率

「基本方針」は、平成31年度までに業種全体で食品製造業は95%、食品卸売業は70%、食品小売業は55%、外食産業は50%を達成するよう目標を設定した。これらの目標に向け、再生利用等を実施していくことが重要である。

ⓑ　定期報告制度の運用

食品廃棄物等多量発生事業者（食品廃棄物等の前年度の発生量が100トン以上の食品関連事業者）は、毎年度、主務大臣に対し食品廃棄物等の発生量や食品循環資源の再生利用等の状況を報告することが義務付けられている（食品リサイクル9条1項）。定期報告制度の運用に関して「基本方針」は、国は、食品廃棄物等多量発生事業者から報告された食品廃棄物等の発生量および食品循環資源の再生利用等の状況に関するデータを整理・公表すること等を通じて食品関連事業者の意識の向上とその取組みの促進を図り、また、先進的な取組みを行っている食品廃棄物等多量発生事業者を公表することにより、消費者の理解の醸成を図るものとするとしている。

②　発生抑制の推進施策のあり方

ⓐ発生抑制の目標値

食品関連事業者は、食品廃棄物等の発生原単位が、「食品循環資源の再生利用等の促進に関する食品関連事業者の判断の基準となるべき事項を定める省令」3条2項の規定に基づき主務大臣が定める基準発生原単位以下になるよう努めるものとされている（2014年4月から75業種のうち26業種について目標値が設定され、2015年8月より5業種の目標値が追加された）。基準発生原単位が設定されていない食品関連事業者においても、自主的な努力により発生原単位の減少に努めるものとする（「基本方針」）。

ⓑ官民をあげた食品ロス削減の取組み

発生抑制については、関係省庁、地方自治体、関係団体、消費者等の様々な関係者が連携してフードチェーン（食品の製造から消費に至るまでの一連の食品供給の行程）全体で食品ロス削減を図ることが課題である。「基本方針」は次に掲げる者が中心となって、それぞれの取組みを関係者と連携して実施するよう努めるものとする。

食品製造業者	賞味期限の延長および年月表示化、食品原料のより無駄のない利用、消費実態に合わせた容量の適正化、鮮度保持等による製造工程および輸送行程における食品ロスの削減等の取組み
食品小売業者	食品ロスの削減に向けた消費者とのコミュニケーション、食品廃棄物等の継続的な計量の実施等の取組み
外食事業者	高齢者、女性等の消費実態に合わせたメニューの開発や提供する料理の量の調整、地方公共団体と連携した食べ切り運動の推進、消費者との食中毒等の食品事故が発生するリスク等に関する合意を前提とした食べ残した料理を持ち帰るための容器（ドギーバッグ）の導入等の取組み
食品関連事業者	飲料および製造日から賞味期限までの期間が180日以上の菓子その他の食品ロスの削減の余地が認められる食品についての納品期限の緩和、梱包資材の破損等により通常の販売が困難となった食品を食品関連事業者から引き取って福祉施設等に無償で提供する活動（フードバンク活動）の積極的な活用、自らの取組みに関する情報を適切に提供することによる消費者の理解の促進等の取組み
消費者	食品ロスの実態への認識の深化、賞味期限等への正しい理解、過度な鮮度志向の改善、量り売りの利用等の食品ロスの削減に資する購買行動、調理の工夫等による家庭での食品の食べ切り・使い切り、外食における適量な注文、食べ残しの削減等の取組み
地方公共団体	地域における食品ロスの削減の取組みを促進するための地域の住民や食品関連事業者に対する普及啓発等の取組み
国	納品期限の緩和をはじめフードチェーン全体で解決していくことが必要な商慣習の見直しに向けた取組みの促進、食品ロスの削減に向けた普及啓発等の推進、地方公共団体が中心となった食品ロスの削減に向けた取組みを促進するために必要な措置の実施等の取組み

③　再生利用の促進施策のあり方

ⓐ再生利用

循環推進基本法に定める基本原則等を踏まえ、再生利用手法の優先順位を明確化し、適切な再生利用の手法を選択する必要がある。

飼料化について「基本方針」は、食品循環資源の有する成分や熱量（カロリー）を最も有効に活用できる手段であり、飼料自給率の向上につながり、安定した価格で流通するため畜産物の安定生産に資することから優先的に選択することが重要であるとする。飼料化が困難な場合には、可能な限り肥料化（食品循環資源を原材料とするメタン化の際に発生する発酵廃液等を肥料の原材料として利用する場合を含む）を行い、飼料化・肥料化が困難なものについては、メタン化等のエネルギーとしての再生利用を推進することが必要であるとする。

ⓑ再生利用手法

食品循環資源の再生利用を促進する観点からは、幅広い製品が指定されることが望ましい。ペットフードなど再生利用製品としての利用の可能性、需要の動向、安全性等から判断して適切と判断された場合には、それらを新たに食品リサイクル法の再生利用手法として位置付けることが必要である（「意見具申」）。

ⓒ登録再生利用事業者制度（食品リサイクル法11条～18条）

登録再生利用事業者制度とは、食品関連事業者から排出される食品循環資源の再生利用を行う再生利用事業者のうち、再生利用事業を的確に実施できる一定の要件を満たす優良な事業者を、主務大臣が登録する制度であり、優良な再生利用事業者を育成することを目的としている。しかし、登録を受けた事業者の中には、適切な再生利用事業が実施されていない等の不適正事例が発生している。

このような状況を踏まえ、「基本方針」は、国が法に基づく報告徴収等を実施したうえで、必要な場合には立入検査、登録の取消し等の措置等も活用し、登録再生利用事業者への指導・監督を強化していくものとする。

ⓓ再生利用事業計画（リサイクルループ）認定制度

リサイクルループ認定制度とは、食品関連事業者、再生利用事業者、農林漁業者等の三者が連携し、再生利用製品の利用により生産された農畜水産物等の利用までを含めた計画について、その申請に基づき主務大臣が認定を行うものである（食品リサイクル19条、20条）。国においては食品関連事業者、再生利用事業者および農林漁業者等のマッチングの強化、地方公共団体においてはリサイクルループに対するさらなる理解の促進等を通じて主体間の連携を促すものとする（「基本方針」）。

④　その他

ⓐ熱回収

熱回収は再生利用の次に位置付けられる（循環推進基本法の基本原則）。食品循環資源の再生利用を実施することができない場合は、熱回収により有効な利用を図ることが重要である（「基本方針」）。

ⓑ普及啓発

食品リサイクル製品認証・普及制度、エコフィード認証制度、エコフィード利用畜産物認証制度の普及に努める。また、食品循環資源の再生利用等に取り組む優良な食品関連事業者に対して表彰を行うなど、食品関連事業者による食品循環資源の再生利用等の取組みを促進するものとする（「基本方針」）。

ⓒ研究開発の促進

国は、これまでに開発した食品循環資源の再生利用等に係る技術の普及に努めるほか、産学官の研究機関が連携して再生利用等をさらに促進するために必要な新たな手法の開発を促進していく必要がある（「基本方針」）。

6　自動車リサイクル制度

1　自動車リサイクル制度の課題

自動車リサイクル法は、使用済自動車に係る廃棄物の減量、再生資源および再生部品の十分な利用等を通じ、廃棄物の適正処理および資源の有効利用を図ることにより、生活環境の保全、国民経済の健全な発展に寄与することを目的として、2002年に制定された（2005年本格施行）。自動車リサイクル法の施行により、不法投棄・不適正保管については低減傾向にある。

自動車リサイクル法は、自動車製造業者等にシュレッダーダスト（Automobile Shredder Residue, ASR）、フロン類、エアバッグ類の3品種について引取りと再資源化の義務を負わせているが、対象品目をオイルやタイヤなどにも拡大する必要があることが指摘されている。

リサイクル料金については、制度施行後購入される自動車については新車販売時に所有者が預託する仕組みとなっている。家電リサイクル制度のように排出時の負担とするのではなく、新車の購入時にリサイクル料金を購入者が負担することで不法投棄のリスクを未然に低減する制度としている。これについては、製造業者が直接負担する制度に改めて費用支払いの責任を製造業者の責任とするべきであるとの指摘がある。

2　自動車リサイクル制度の課題――2015年報告書

以下では、産業構造審議会産業技術環境分科会廃棄物・リサイクル小委員会自動車リサイクルワーキンググループ中央環境審議会循環型社会部会自動車リサイクル専門委員会合同会議「自動車リサイクル制度の施行状況の評価・検討に関する報告書」（2015年9月）に依拠して個々の課題を紹介する。

同報告書は、自動車リサイクル制度全体のあるべき姿として、「使用済自動車の発生が抑制（リデュース）され、全ての使用済自動車に含まれる部品や素材が可能な限り環境負荷が少ない方法でリユース・リサイクルされ、持続可能な形で資源の有効利用が行われ、リユース・リサイクルに関する社会コストが最小化され、自動車が使用済みとなった場合でも市場価値を有し経済的な理由からの不法投棄の恐れがないシステムを、中長期的に実現していくことが求められている」とする。そして、3つの基本的方向性として、「自動車における3Rの推進・質の向上」、「より安定的かつ効率的な自動車リサイクル制度への発展」、「自動車リサイクルの変化への対応と国際展開」を掲げる。また、あるべき姿の実現に向け、以下のような課題および具体的取組みを掲げている。

①　破砕段階でのリユース拡大・リサイクルの質の向上

ⓐ環境配慮設計の推進とその活用

自動車の購入時にユーザーが環境配慮設計について考慮しうる情報は限られている。ユーザーに対してわかりやすい形で伝えることが求められている。

ⓑ再生資源の需要と供給の拡大

再生資源が広域的に効率よく収集・供給される環境を整備することによって再生資源の付加価値を高めるとともに、自動車製造業者が再生資源の利用を自発的に拡大させていくことが重要である。

②　2R（リデュース・リユース）の推進

部品リユースを進めることが重要である。安全で安価なリユース・リビルド部品によって整備・修理することが可能となれば、経済的な理由から自動車を廃棄する可能性は低減され、中古車として引き続き使用される。

③　リサイクルの質の向上

ⓐ自動車リサイクル全体の最適化を通じたリサイクルの質の向上

精緻な解体や分別の徹底等により、リサイクルの質の向上と収益力向上を同時に追求している優良事業者が存在する。ベストプラクティスをまとめる等、モデル事業の実施等を通じたリサイクルの質の向上を促す。

ⓑリユース・リサイクルの推進・質の向上の進捗状況の把握・評価

前述した3品目だけではなく、自動車全体でリユース・リサイクルの進捗を評価するとともに、その目標を検討する。

④　自動車リサイクル制度への発展

質の高いリサイクルを推進するため、講習制度等を活用し、解体業者等の能力の一層の向上を進め、質の高いリサイクルを行う優良事業者の差異化、優良事業者に関する情報を有効活用するように検討を行うべきである。

7　小型家電リサイクル制度

1　小型家電リサイクル制度の状況

家電製品には、有用な金属が多く含まれている（都市鉱山ともいわれる）が、市町村が処理している小型家電からは十分な資源回収がなされていない状況であった。有害な金属もあり、生活環境保全の観点からも回収は重要である。そのような中、関係者が協力して自発的に回収方法やリサイクルの実施方法を工夫しながら、実情に合ったリサイクルを促す制度として、小型家電リサイクル法が2012年に制定された（2013年施行）。促進型の制度であり、特定の主体が回収やリサイクルの義務を負うことはないのが特徴的である。

2014年の環境省調査によると、使用済小型電子機器等の回収・処理の取組みについて、「実施中」、「実施に向けて調整中」と回答した市町村は、全国1,741市町村のうち、1,031市町村（全市町村の59.2%）であった。「未定だが、どちらかというと実施方針」と回答した市町村を含めると、1,373市町村（同78.9%）が本制度に参加または参加の意向を示している。これは、居住人口ベースで見ると93.1%にあたる。このように市町村による積極的な制度参加の取組みが大きく進んでいる。

2　小型家電リサイクル制度の課題

本制度は特定の主体が回収やリサイクルの義務を負う制度ではないことから、制度の継続性・安定性が十分に確保されていない。「責任ある主体が不明確であるため、回収量の安定や増加、適正な処理費用の徴収が期待できない」のである（佐藤泉「小型家電リサイクルの法的課題」都市清掃70巻336号（2017年）138頁）。特に、認定事業者の採算性の問題は重要である。

本制度の課題としては次のものがある（中央環境審議会循環型社会部会小型電気電子機器リサイクル制度及び使用済製品中の有用金属の再生利用に関する小委員会

合同会合（第14回・2015年12月11日）の資料参照)。

・1年間で発生する推計約65万トンの使用済小型家電のうち、平成27年度の回収量は約6〜7万トンにすぎず（目標は14万トン)、回収量の拡大に向けてさらなる取組みを進めていく必要がある。
・市町村や認定事業者では、収益性・採算性を確保するために創意工夫を図りながら様々な取組みが行われてきている。そうした優良事例のさらなる創出や回収方法の多様化等を推進していく必要がある。また、制度の円滑な実施のため、関係者（住民、市町村、認定事業者、小売店、製造事業者、国）間の情報共有の促進に積極的に取り組む。
・資源価格をはじめ、種々の外部要因がある中で、市町村においては効率的・効果的な回収体制を構築し、認定事業者においてはさらなる事業展開について検討するよう促すなど、国において様々な対策を講じる必要がある。
・国内外の資源循環全体を俯瞰し、資源循環に係る海外の様々な動向などを踏まえながら、制度の方向性を大局的にとらえる視点も重要である。

8　おわりに

リサイクル法制度の課題は多岐にわたる。

循環推進基本法の理念と既存の個別リサイクル法の整合性の問題や、個々の法概念・文言の不統一の問題（たとえば、「再商品化」、「再資源化」等の意義）がある。また、個別リサイクル法のうち、拡大生産者責任の規定を置いているのは容器包装リサイクル法、家電リサイクル法、自動車リサイクル法のみである。循環推進基本法に先立って個別法が制定されたこともあり、循環推進基本法の理念は必ずしもすべての個別リサイクル法に反映されておらず一貫性に欠けるところがある。これらについては今後の立法上の課題である。

廃棄物の発生抑制、環境負荷の低減、社会的コストの削減、各種の目標の設定、消費者の啓蒙、消費者への情報提供、リサイクル環境の整備、情報公開、取組みの透明化については根本的な共通の課題である。

また、ただ乗り事業者（フリーライダー）対策、優良な事業者をいかに育成するか、事業者による反社会的行為をいかに抑制できるかといった問題がある。

わが国のリサイクル制度は、自主的取組みを頼りにする場面が多い。ただ乗り事業者は、自らはコストをかけずにリサイクル制度からもたらされる恩恵のみを受け取ろうとする者であり、自主的取組みを重視するリサイクル制度全体で問題になっている。ただ乗り事業者がはびこれば正直に義務を果たしている事業者が不合理を甘受するばかりでなく、リサイクル制度そのものが崩壊することにもなりかねない。正直者が馬鹿をみないためにも、監視・監督の強化、指導・助言、勧告、公表、命令、罰則等の厳格な適用（運用）が重要である。

他方で、優良事業者に対するインセンティブの付与も効果的であろう。優良事業者の育成については、顕彰や認定マーク等の活用、ベストプラクティスの取りまとめ・普及啓発、モデル事業の認定および支援等の策が考えられる。

少子高齢、生産年齢人口の減少、三大都市圏への人口集中・過疎化が進展するわが国においては、地域でリサイクルに関わる各主体間の情報の共有、連携、協働がますます重要となってきており、いかなる制度を構築していくかは今後の課題である。これらについては、地域における高齢者の見守りやケアのためのネットワーク作りの必要とその課題にも通じるものがある。課題間の重なり合いを見据え、制度の枠を越えた発想が求められる。

新たな科学技術、すなわち人工知能やIoT等によるイノベーションの創出、それに基づくリサイクルプロセスの高度化は大きな可能性を秘めている。今日の諸課題の解消も期待され、今後の動向が注目される。

＜参考文献＞

・大塚直「残された法制度上の課題」崎田裕子＝酒井伸一編『循環型社会をつくる―3R推進への展望と課題』(中央法規出版、2009年)
・大塚直『環境法〔第3版〕』(有斐閣、2010年)
・大塚直「容器包装リサイクル法の見直しについて－実現可能性を踏まえた拡大生産者責任の適用を中心として－」廃棄物資源循環学会誌25巻2号（2014年）
・北村喜宣『環境法〔第4版〕』(弘文堂、2017年)
・経済産業省産業技術環境局リサイクル推進課「IoT・人口知能・ビッグデータ等の活用によるリサイクル等3Rのイノベーション創出および資源制約下でのビジネスモデルの変革について」いんだすと32巻2号（2017年）
・佐藤泉「小型家電リサイクルの法的課題」都市清掃70巻336号（2017年）
・産業構造審議会環境部会廃棄物・リサイクル小委員会容器包装リサイクルワーキンググループ配付各資料（http://www.meti.go.jp/policy/recycle/main/admin_info/committee/n.html：2018年7月10日最終確認）
・勢一智子「判批」淡路剛久＝大塚直＝北村喜宣編『環境法判例百選〔第2版〕』（有斐閣、2011年）
・中央環境審議会循環型社会部会小型電気電子機器リサイクル制度及び使用済製品中の有用金属の再生利用に関する小委員会合同会合配付各資料（http://www.meti.go.jp/committee/gizi_1/30.html#kogata_kaden：2018年7月10日最終確認）

リサイクルビジネスの展望
——事業者、消費者、行政の視点から

1　はじめに

循環推進基本法4条は、次のように規定している。すなわち、「循環型社会の形成は、このために必要な措置が国、地方公共団体、事業者及び国民の適切な役割分担の下に講じられ、かつ、当該措置に要する費用がこれらの者により適正かつ公平に負担されることにより、行われなければならない」。本稿では、環境基本法を受け、循環推進基本法[1)]の本条文が今後のリサイクルビジネスの展望を検討するのに不可欠であると考える。

ところで、本書では、別の論者によって各個別リサイクル法の概要につき、論じられることになっている。改めて基本的枠組法としての循環推進基本法、個別リサイクル法としての6つの法の責務規定を瞥見してみよう。特に、責務規定にどういう順番で責務が課されているか規定の順番に注目したい。循環推進基本法の責務規定は、国については9条、地方公共団体について10条、事

1)　北村喜宣『環境法〔第4版〕』(弘文堂、2017年) 293〜294頁は、その政策の順位として、①リデュース発生抑制、②リユース再利用、③リサイクル再生使用、④熱回収、⑤適正処分の順に優先順位があるとする。

業者について11条、国民については12条の順で規定されている。容器包装リサイクル法の責務規定は、事業者および消費者の義務が4条、国について5条、地方公共団体については6条の順、家電リサイクル法の責務規定は、製造者などの責務は4条、小売業者の義務は5条、事業者および消費者の義務は6条、国について7条、地方公共団体については8条の順に規定されている。建設リサイクル法の責務規定は、建設業を営む者について5条、発注者について6条、国について7条、地方公共団体については8条の順で規定されている。食品リサイクル法の責務規定は、事業者および消費者について4条、国について5条、地方公共団体については6条の順になっている。自動車リサイクル法の責務規定は、自動車製造者等について3条、関連事業者について4条、自動車の所有者について5条、国について6条、地方公共団体については7条の順になっている。小型家電リサイクル法は、国について4条、地方公共団体について5条、消費者について6条、事業者について7条、小売業者について8条、製造業者については9条となっており、循環推進基本法の後にできた法律であるため、同法の順番になっている。

筆者は、法を遵守し環境を守ってこそ、ビジネスは発展することにつながるのであって、循環推進基本法の責務規定の順番で当事者の役割を検討することが重要であり、個別リサイクル法の解釈も同様に解するべきであると考える。それには、あらかじめ結論をここで述べるとすれば、何よりわれわれ消費者の環境を守ろうという姿勢が出発点にならなければならないと思料するものである。

本稿は、あるべきリサイクルビジネスの方向性を展望するという、本書における一定の結論を出すことを目的としているといってもよい。したがって、紙面の都合もあることから、以下では次のように論じていくことにしたい。すなわち、**2**では、リサイクルの現状につき、筆者がヒヤリングを行った東京都武蔵野市の報告、次いである運輸業者とそのグループ会社における取組みについてその概要を報告する。**3**では、リサイクルをめぐる課題に対する諸施策につき、本編第1章**1**を受けて、ただ乗り事業者（フリーライダー）問題、優良事業者の育成、若干の事業者の反社会的行為につき述べつつ、国から出された各個別リサイクル法に関する報告書等の内容について若干の検討を加えることにする。最後に、**4**において、以上から得られるであろう今後の展望をしてみることとしたい。

2 リサイクルビジネスの現状

1　東京都武蔵野市に対するヒヤリングの報告[2)]

ア　ヒヤリング概要

筆者は、東京都武蔵野市に対し行政サイドの視点からのヒヤリングを実施した。概略以下のとおりである。

武蔵野市の特徴は、市の面積も狭く、リサイクルセンターがないことがあげられる。容器包装リサイクル法と食品リサイクル法に対する対応がほとんどである。前者では、優良事業者の表彰[3)]も行っており、自治体から事業者負担を増やすべきで、拡大生産者責任[4)]の徹底で事態を打開するべきであるとされる。小型家電リサイクル法[5)]と家電リサイクル法については、容器包装リサイクル法以上に自主的取組みになっており、容器包装リサイクル法と同様に、拡大生産者責任を拡張させ、事業者負担をもう少し増やすべきであるという。

食品リサイクル法に基づく市の対応としては、間接的な指導をしているが、登録再生有料事業者（受入先）がキャパシティを超えており、市に戻ってきてしまっている。分別しても、施設がないから戻ってきてしまうので、食品リサイクル施設をできるだけ早く作ってほしいと要望したいという。結局のところ、行政は規制官庁にすぎないとされる。

さらに、武蔵野市のユニークな特徴としては、市民のごみの減量、分別意識

---

2)　2016年11月29日、東京都武蔵野市環境部ごみ総合対策課におけるリサイクルの取組みにつき聞取り調査を行った。当時の同部斎藤尚志課長、同減量企画係柏倉泰司係長、同減量指導係菅野詩郎係長にはそのご協力に記して感謝申し上げたい。

3)　小冊子『平成28年度版事業系ごみ分別・減量資源化の手引き～ごみの処理を一般廃棄物処理業許可事業者等に委託する場合～』（武蔵野市）10頁。

4)　拡大生産者責任の概念の詳細については、大塚直『環境法〔第3版〕』（有斐閣、2010年）502～504頁、同「リサイクル関係法とEPR」環境法政策学会編『リサイクル法の再構築　その評価と展望』（商事法務、2006年）17～31頁、北村・前掲注1）62頁以下、296～297頁、植田和弘＝喜多川進監修、安田火災海上保険・安田総合研究所・安田リスクエンジニアリング編集『循環型社会ハンドブック　日本の現状と課題』（有斐閣、2001年）257～265頁等。

5)　小型家電リサイクル法の問題点については、大塚直「小型家電リサイクル法の意義と法的課題」廃棄物資源循環学会誌23巻4号（2012年）319頁以下。

は高いが、資源ごみはふえている。ごみの排出量は、三多摩では相対的に高いが、東京23区より低い。平均収入が高く、知的水準が高く、新聞を2紙、3紙と購読していること等から、市内公共図書館の利用率は低いとの結果が出ている。市民の文化的欲求が高いことから、紙ごみが人口に対して比較的多くなっている[6)]。日本の住みたい街のランキングに登場する地区が市内にあるような人気の高い地域ゆえ、人口の流動が激しく、引越し率が高いので、可燃ごみが多い。

ごみの問題は、地域性と市民の属性との相関関係があることから、地域に根ざしたリサイクルビジネスの展開にはそれを顧慮する必要がある。

最後に、最近は市の環境部が小学校に赴いて、リサイクル等広い意味での環境教育を実施し、エコ啓発施設を2017年4月に稼動させる予定であるとのことであった（2017年4月に新クリーンセンターオープン。後述注56参照）。

イ　総括（展望）

われわれ消費者に最も近いところに存在している自治体には、ひとつとして同じ属性を有するところはないのであって、当該自治体に存在する独自性や当該地域に応じたリサイクルビジネスの展開が必要なのではないだろうか。

2　ある運輸事業者とそのグループ会社に対するヒヤリング報告[7)]

当該運輸事業者とそのグループ会社について、2016年9月に作成されたCSRレポートを紹介しつつ、概要以下のとおりヒヤリングを行った[8)]。

ア　容器包装リサイクル法

同事業者は系列百貨店では、ネット販売、婦人服の企画から販売まで一貫して行う小売業態（SPA[9)]事業）等を展開しており、多品目を取り扱い包装形態

---

6)　小冊子『平成28年度版　事業概要　廃棄物の抑制・再利用と適正処理（統計:平成27年度実績）』（武蔵野市、2016年）13頁。

7)　2016年12月27日、ある運輸事業者のリサイクルの取組みの現状等につき聞取り調査を行った。その際、その事業者の毎年出されているCSRレポートに加え、そのグループ会社を含めて特徴的な諸点につき同社広報部　企画・環境担当部署関係者より回答があった。なお、当該事業者より社名の類推を躊躇されたことから、抽象的な呼称としている。この場を借りて関係者に対し、調査のご協力に対して感謝の意を表することとしたい。

も多様である。したがって、容器包装リサイクル法については、指定容器包装利用事業者として売上数量を原単位とした容器包装の利用低減に努めている。

容器包装の使用の合理化に向けて、①日本百貨店協会主唱「スマートラッピング」[10]の推進継続、②マイバッグを販売し繰り返しの使用を促し、手提げ袋などの削減を推進、③適正寸法の容器包装使用を徹底、④顧客への情報提供（スマートラッピング推進ポスターの店内掲示と館内放送、ホームページでのスマートラッピングに関する取組みの掲載）を行っている。同百貨店における2015年度の利用量は法令で規定する「容器包装多量利用事業者」（事業者あたり年間利用量50トン以上）の対象となり、定期報告書を届け出ている。系列ストアも、指定容器包装利用事業者として、スーパーマーケット、コンビニエンスストア、駅売店等を展開しており、売上高を原単位として容器包装の利用低減に努めている。容器包装の合理化に向けて、①マイバッグの販売、②包装使用有無の声かけ、③包装の簡素化、④レジ袋辞退者のお買い上げ金2円引き[11]を行っている。上記百貨店同様、同ストアにおける2015年度の利用量は法令で規定する「容器包装多量利用事業者」（事業者あたり年間利用量50トン以上）の対象となり定期報告書を届け出ている。

その他の取組みとして、運輸事業者本社では、2009年4月から本ヒヤリング時点に累計約683,000個のペットボトルキャップを寄付し、資源有効活用（再生プラスチックとしてのリサイクル、およびリサイクル業者への売却益によるポリオワクチン購入資金としての途上国支援）と焼却廃棄物（CO2排出）の削減に寄与しており、この取組みは他の職場でも自主的に実施されている。

イ　建設リサイクル法

系列建設会社では、建築・土木工事を展開しており、対象工事は床面積80

8）「業界団体として悩んだ結果として、消費者を巻き込んでの消費者と企業との好循環が生まれると、リサイクルも進むが、それがないと単にコストが上がる意識にしかならない。」という。運輸業者である川下企業は、消費者の協力によって企業のイメージが上がるのが理想であり、事業者でも、製造者というよりも消費者に近いのが運輸業者であるとされる。個別リサイクル法につき、以下に述べるように6つとも法令に基づき、適切に分別廃棄している状況であり、具体の取組み状況についてヒヤリングを行ったものである。

9）アパレル業界のビジネスモデルであり、Specialty store retailer of Private Label Apparelの略である。

10）包装使用有無の声かけと簡素化のことである。

11）系列ストアの前提で実施しており、2015年度の辞退率は49％であったという。

平方メートル以上の解体工事、床面積500平方メートル以上の新築・増築工事、請負金額1億円以上の修繕・改修工事、請負金額500万円以上の土木工作物等工事で、特定建設資材は、コンクリート、コンクリートおよび鉄から成る建設資材、アスファルトコンクリート、木材である。対象工事の手順（取組状況）は、次のとおりである。

①発注者への事前説明（説明義務）としては、書類一式（所管都道府県への届出書、分別解体等の計画、現場案内図、工程表）により説明している。

②発注者との請負契約時に建設リサイクル法13条および国土交通省令4条[12)]に基づく書面を交付している。

③発注者から委託された場合に限り、本来発注者が行う届出書①の都道府県への事前届出を代理している。

④協力会社への届出事項の事前説明および告知（告知義務）として、特定建設資材を取り扱う協力会社への届出書①の内容を告知書により説明する。

⑤建設リサイクル法13条および国土交通省令4条[12)]に基づく書面（特定建設資材の分別解体等に関する書面）を協力会社との請負契約時に交付している。

⑥計画内容に基づき分別・解体等作業を実施する。

⑦発注者への完了報告（報告義務）として、再資源化等報告書により報告を行っている。

同社では産業廃棄物処理業者の選定にあたって、リサイクル率の高い業者に委託しており、2015年度のリサイクル率は全排出量の72.5％であった。

ウ　食品リサイクル法[13)]

系列ショッピングセンター（以下、SCと略する。流通業）は、テナントの集合体であり、SCが直接食品廃棄物を発生することはないので報告義務はないが、次のような排出抑制や再生利用の取組みを実施している。すなわち、SCは9か所あり、そのうち1か所は各テナントが廃棄物処理業者へ直接排出しているが、他の8か所は各テナントの廃棄物をSCごとに一括して排出している。

---

12)　特定建設資材に係る分別解体等に関する省令（平成14年国土交通省令第17号）の4条（対象工事の請負契約に係る書面の記載事項）である。

13)　「食品リサイクル法が当社と最も関連が深いリサイクル法である。」と運輸事業者はいう。「リサイクル法制がどうあるべきというよりも、環境保全のためのコストを誰が負担するのが誰もが一番納得し、公平かを模索しているのが現状ではないか。」という。食品ロスを減らすためにどうするのか、たとえば、計量課金がその試みといえる。

加えて、テナントから集積所へ持ち込まれた廃棄物はその都度計量を行い、テナントごとの排出量を把握している。この8か所のSCにおいては廃棄物排出量をテナント別の一覧で示し、各テナントに対して定期的に減量に向けた呼びかけを行うとともに、計量課金制度のもと排出量に応じた料金をテナントに請求することでSC全体の排出抑制に取り組んでいる。再生利用等の実施率は4か所のSCが100%（飼料の原材料として再生利用する等の取組みによる）、他2か所が80%となっている。その他、他の一般廃棄物とともに圧縮処理を行い、排出抑制に取り組むSCが2か所あるという。

系列百貨店は、従業員食堂、食料品の販売を展開しており、食品廃棄物の年間発生量は100トン未満であり報告義務はないが、レストランや喫茶のテナントに有料ごみ袋を購入してもらうことで館内の廃棄物発生抑制に取り組み、7割～8割の生ごみは飼料の原材料として再生利用に取り組んでいる。

系列ストアは、従業員食堂、食品の調理・販売を展開しており、食品廃棄物発生量が法令で規定する事業者あたりの年間発生量100トン以上にあたり、同社は「食品廃棄物等多量発生事業者」として報告義務のある食品廃棄物発生量と食品循環資源の発生利用状況等を届け出ている。食品廃棄物の発生抑制に向けては、主に製造段階においては、生鮮加工時の歩留まり向上の工夫[14)]、販売段階においては、消費期限の近い商品の値引き販売を行っている。食品廃棄物の再生利用に向けては、①店頭において顧客から食品トレー、牛乳パック、ペットボトルの回収、②飼料、肥料、油脂製品等の原材料としての再生、③段ボール、新聞紙等を古紙として再生している。

系列ホテルは、レストラン、宴会場、従業員食堂を展開しているが、同社の有する3事業所における2015年度の合計発生量は法令で規定する「食品廃棄物等多量発生事業者」にあたり、報告義務のある食品廃棄物発生量と食品循環資源の発生利用状況等を届け出ている。ホテルにあるごみ処理センターでは生ごみ真空乾燥処理器を導入しており、館内の各厨房で集積した生ごみを約6時間かけて水分を蒸発させ、約75%の含水量を減量している。

その他の取組みとしては、廃食油のリサイクルを行い、グループ6社75事

---

14)　使用原料を有効に使い、売り物にならない不良商品を減らすことを意味している。食品加工技術も上がることにより、利益も出ることに加え、環境保護にもつながり、一挙両得であるとされる。

業所から排出される使用済みの食用油（年間約200トン）を回収してリサイクル業者へ提供し、これらを精製して作られたリサイクル石けんを運輸業者本社や駅、一部ショッピングセンター、ホテルの客室等グループ内で広く使用しており、リサイクルの啓発になるとされる。

エ　自動車リサイクル法

バス事業は、バス車両を有しその事業を展開しているが、年間70両程度の入替えが発生し、そのほとんどは中古車として主に地方のバス事業者へ直接売却している（リサイクル料金は新車購入時に支払い、リサイクル券は売却時に地方売却先へ引き渡している）。買い手のつかなかった一部の車両は、適正な廃棄処理が行われていることを確認済みの正規処理業者へ処分の委託をしている。なお、東京都内では排ガス規制に伴いバス車両の使用年数に限りがあるが、中古で引き渡した車両をきれいに整備・再生して何年も大切に使用しているバス会社も多くあるという。

ハイヤー・タクシー車両、バス車両を有している系列自動車会社は、年間約130両程度（バス車両を含む）の入替えがあり、このうち日々の整備継続により使用可能な半数近くの車両は、他社への売却を行っている。残る車両は廃車となるが、バンパー、ドア、フェンダーパネル等のパーツは自社で再利用し、これらを取り外した廃車体は適正処理ができることを確認した正規処理業者へ引渡しをしている。リサイクル料金については、バス事業と同様、適正な対応（支払いと引渡し）を行っている[15)]。

オ　家電リサイクル法

系列百貨店は、販売事業を行うものであるが、期間限定の店頭販売によりテレビ、エアコン、冷蔵庫・冷凍庫、洗濯機・乾燥機を取り扱っており、年間10台程度の下取り要請があり、運搬業者へ収集・運搬を委託している。

カ　小型家電リサイクル法

系列百貨店は販売事業を行っているが、期間限定の店頭販売によりパソコン、電気カミソリ、ヘアドライヤー等を取り扱っており、同社での回収ではなく、廃家電は顧客による市町村等への分別回収をお願いしている[16)]。

15）　ちなみに、鉄道車両の解体は、メーカーが主体で行うことになり、自動車リサイクル法の対象ではなく、産業廃棄物、部品ごとにリサイクル法の対象になる。当該運輸事業者の鉄道車両は、地方の全国にリサイクルとして利用運行がなされており、循環型社会につながっていると評価することができよう。

キ　全般的な社員教育等

運輸業者社員に対しては、環境教育をE－ラーニングによって行い、従業員のリサイクル意識を含めて環境保全意識の醸成に努めたり、LEDを使用すると環境にもやさしく、コストカットにもなる結果になっている。

悩ましい点は、営利企業である以上、環境保全とそのコストのバランスだという。新しいリサイクル法ができれば、コンプライアンスの観点からも粛々として守るだけであるという。

ク　総括（展望）

リサイクル関連法制につき、「こうあってほしいという要望はない」という言葉が印象に残った。リサイクルビジネスを直接行っている企業体ではなく、むしろ消費者に近い産業であるので、「現行リサイクル法をコンプライアンスの観点から遵守していくだけ」という言葉も重い。企業の社会的責任の徹底された企業だと思われる。

さらに、「結果としてリサイクルと営利性追求が結びつく好循環が生じることを望む」という前掲注8）の運輸事業者の言葉も重要であろう。

16）「家電リサイクル法、小型家電リサイクル法は、運輸業者を含む企業も家庭も境はなく、消費者の立場と同様ではないか。」という指摘は重要である。そのうえで、「一般論としては消費者の啓発が必要。」との言及もあった。

3　リサイクルをめぐる課題に対する諸施策

1　一般的な重要課題

ここでは、本章1で提示された下記3つの課題に対する諸施策を考えることにしたい。

ア　ただ乗り事業者（フリーライダー）の問題

いわゆるライフ事件[17)]において、容器包装リサイクル法における再商品化委託料についてのいわゆるただ乗りが問題となったものである。負担している事業者としていない事業者の間に不公平を生み出し、これを放置しておけば、容器包装リサイクル制度自体が成り立たなくなる[18)]。

再商品化委託料は、容器包装の販売量のうち容器包装廃棄物として排出される見込量と販売見込額を基礎として算定されており、算定の基礎に環境の負荷が入っていないという問題があるとされる[19)]。

このフリーライダー問題は、自主的取組みに偏重している以上、その解決は難しいのであって、公表・命令・罰則の規定の活用が必要である[20) 21)]。さらに、委託料を支払ったことを示すマーク（グリーンドットかそれに匹敵するもの）を導入することが考えられ、消費者から当該容器包装について再商品化委託料が支払われているか明確になる[22)]ことにより、減少せしめることが必要であろう。

イ　優良事業者の育成

前述2 1の東京都武蔵野市に対するヒヤリングにおいても重視されていた

---

17)　東京地判平成20年5月21日判タ1279号122頁。
18)　大塚直「容器包装リサイクル法の見直しについて」廃棄物資源循環学会誌25巻2号（2014年）102頁。
19)　大塚・前掲注18）102頁。
20)　大塚直「残された法制度上の課題」崎田裕子＝酒井伸一編『循環型社会をつくる3R推進への展望と課題』（中央法規、2009年）209頁。
21)　北村・前掲注1）532頁。
22)　大塚・前掲注18）103頁。

が、優良事業者の育成も重要である。優良事業者が報われる制度づくり[23)]により、不法投棄の撲滅につなげることが求められよう[24)]。問題を起こした業者を取り締まるだけではなく、法令に基づき適正にリサイクルビジネスを展開している業者に対して相応な評価を加えることで、よりリサイクルを促進させるようなインセンティブを与えることが肝要である[25)]。

ウ　事業者の反社会的行為

この課題は、企業の社会的責任、すなわち、CSR(Coporate Social Responsibility)が重視されている今日、反社会的行為こそ社会的信頼喪失にそのまま直結することから、結果として業績不振に陥り、リサイクルビジネスからの撤退を余儀なくされる[26)]。このような行為を防止し、適正な民間のリサイクル事業を促進するためには、たとえば、回収業者に対しても登録制度を設ける等正規業者に法的な位置付けを与え、持去り行為を行う業者を排除することが必要である[27)]。

2　小型家電リサイクル法を除く国の各個別リサイクル法に係る報告書等

ア　容器包装リサイクル制度の施行状況の評価・検討に関する報告書[28)]

容器包装リサイクル制度の見直しに係る具体的な施策案として、①リデュースの推進として、中身商品の製造段階で付される容器包装に関する取組み、消

---

23)　池田三知子「産業界をはじめとした各主体の取り組みと他の主体との連携への課題」崎田裕子＝酒井伸一編『循環型社会をつくる　3R推進への展望と課題』(中央法規、2009年) 110頁。

24)　山本耕平「廃棄物法制の課題－リサイクルを中心に－」廃棄物資源循環学会誌25巻6号 (2014年) 410頁は、優良業者と同様に、適正なリサイクルを行う業者を育成・支援する仕組みが再生資源業界の支援・育成として重要であると指摘する。

25)　佐藤泉「リサイクルビジネス推進に向けた法制備の現状と課題――排出事業者責任の限界と資源循環ビジネスの可能性」廃棄物資源循環学会誌26巻6号 (2015年) 455～456頁は、優良な資源循環ビジネスを育成する法制度のあり方の一つとして、再生事業者登録制度の活用を主張する。

26)　山本・前掲注24) 410頁には、回収業者の正規化の問題として、「持ち去り問題」をあげている。容器包装リサイクル法に伴って、アルミ缶の持去りがふえており、ごみ集積所に排出されたものは民法上無主物であるからである。そのため、自治体によっては、持去り防止条例を制定している。

27)　山本・前掲注24) 410頁。

28)　http://www.meti.go.jp/committee/kenkyukai/energy_environment/plastic_youki_housou/pdf/001_s01_01.pdf (2019年3月15日閲覧)。

費者に販売する段階（小売段階）で付される容器包装に関する取組み、関係者の情報共有・意識向上に関する取組みをあげている。②リユースの推進としては、多様な関係者の協力・連携がなければリユースシステムは成立しないが、この促進は高い回収率が期待できるとされる。③分別収集・選別保管として、市町村と特定事業者の役割分担・費用負担等、合理化拠出金のあり方、店頭回収等の活用による収集ルートの多様化、プラスチック製容器包装の分別収集・選別保管のあり方を掲げている。④分別排出のため、わかりやすい識別表示への改善や、再商品化製品の最終用途情報の提供等を推進することが重要とされる。⑤再商品化としては、プラスチック製容器包装の再商品化のあり方および再生材の需要の拡大、⑥その他として、指定法人のあり方、ペットボトルの循環利用のあり方、ただ乗り事業者対策をあげている。

⑥のただ乗り事業者対策については、本報告書レベルでは、指導、公表等の措置、罰則の適用により厳格に対応し、業界団体を通じた包括的な広報の検討、指定法人において消費者や消費者団体等による監視を強化するための義務履行事業者名簿等の公表の義務の検討をあげている[29]。

イ　家電リサイクル制度の施行状況の評価・検討に関する報告書[30]

よりよいリサイクル制度を構築していくための具体的施策として、①消費者の視点からの家電リサイクル制度の改善に向けた具体的な施策としては、社会全体で回収を推進していくための回収率目標の設定、消費者の担うべき役割と消費者に対する効果的な普及啓発の実施、リサイクル料金の透明化および低減化、小売業者に引取義務が課せられない特定家庭用機器廃棄物の回収体制の構築等による排出利便性の向上、適正なリユースの推進をあげている。②特定家庭用機器廃棄物の適正処理による具体的な施策として、不適正処理に対する取締りの徹底、不法投棄対策および離島対策の実施、小売業者の引渡義務違反に対する監督の徹底、廃棄物処分許可業者による処理状況等の透明性の向上、海外での環境汚染を防止するための水際対策の徹底である。③家電リサイクルの一層の高度化に向けた具体的な施策として、再商品化率の向上と質の高いリサイクルの推進、有害物質の対応をあげる。さらに④対象品目の見直し、⑤リサ

29）　前掲注28）報告書28頁。

30）　http://www.env.go.jp/recycle/kaden/comf/attach/rep.201410.pdf（2019年3月15日閲覧）。

イクル費用の回収方式の再検討が必要だとしている。

ウ　建設リサイクル推進計画2014[31)]

新たに取り組むべき重点施策として、①建設副産物物流モニタリング強化、②地域固有の課題解決の促進、③他の環境政策との統合的展開への理解促進、④工事前段階における発生抑制の検討促進、⑤現場分別・施設搬出の徹底による再資源化・縮減の促進、⑥建設工事における再生資材の利用促進、⑦建設発生土の有効利用・適正処理の促進強化をあげる。

エ　今後の食品リサイクル制度のあり方について（意見具申）[32)]

食品廃棄物等の発生抑制・再生利用を促進するための具体的対策として、①発生抑制の推進施策のあり方、②再生利用の促進施策のあり方、③地方自治体との連携を通じた取組みの推進、④学校給食等・家庭系食品廃棄物に係る取組み、⑤食に関する多様な政策目的への貢献をあげている。

オ　自動車リサイクル制度の施行状況の評価・検討に関する報告書[33)]

自動車リサイクル制度の「あるべき姿」の実現に向けた具体的取組みを次のように述べる。①自動車における3Rの推進・質の向上として、環境配慮設計・再生資源活用推進による解体・破砕段階でのリユース拡大・リサイクルの質の向上のため、環境配慮設計の推進とその活用、再生資源の需要と供給の拡大を、加えて2R（リデュース・リユース）の推進を主張している。リサイクルの質の向上のため、自動車リサイクル全体の最適化を通じたリサイクルの質の向上とリユース・リサイクルの推進・質の向上の進捗状況の把握・評価が重要だとしている。②より安定的・かつ効率的な自動車リサイクル制度への発展として、引取業等のあり方、不法投棄・不適正処理への対応の強化を、使用済自動車等の確実かつ適正な処理の推進のため、リサイクルの円滑化によるロバスト性の向上、解体自動車および3品目の確実かつ適正な再資源化などのための監督等の強化、廃発炎筒への対応の強化を掲げる。自動車リサイクル全体の社会的コストの低減のため、JARC（自動車リサイクル促進センター）の機能の一層の発揮と効率化、特預金の使途の検討、自動車製造業等による再資源化等の効率化、自動車製造業者等によるリサイクル料金の収支の考慮があげられている。③自

31)　http://www.mlit.go.jp/common/001053889.pdf（2019年3月15日閲覧）。
32)　http://www.env.go.jp/press/files/jp/25250.pdf（2019年3月15日閲覧）。
33)　https://www.env.go.jp/council/03recycle/y033-43/mat03_2.pdf（2019年3月15日閲覧）。

動車リサイクルの変化への対応と国際展開として、次世代車／素材の多様化への対応のため、次世代自動車のリユース・リサイクルに関する課題への対応、素材の多様化への対応を掲げつつ、自動車リサイクルの国際展開の重要性を強調している。

3　小型家電リサイクル法に係る諸施策

本法に係る国の報告書は出ていないが、次のような問題点が指摘されている。

本法は、拡大生産者責任を採用せず、自主性を重んじる促進型の制度[34)]であるゆえに、課題も多いとされている。したがって、第一に、ガイドライン等を含めて、かなりの努力が必要であることに加え、制度全体について、事業者等の自由を尊重する部分と、契約の継続性や「広域の」区域の設定のように制度が円滑に拡大していくために自由を制約する部分とのバランスが重要で、収集費用がかかる市町村に対する支援をどのように行うかについても、認定事業者と市町村の利害のバランスが肝要であるとされている[35)]。第二に、レアメタルの回収リサイクルが問題となる。回収抽出技術の開発が前提となるが、回収量と効率性の確保、さらに有害性情報の提示に見通しがついた段階で、回収リサイクルの仕組みについて検討すべきであり、自動車リサイクル法、家電リサイクル法等の個別リサイクル法を維持しつつレアメタル回収を考えるのか、それとも、個別リサイクルを横断するレアメタル回収法を考えるのかについても検討する必要が生ずるであろう[36)]とされている。

4　総括（展望）

ア　容器包装リサイクル法に対して

税金を投入するのはあまりにも不適切で[37)][38)]、この点がフリーライダー問

34）　大塚・前掲注5）319～320頁。
35）　大塚・前掲注5）325頁。
36）　大塚・前掲注5）325頁。

題をはじめ、本リサイクル法の根本問題であろう[39)]。

イ　家電リサイクル法に対して

ビジネスとはいうものの、リサイクルプラントに赤字が続くなど問題も多く、リサイクル費用に関する情報開示が遅れているのでメーカーになるべく多くの情報を開示させる仕組みが必要である[40)]と考える。

ウ　建設リサイクル法に対して

建設リサイクル法の特殊性として、最終処分場や総合リサイクルプラント建設において行政の役割が大きい面がある[41)]。優良事業者の育成と優良なリサイクルに荷が集まらないという問題の解決が必要である[42)]。建設リサイクル制度については、2020年の東京オリンピック・パラリンピックの開催が予定されていることから、他の個別リサイクル法において、より喫緊の施策が必要になるものと考える。

エ　食品リサイクル法に対して

食品リサイクルほど消費者の日常の食生活における態度に影響を受けるものはないといってよいであろう。具体的施策の取組みにあたっては、われわれ国民を巻き込む形での施策が望まれる[43)]。

オ　自動車リサイクル法に対して

リサイクルが景気の変動や天然資源相場の影響を大きく受け、国内リサイクルに悪影響が及ぶ可能性を排除することが肝要であろう[44) 45)]。

---

37)　細田衛士『資源循環型社会　制度設計と政策展望』（慶応義塾大学出版会、2008年）62頁。費用の負担の配分を適正にし、容器包装の製造・利用・消費から便益を受けている主体が処理費用を負担すべきと主張する。

38)　池田・前掲注23）86～121頁は、各主体間との連携を強調する。

39)　中井八千代「市民が求める容器包装リサイクル法のあり方」廃棄物資源循環学会誌25巻2号（2014年）105～108頁も同旨。なお、中井が副運営委員長を務める容器包装の3Rを進める全国ネットワークは、2014年3月17日、「容器包装リサイクル法改正市民案（第3次案）――EPR（拡大生産者責任）の原点に立った役割の見直しと新しい主体間連携」を発表している。詳しくは、http://www.citizens-i.org/gomi0/proposal/img/20140509shiminan-3.pdf（2019年3月15日閲覧）参照。

40)　細田・前掲注37）97頁。

41)　細田・前掲注37）158頁。

42)　細田・前掲注37）158～159頁。

43)　植田ほか・前掲注4）147頁。

44)　細田・前掲注37）123頁。

45)　ちなみに、細田・前掲注37）307～310頁は、レジームとアクターという概念を用いて、それらのダイナミックな関係の中から、東アジアを中心とした広域静脈・再生資源循環統治レジームの構築の可能性を主張する。

カ　小型家電リサイクル法に対して

3(3)のような問題点が指摘されていたが、他の個別リサイクル法のような報告書の形式ではなく、2018年6月に「使用済小型電子機器等の回収に係るガイドライン（Ver.1.2）」が環境省・経済産業省連名で策定されている[46)]。さらに、同年5月に環境省から「市町村における小型家電リサイクルの改善方策検討の手引き（Ver.1.0）」が出された[47)]。それぞれの内容の周知とその徹底が重要となろう。

46)　http://www.env.go.jp/recycle/recycling/raremetals/gaidorain30-06.pdf（2019年3月15日閲覧）
47)　http://www.env.go.jp/recycle/recycling/raremetals/tebiki.pdf（2019年3月15日閲覧）

4　リサイクルビジネスの展望

以上を踏まえ、今後のリサイクルビジネスの展望はどのようなものになるのであろうか[48)]。2000年に成立した循環型社会に向けての各個別リサイクル法における目的規定を尊重しつつ、各当事者すなわち、事業者、行政、国、消費者それぞれがそれぞれの責務規定を守っていくことが前提になる。この点、元神奈川県鎌倉市長の竹内謙の発言[49)]がいまなお重要であると思われる。やや長くなるが、引用したい。

すなわち、「(中略) 積極的にリサイクルを進めようとする製造業者、環境にやさしい行動を積極的にとる消費者、こういう人たちが最終的には利益を得るような、そういうシステムをどうしてもつくらなければいけないのではない[50)]でしょうか。リサイクルをシステムに乗せる人がちゃんと利益を受けるというシステムを、どうしても作らなければいけない。同時に適正にリサイクルを行わない人々にはペナルティを課していく。(中略) 製品を作る段階で、ごみとして処理をする、あるいはリサイクルとして処理をする費用まで含めた価格制度をつくる。決して消費者だけに負担させることではなしに、やはり製造者、販売業者も、応分の負担をして、利益からそういうものを出していく。最終処分までを考えた価格システムで、うまく経済的に動いていくことを考えなければいけないのではないかと思うのです。(中略) 循環型社会を作っていくこと

---

48)　もちろん、ここでは環境を守るべくリサイクルを徹底していくことがリサイクルビジネス発展につながることを前提にその展望を行うものである。したがって，わが国のリサイクルビジネス自体の将来展望をするものではない。ちなみに、わが国のリサイクルビジネスの将来展望につき、大規模化、低炭素化、グローバル化の3つのキーワードによって論じるものに、林孝昌「わが国のリサイクルビジネスの将来展望」廃棄物資源循環学会誌26巻6号（2015年）440頁以下が有益である。

49)　大塚直・大橋光雄・鈴木勇吉・竹内謙・星野信之・森島昭夫「〈座談会〉廃棄物とリサイクルが一体となった総合法制に向けて」ジュリスト1147号（1998年）51～52頁。

50)　池田・前掲注23）86～88頁は、循環型社会は、全員参加型で、環境と経済が両立しうる必要があり、正直者が馬鹿をみる制度になるような制度設計は避けるべきであって、各主体の環境意識を変えるかに注力し、自主的に環境問題に取り組むかが重要であるとする。それを前提として、排出事業者責任と拡大生産者責任のベストミックスを模索すべきであると指摘する（同117頁）。また、崎田裕子「連携・協働で実現する地域循環圏の展望と市民の役割」崎田裕子＝酒井伸一編『循環型社会をつくる　3R推進への展望と課題』(中央法規、2009年）124頁は、作り手、売り手としての事業者と、使い手の生活者、コーディネーターとしての行政の協働が重要であるとする。

は、一時は、大変、きついことであり、（中略）やはりここでそういう社会を作っていくのだという強い決意を持って、産業界も、政府も、法的な規制というようなことを考えていかなければならないのではないか[51]。（中略）誘導的な方策については、循環型社会を作っていくために消費者なり、あるいはメーカーなりが、適切な役割分担のもとで、市場原理に即した効率的なシステムを動かしていきやすい環境、条件づくりのための公共事業やリサイクルビジネスの育成と市場の拡大、そういうところに税金を注ぎ込んでいくべきではないかと思うのです」。

このように、竹内は20年前にリサイクルビジネスに係る関係当事者の役割論の観点から、リサイクル促進のための総合法制について提言しており、今日でも基本的には変わることのないきわめて重要な指摘であると考える[52]。そのうえで、筆者は事業者、行政、消費者の中で最もキーになるのは消費者の行動である[53]と思料する。事業者、行政の立場に帰属しているものも含めて誰もが例外なく消費者である。消費者としての態度が何よりも問われるのが、これからである[54]。

大量消費、大量生産から節約、省エネ指向を再認識し、足るを知ることが重要であり、現代人の過度な快適さの追求を見直し、さらなるライフスタイルの転換が必要であることは論を待たない。断捨離等がいわれるようになってきたが、これも一つの消費者としての意識の変化の萌芽とみることもできよう。今後、超高齢少子化社会にあっては、産業のパイ自体が漸次ダウンサイジングしていくのであって、今一度、本当の物質的豊かさ[55]とは何か消費者一人ひとりが考えていくべきように思われる。

51）　神下豊は、自治体の立場から、事業者と市民、消費者と行政との協働システムが重要であると指摘する（「リサイクル関係法の評価と課題」環境法政策学会編『リサイクル関係法の再構築』（2006年、商事法務）83～85頁）。

52）　さらに法学のレベルに止揚し、法律学における規範論の重要性を強調する視点から、小賀野晶一は環境配慮義務を提唱する（小賀野晶一「環境問題と環境配慮義務」環境法研究第40号（有斐閣、2015年）9～32頁、特に31頁）。リサイクルビジネスを展望する場合においても、きわめて重要な観点と思われる。

53）　北村・前掲注1）541頁。

54）　大平惇は、環境法政策学会・前掲注51）102頁において、 容器包装リサイクル法について、消費者の役割が少なすぎ、消費者への情報提供、啓発が重要であると指摘する。

55）　細田衛士『グッズとバッズの経済学　循環型社会の基本原理〔第2版〕』（東洋経済新報社、2012年）198頁以下は、環境経済学の観点から、豊かさとは何かとの根本を問うており、興味深い。

このようなわれわれ消費者一人ひとりの意識改革[56)]によって、明るいリサイクルの進んだ社会の実現は、決して困難ではない。つまるところ消費者にかかっているのである[57) 58)]。より快適な環境をわれわれの子孫に残すためにも筆者を含めて消費者のビヘイビィアは重い責任を負っている。30年続いた平成が終わり、新しい時代が始まる今こそ、われわれは、消費者としての日常の生活習慣（竹内の言葉を借りれば、「環境に優しい行動を積極的にとる消費者」[59)]であるかどうか）を振り返ってみる必要があるのではなかろうか。その営みがふえていくことにより、中から、リサイクルビジネスがさらに明るいものになることを切に期待しつつ、本稿を閉じることとしたい。

56）この点、前述した筆者の聞取り調査をした東京都武蔵野市では、2017年4月1日に新クリーンセンターをオープンさせた。塀もなく、市民誰もが自由に見学できるコースを設ける等、ごみの処理過程を見える化しており、市民の環境に対する意識の啓発をしていると評価することができ、先進的な取組みといえるだろう。消費者に対して物質的豊かさとは何かという根本を考える機会を与える起爆剤になるはずである。

57）たとえば、東京都杉並区の京王井の頭線浜田山駅からJR中央線阿佐ヶ谷駅までを運行するコミュニティバス通称「すぎ丸」は近隣の小学生の合唱を音声で流した後、スーパーのビニール袋のリサイクルの呼びかけを行い、消費者一人ひとりの生活ガバナンスに再考を促しているのは、その好例である。

58）植田ほか・前掲注4）300頁は、循環マインドの醸成につき、国民がグリーン・コンシューマーとして、リサイクルビジネスを支援する動きが不可欠であるとしつつ、家庭や地域さらには小中学校からの環境教育が重要であると指摘する。

59）大塚ほか・前掲注49）51頁の竹内発言。

第3編　実例

コラム　リサイクルビジネスの役割と可能性

1　リサイクルビジネスの概観

現代社会は、環境対策を重視する社会になったといえる。もちろん、ビジネスの世界においても同様である。その中でも、リサイクルビジネスについては、注目されている分野といってもよいであろう。

不要物から有価物になるリサイクルを手がけるのが、リサイクルビジネスといえる。わが国において、高度成長期では、不要物は排出物とされていたことを鑑みると隔世の感がある。不要物を排出物とする時代は、経済発展において、まだ未成熟な段階ともいえるであろう。このような現象は、現在、発展の目覚ましい諸国においても、同様の現象が起きていることからも認定できる。言い換えれば、リサイクルビジネスが発展する段階は、経済の成長過程において、成熟期に入ったといえるだろう。

2　リサイクルビジネスに求められる役割・機能

リサイクルの対象物は、食品、家庭用電化製品、プラスチック、建設資材など多岐にわたる。そもそも、現代社会においては、これらの廃棄物は製造過程や利用過程において、排出が少なくなっている。製作上でも排出されない、排出されても再生できる、という状態に発展してきているのである。そうなると、排出量が少なくなり、事業としては厳しくなるといえる。再生機能が乏しい時代とは違う役割・機能がリサイクルビジネスに求められるだろう。たとえば、食品を肥料としてリサイクルするのではなく、ガス化して発電をするというような対応が求められる。それには、一定の設備投資も必要になるであろう。専門性を発揮するとともに、管理能力も問われることになる。いうなれば、薄く広く対応していた時代から、濃く狭く対応する時代に変化しているといえる。

廃棄物処理法で違法になれば、許可が取れなくなる。大変厳しい処分となる。資本力の乏しい中小零細企業においては、適法な処理をせずに不法投棄をするなどの問題が指摘される。この点を解消するにも、リサイクルの視点が欠かせない。廃棄物ではなく、副産物を利用して生産するという視点も有用であろう。たとえば、鉄屑などのスクラップを加工して鉄筋にするなどである。

3　リサイクルビジネスのこれから

リサイクルの範囲は広大であり発展しているが、食品のリサイクルが最も発展が遅いと感ずる。その理由の一つとしては、廃棄物の割合が高いことがあげられる。種類が多く、リサイクルしづらい。たとえば、かつては食品のリサイクルとして養豚のための餌としていたが、最先端の処理でなければ、現在それは受け付けられない。なぜなら、衛生管理の観点から、ウイルスや菌の問題が発生するからである。したがって、農家の肥料として利用することも差し控えなければならない。すなわち、食の安全を第一にする時代になったのである。そのような視点から、廃棄された食品を発酵させてガスとし、発電させるリサイクルが主流となる。

食品は、広く存在しているため、集めるのが大変である。かつて役所で処理していたものを民間委託しているが、民間が設備投資をしても、落札が続かなければ、企業経営は厳しくなってしまうという問題が指摘される。

また、リサイクルビジネスに参入している企業の現場では、人手の確保に困っている。ロボット化して対応するなど、自働化することが対応策となるであろう。

4　グッズとバッズ

リサイクルビジネスを経済学でいう「グッズ」と「バッズ」を用いて理解することができる。

「グッズ」とは、価格がつくものをいう。価格がつくものとは、希少性があり、皆が有益だと感じ、消費したい、所有したいと思うものである。すなわち、

「グッズ」については、節約することがコスト削減につながる。
それに対し、「バッズ」とは、「お金を払ってでも、持って行ってもらいたい」と思うものである。すなわち、目の前にあると厄介なもの、無益であるばかりか有害なものである。これらは、廃棄のための費用がかかることから、価格がつくといえる。まさに廃棄物が、この例である。したがって、「バッズ」を発生させないことがコスト削減につながり、環境対策となる。特に、「バッズ」の除去価格が高騰すれば、発生抑制のインセンティブは高まる。

5　付加価値最大化のための施策

このように考えてみると、「グッズ」の投入を最小化し、「バッズ」の発生を抑制することが、企業活動において付加価値を最大化するために検討しなければならない課題となる。
「グッズ」の投入を最小化することは、歴史的にみても、そのノウハウは確立されており、またその試みは数字としてわかりやすく把握できるといえる。それに対し、「バッズ」の発生は、歴史的に浅く、廃棄物を価値あるものに変化させることが、その対策となる。これは、まさにリサイクルビジネスであり、今後の企業経営、なかんずく環境経営においての活路になると考えられる。

6　リサイクルビジネスへの期待

現代の大企業は、事業の多角化とグローバル化により、多様な製品・サービスを取り扱っている。これにより、本業や地域で、一体感や求心力を醸成できなくなっているともいえる。これを解決する策が、「環境問題への取組み」と考える。なぜなら、どんな事業に携わっていても、様々な施策があるにしても、ゴールは共通となるからである。
また、わが国においては、循環型社会を目指している。すなわち、天然資源の消費の抑制を図り、もって環境負荷の低減を図る社会である。天然資源の消費の抑制を図ることは、低炭素社会の実現にもつながる。
政府としても、環境と経済が両立する循環型社会を形成するための政策として、3R（リデュース・リユース・リサイクル）政策を推進している。このような状況下において、リサイクルビジネスへの期待は大きいといえる。

<参考文献>

・環境省編『環境白書／循環型社会白書／生物多様性白書（平成29年版）』（日経印刷、2017年）
・足達英一郎『環境経営入門』（日本経済新聞出版社、2009年）
・林孝昌『リサイクルビジネス講座』（環境新聞社、2012年）

〔常住 豊〕

実務リサイクルの基礎

1　容器包装リサイクル法

(1)　基本的な考え方

一般廃棄物のうち容量で約6割、重量で約2割を占める容器包装廃棄物について、従来は市町村だけが処理責任を負っていたところ、本法は、消費者が分別して排出し、市町村が分別収集し、事業者が再商品化するという三者の役割分担を決め、三者が一体となって容器包装廃棄物の削減に取り組むことを義務付けた。これにより、廃棄物を減らせば経済的なメリットが生じ、逆に廃棄物を増やせば経済的なデメリットが生じることになる。

(2)　枠組み

ア　消費者の役割（分別排出）

市町村が定める分別基準に従って容器包装廃棄物を分別排出することが求められている（容器リサイクル10条3項）。

また、マイバッグを持参してレジ袋をもらわないようにしたり、リターナブル容器を積極的に使うなどして、容器包装廃棄物の排出を抑制すること等が求められている（容器リサイクル4条）。

イ　市町村の役割（分別収集）

家庭から排出される容器包装廃棄物を分別収集し、リサイクルを行う事業者に引き渡す。また、容器包装廃棄物の分別収集に関する5か年計画（容器リサイクル8条）に基づき、地域における容器包装廃棄物の分別収集・分別排出の徹底を進めるほか、事業者・市民との連携により、地域における容器包装廃棄物の排出抑制の促進を担う。

ウ　事業者の役割（リサイクル）

事業者は、その事業において用いた、または製造・輸入した量の容器包装について、リサイクルを行う義務を負う。実際には、容器包装リサイクル法に基づく指定法人にリサイクルを委託し、その費用を負担することによって義務を果たしている。

また、市町村の分別収集によって得られた容器包装廃棄物を使用したもの、あるいはこれを用いた製品等を製造および使用することで、容器包装廃棄物の分別収集や分別基準適合物の再商品化を促進しなければならない（容器リサイクル4条）。

2　家電リサイクル法

(1)　基本的な考え方

これまで、使用済みの廃家電製品は、その多くがそのまま埋め立てられていたが、環境汚染が懸念されていたほか、廃棄物最終処分場の残余容量が逼迫してきた。一方で、廃家電製品には、鉄・アルミ・ガラスなどの有用な資源が多く含まれていることから、リサイクルが必要となってきた。

そこで、廃棄物の減量と再生資源の十分な利用等を通じて廃棄物の適正な処理と資源の有効な利用を図り、循環型社会を実現していくため、使用済み廃家電製品の製造業者等および小売業者に新たに義務を課すことを基本とする新しい再商品化の仕組みを定めた本法が制定された。

(2)　枠組み

家電リサイクル法施行令1条により対象として指定されている特定家庭用機

器（家庭用エアコン、テレビ、電気冷蔵庫・電気冷凍庫、電気洗濯機・衣類乾燥機）の回収促進のため、消費者、小売業者、製造業者および国の各主体に対し、それぞれ義務を課している。

ア　消費者

特定家庭用機器をなるべく長期間使用して排出を抑制するよう努め、これらを廃棄物として排出する際には、再商品化等が確実に実施されるよう小売業者等に適切に引き渡し、廃棄する際に収集運搬料金とリサイクル料金を支払わなければならない（家電リサイクル6条）。

イ　小売業者

自らが過去に販売した特定家庭用機器廃棄物の引取りを求められた場合あるいは小売販売に際して同種の特定家庭用機器廃棄物の引取りを求められた場合には、正当な理由がある場合を除き、これを引き取ったうえ（家電リサイクル9条）、自ら中古品として再利用する場合等を除き、製造業者等に対し引き渡さなければならない（家電リサイクル10条）。

ウ　製造業者

自らが過去に製造・輸入した特定家庭用機器廃棄物について引取りを求められたとき（製造業者等の設置する指定引取場所に持ち込まれた場合）は、正当な理由がある場合を除き、引き取ったうえ（家電リサイクル17条）、再商品化等（リサイクル）を実施するよう義務付けられている（家電リサイクル18条）。ここでいう再商品化等とは、再商品化と熱回収を指し、特定家庭用機器廃棄物を市場において自律的に取り引きされる状態にまですることを指す（家電リサイクル2条）。

また、再商品化等を図るために、製造業者等に対し、機器の耐久性の向上や故障時の修理体制の充実、再商品化等に要する費用の低減等が求められている（家電リサイクル4条）。

エ　国

収集運搬および再商品化等に関する研究開発の促進とその普及を図り、リサイクルに関する必要な情報を提供するとともに（家電リサイクル7条）、不当な請求をしている事業者等に対する是正勧告命令・罰則の措置を定めている（家電リサイクル58条以下）。

加えて、特定家庭用機器廃棄物が小売業者から製造業者等に適切に引き渡されることを確保するために管理票（マニフェスト）制度が設けられており（家電リサイクル43条以下）、これによりリサイクルが確実に行われているかどうかを消費者からも確認することができるシステムとなっている。もし製造業者に特定家庭用機器廃棄物が引き渡されていなかった場合、消費者から小売業者に対し、すでに支払った料金の返還請求権が発生することとなる。

また、2015年3月に、家電リサイクル法の基本方針に廃家電の回収率目標が選定された。その目標を達成するため、2016年3月に、各主体における回収率向上のための連携した具体的な取組みと取組目標およびその評価について定めた「特定家庭用機器廃棄物回収率目標達成アクションプラン」が策定されている。

3　建設リサイクル法

(1)　基本的な考え方

近年、建設工事に伴って廃棄されるコンクリート塊などの建設廃棄物は、全産業廃棄物の排出量の約2割を占め（2001年度）、最終処分場の約4割を占めているほか、不法投棄量の約6割を占めている（2002年度）。

本法は、資源の有効な利用を確保する観点から、建設廃棄物について再資源化を行い、再利用していくため、特定建設資材（コンクリート、アスファルト・コンクリート、木材）を用いた建築物等に係る解体工事またはその施工に特定建設資材を使用する新築工事等であって一定規模以上の建設工事（対象建設工事）について、その受注者等に対し、分別解体等および再資源化等を行うことを義務付けている。

(2) 枠組み

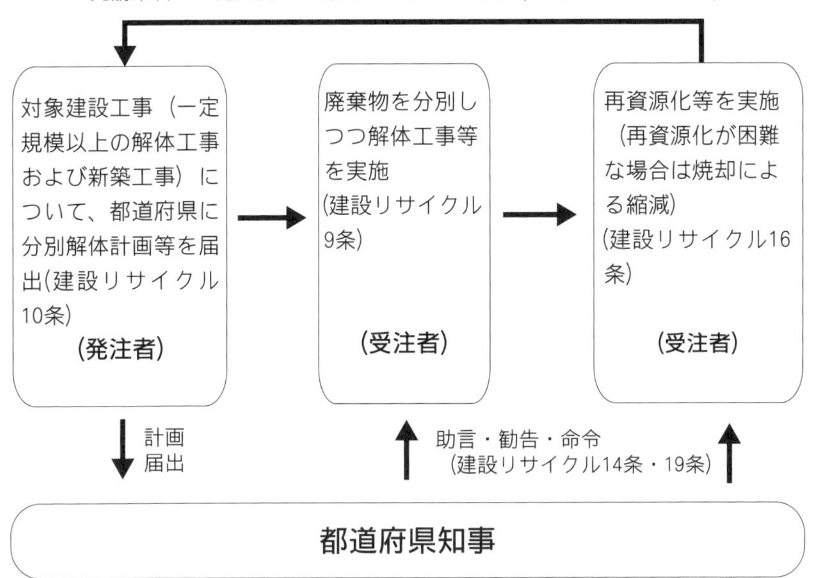

4　食品リサイクル法

(1) 基本的な考え方

食品の売れ残りや食べ残しにより、または食品の製造過程において大量に発生している食品廃棄物について、発生抑制と減量化により最終的に処分される量を減少させるとともに、飼料や肥料等の原材料として再生利用するため、食品関連事業者（製造、流通、外食等）による食品循環資源の再生利用等を促進することを目的としている（食品リサイクル1条)。

(2) 枠組み

まず、製造、流通、消費の各段階で食品廃棄物等そのものの発生を抑制する。次に、再資源化できるものについては、飼料や肥料への再生利用を行う。再生利用が困難な場合に限り熱回収を行うが、再生利用や熱回収も困難な場合には脱水・乾燥などで減量して適正に処理がしやすいようにする。

❶　**発生の抑制**

ⓐ　目標の策定：主務大臣が策定する基本方針において、再生利用等を実施すべき量に関する目標を、業種別（食品製造業、食品小売業、食品卸売業、外食産業）に定める（食品リサイクル3条）。

ⓑ　食品廃棄物等多量発生事業者の定期報告義務　食品廃棄物等の前年度の発生量が100トン以上の食品関連事業者を食品廃棄物等多量発生事業者といい、食品廃棄物等多量発生事業者は、毎年度、主務大臣に、食品廃棄物等の発生量や食品循環資源の再生利用等の状況を報告することが義務付けられる（食品リサイクル9条）。

❷　**再生利用等の実施——再生利用を促進するための措置（廃棄物処理法等の特例）**

ⓐ　再生利用事業者の登録制度：食品循環資源の肥飼料化等を行う事業者についての登録制度を設けた（食品リサイクル11条）。この場合、廃棄物処理法の特例（運搬先の許可不要等）および肥料取締法・飼料安全法の特例（製造・販売届出不要）が適用される（食品リサイクル21条1項・22条1項）。

ⓑ　再生利用事業計画の認定制度：食品関連事業者が、肥飼料等製造業者および農林漁業者等と共同して、食品関連事業者による農畜水産物等の利用の確保までを含む再生利用計画を作成、認定を受ける仕組みを設けた（食品リサイクル19条）。認定を受けた場合、認定計画に従って行う食品循環資源の収集運搬については、廃棄物処理法に基づく一般廃棄物収集運搬業の許可が不要となる（食品リサイクル21条2項）。

ⓒ　再生利用等実施率目標設定：食品関連事業者は、毎年、その年度の再生利用等実施率が、食品関連事業者ごとに設定されたその年度の基準実施率を上回ることを求められる。

❸　**熱回収——再生利用が困難な場合に限り熱回収をする。**

❹　**減量——脱水や乾燥などにより減量をする。**

5　自動車リサイクル法

(1)　基本的な考え方

従来は、使用済自動車に含まれる金属は価値の高いものとされ、解体業者や破砕業者が使用済自動車を売買し、リサイクル・処理を行ってきた。

ところが、使用済自動車から生じるシュレッダーダスト等を低減する必要が高まり、また、最終処分費が高騰するようになって、不法投棄や不適正処理の懸念が生じるようになった。

そのため、自動車製造業者（メーカー）を含む関係者に適切な役割分担を義務付けることにより使用済自動車のリサイクル・適正処理を図るため、2002年に自動車リサイクル法が制定された。

(2) 枠組み

自動車のリサイクルに携わる関係者（自動車所有者、引取業者、フロン類回収業者、解体業者、自動車製造業者）に対し、それぞれ役割を課すことによって、使用済自動車の積極的なリサイクル・適正処理を図ることとしている。

また、リサイクルに要する費用に関し、フロン類の回収や、エアバッグ・シュレッダーダストのリサイクルに要する費用については、新車購入時に自動車所有者が負担することとしている。

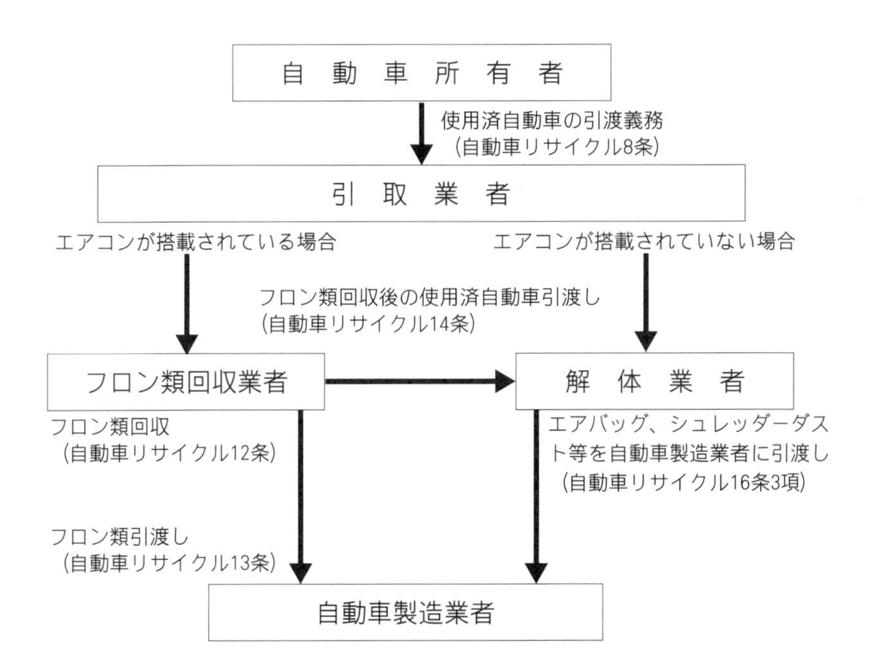

6　小型家電リサイクル法

(1)　基本的な考え方

使用済小型電子機器等に含まれているアルミや貴金属、レアメタルなどの有用金属を活用するため、各関係者に対し役割を分担することで再資源化への積極的な参加を促し、また、認定事業者制度等を設けることで、使用済小型電子機器等の広域的・効率的な回収を促進することを目的としている。

(2)　枠組み（再資源化を促進するための措置）

ア　認定事業者制度

再資源化のための事業を行おうとする者は、再資源化事業の実施に関する計画を作成し、主務大臣の認定を受けることができる（小型家電リサイクル10条）。

再資源化事業計画の認定を受けた者またはその委託を受けた者が使用済小型電子機器等の再資源化に必要な行為を行うときは、市町村長等の廃棄物処理業の許可が不要となる（小型家電リサイクル13条）。

イ　再資源化に関する流れ

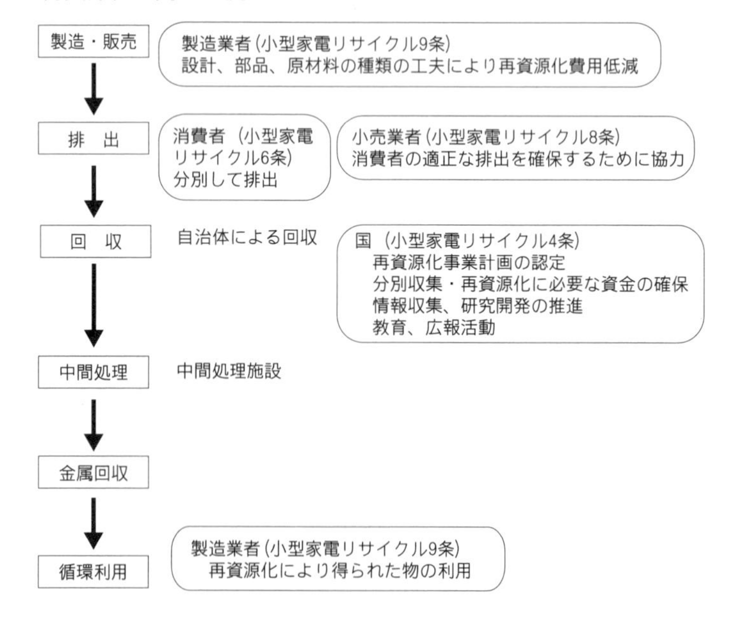

＜参考資料＞

・環境省ホームページ
・石川禎昭編著『循環型社会づくりの関係法令早わかり』(オーム社、2002年)
・食品産業容器包装リサイクル法研究会編著『食品産業のための容器包装リサイクル法〔改訂3版〕』(大成出版社、2000年)
・建設リサイクル法研究会編著『建設リサイクル法の解説〔改訂3版〕』(大成出版社、2012年)
・経済産業省商務情報政策局情報通信機器課編『家電リサイクル法（特定家庭用機器再商品化法）の解説』(財団法人経済産業調査会、2010年)

自動車リサイクル事業者

――登録・許可申請の留意点

1　自動車リサイクル法制定の概要

(1)　自動車リサイクル法の制定の背景

使用済自動車の再資源化等に関する法律（自動車リサイクル法）は、循環型社会を目指して2000年に制定された循環型社会形成推進基本法の一つとして、2002年7月12日に制定され、2005年1月1日から完全施行されている。

法制定以前には、年間約400万台（輸出を含めると約500万台）もの自動車が使用済自動車として日本国内で処分されていた。

使用済自動車については資源としての価値が高く、法施行以前から解体業者や破砕業者による売買が行われ、リサイクル処理が行われてきた。

ただ、有価金属を取り除いた後に残った内装材料を中心とした、シュレッダーダストの埋立てを行う処分場の逼迫、爆発性のあるエアバッグ、オゾン層破壊の原因となるエアコンのフロン類についての処理が困難な状況となり、処理費の負担増を原因とした不法投棄や不正処理が行われるようになった。

そのため、自動車製造業者を中心とした関係者に役割分担（処理にかかる費用負担等）を義務付け、使用済自動車のリサイクル・適正処理を図るための自動車リサイクル法を制定、施行することとなった。

(2) 自動車製造業者等の義務と事業者の登録・許可制

自動車製造業者等（輸出業者を含む）は、「拡大生産者責任」の考えに基づき、自らが製造・輸入してきた自動車が使用済となった場合には、シュレッダーダストやエアバッグ類、フロン類を引き取ってリサイクル（フロン類については破壊）を行う義務を負う。

それに加え、自動車リサイクル関連の事業者はすべて都道府県知事等の登録・許可制となり、役割分担の下、使用済自動車等の引取り、引渡義務や一定の行為義務を負うこととなった。

(3) 自動車リサイクル法の対象車

自動車リサイクル法の対象となる自動車は、次に掲げるものを除くすべての自動車（トラック・バスなどの大型車や、ナンバープレートの付いていない構内車も含む）となる。

①対象外となる自動車

・被けん引車（トレーラー）

・二輪車（原動機付自転車、側車付のものを含む）

・大型特殊自動車、小型特殊自動車（フォークリフト、ブルドーザー、農耕トラクター等）

・その他政省令で定めるもの（農業機械、林業機械、公道を走らないレース用自動車および自動車製造業者等の試験・研究用途車、スノーモービル、自衛隊の装甲車、ホイール式高所作業車、無人運送車）

対象となる自動車であっても、保冷貨物自動車の冷蔵装置などを取り外して再度使用する装置（架装部分）については、破砕業者で処理されることが少なく、かつ載替えや別用途での利用などにより再利用される場合も多いという理由から、対象外となっている[1)]。

---

1)　これらの架装物がキャブ付き部分と一緒に解体される場合には、架装部分は自動車リサイクル法の外での対応ということになり、自動車リサイクル法の登録・許可業者には法律上の取引義務はなく、シュレッダーダスト分のリサイクル料金の対象とはならない。この場合、廃棄物処理法上の業の許可やマニフェスト制度等に従って処理されなければならないことに留意が必要となる。

②対象外となる架装物

・保冷貨物自動車の冷蔵用装置その他のバン型の積載装置（使用例：倉庫、保存庫、事務所等）
・コンクリートミキサーその他のタンク型の積載装置
・土砂等の運搬用自動車の荷台その他の囲いを有する積載装置（使用例：パレット等）
・トラッククレーンその他の特殊の用途にのみ用いられる自動車に装備される特別な装置

(4)　使用済自動車のリサイクル用途

自動車リサイクル法では、「使用済自動車に係る廃棄物の減量並びに再生資源及び再生部品の十分な利用等を通じて、使用済自動車に係る廃棄物の適正な処理及び資源の有効な利用の確保等を図り、もって生活環境の保全及び国民経済の健全な発展に寄与することを目的とする。」（1条）としている。

そこで、自動車リサイクルにおいて使用済自動車の部品等がどのように利用されているのかを下記に例示する。

部品等	素材	用途
エンジン	鉄・アルミ	一般鉄製品・アルミ製品
冷却液	アルコール	ボイラー焼却炉の助燃油
ワイヤーハーネス	銅	銅製品等
バッテリー	鉛	バッテリー
エンジンオイル	オイル	ボイラー焼却炉の助燃油
ラジエター	銅・アルミ	真ちゅう・アルミ製品
ボンネット	鉄	自動車部品・一般鉄製品
フロントバンパー	樹脂	バンパー・内外装部品・工具箱等
ボディ	鉄	自動車部品
ドア	鉄	自動車部品・一般鉄製品
シート	発泡ウレタン・繊維	自動車の防音材
ウインドウ	ガラス	グラスウール等
サスペンション	鉄・アルミ	自動車部品・一般鉄製品
トランク	鉄	自動車部品・一般鉄製品
リヤバンパー	樹脂	バンパー・内外装部品・工具箱等
トランスミッション	鉄・アルミ	一般鉄製品・アルミ部品
ギヤオイル	オイル	ボイラー焼却炉の助燃油

触媒コンバーター	貴金属	触媒コンバーター
タイヤ	ゴム	セメント原燃料等
ホイール	鉄・アルミ	自動車部品・一般鉄製品・アルミ部品

2　自動車リサイクル法の登録と許可

(1)　自動車リサイクル法関係者における役割の明確化

自動車リサイクル法では、ごみの減量、資源の再利用等の資源循環型社会を構築するために、自動車メーカー・輸入業者、自動車所有者、引取業者、フロン類回収業者、解体業者、破砕業者等の関係者に社会的責任と、適切な役割を義務付けている。

自動車メーカー・輸入業者　自らが製造または輸入した自動車が使用済となった場合は、その自動車から発生するシュレッダーダスト、エアバッグ類、フロン類の引取りおよびリサイクル等を行う。

自動車所有者（最終所有者）　リサイクル料金の支払いおよび自治体に登録された引取業者への使用済自動車の引渡し。

引取業者（登録制）　最終所有者から使用済自動車を引き取り、フロン類回収業者または解体業者に使用済自動車を引き渡す。

フロン類回収業者（登録制）　引取業者から使用済自動車を引き取り、フロン類を適正に回収し、自動車メーカーや輸入業者に引き渡す。

解体業者（許可制）　引取業者またはフロン類回収業者から使用済自動車を引き取り、再資源化基準に従って適正に解体、エアバッグ類を回収し自動車メーカーや輸入業者に引き渡す。

(2)　廃棄物処理法との関係

使用済自動車、解体自動車、シュレッダーダスト、エアバッグ類は、自動車リサイクル法の規定により、その金銭的価値の有無に関わらず、すべて廃棄物処理法上の廃棄物として扱われることとなる。

ただし例外として、取り外した部品等や電炉会社等に引き渡される解体自動車（廃車ガラ）について、有価での引渡しであれば、原則として廃棄物にはあたらない。

①廃棄物処理法業の許可不要

自動車リサイクル法の登録・許可業者にあっては、自らが行う取引または引渡しに係る使用済自動車等の運搬・処理については、廃棄物処理法の業の許可は不要である。

また、事業所所在地の都道府県知事等の登録・許可を受けていれば他の都道府県でも収集運搬が可能である。ただし運搬・処理にあたっては、廃棄物処理法に基づく廃棄物処理基準に従う必要がある。

引取業者　自動車の最終所有者から使用済自動車を引き取り、または次の工程のフロン類回収業者や解体業者に使用済自動車を引き渡す場合、自らが行う運搬に係る一般廃棄物または産業廃棄物の収集運搬業の許可は不要となる。

フロン類回収業者　引取業者から使用済自動車を引き取り、または次の工程の解体業者に使用済自動車を引き渡す場合、自らが行う運搬に係る一般廃棄物または産業廃棄物の収集運搬の許可は不要となる。

解体業者　引取業者やフロン類回収業者から使用済自動車を引き取り、または他の解体業者や破砕業者に使用済自動車等を引き渡す場合、自らが行う一般廃棄物または産業廃棄物の収集運搬業の許可は不要となり、自ら回収したエアバッグ類を自動車製造業者等に引き渡す際の運搬を行う場合も同様に、許可は不要である。

また、使用済自動車または解体自動車の処分を行う場合も、一般廃棄物または産業廃棄物の処分業の許可は不要である。

破砕業者　解体業者や破砕前処理を行う破砕業者から解体自動車を引き取り、または他の破砕業者に解体自動車を引き渡し、もしくは自動車製造業者等に自動車破砕残渣を引き渡す際の運搬について、産業廃棄物収集運搬業の許可は不要である。

また、解体自動車の破砕前処理または破砕処理を行う場合の産業廃棄物処分業許可も不要である。

②電子マニフェスト制度

登録・許可業者は、次の工程となる登録・許可業者に使用済自動車等を引き渡す義務があるが、廃棄物処理法に基づく委託契約書の締結義務はない（自主的な委託契約書の締結は可能)。

また、使用済自動車等の引取り、引渡しについては、自動車リサイクル法上の電子マニフェスト制度が適用されるため、廃棄物処理法上の産業廃棄物マニフェストや従来使用されていた使用済自動車用マニフェストは不要となる。

ただし、次工程への使用済自動車等の運搬を他社に委託して行う場合は、廃棄物処理法の収集運搬業の許可(産業廃棄物あるいは一般廃棄物のどちらの許可でも可)を取得している事業者に委託することが必要である(産業廃棄物であれば、廃棄物処理法上のマニフェストは不要だが、廃棄物処理法に基づく委託契約書は必要となる)。

また、自動車リサイクル法の登録・許可業者であっても、使用済自動車等以外の廃棄物を扱う場合は当然廃棄物処理法の業の許可が必要となる。

・自らの引渡しに係る使用済自動車等の運搬を第三者に委託して行う場合、その運搬を行うものは、一般廃棄物または産業廃棄物の収集運搬業の許可を受けている事業者に委託しなければならない。

・廃棄物処理法上のマニフェストについては、電子マニフェストに委託の相手方を入力することにより交付が不要となるが、委託契約書の締結は必要となる。

・使用済自動車等の解体により発生した廃油等の廃棄物の運搬または処分を第三者に委託する場合も、当然廃棄物処理法の許可業者に委託しなければならない。

(3)　自動車リサイクル法とフロン排出抑制法との関係

従来のフロン回収破壊法(フロン排出抑制法に改正。カーエアコン部分)については、その枠組みが原則そのまま自動車リサイクル法に引き継がれ、使用済自動車全体として一般的に扱われることとなった。

フロン排出抑制法登録である第二種特定製品引取業者、第二種フロン類回収業者は、それぞれ、自動車リサイクル法の引取業者、フロン類回収業者の地位(要標識掲示義務)に自動的に移行した。

登録業者の行為義務等についても原則フロン排出抑制法の仕組みを引き継ぐこととなったが、フロン券による費用徴収方法は自動車リサイクル法による費用徴収方法に一本化され(フロン券制度は廃止)、フロン類管理書についても廃止され、自動車リサイクル法上の電子マニフェスト制度に一本化された。

(4) 自動車リサイクルシステムへの事業者登録

使用済自動車を扱う場合は、都道府県知事等への登録・許可のほかに、財団法人自動車リサイクル促進センターの運営する自動車リサイクルシステムへの事業者登録が必要となる[2)]。

自動車リサイクル法では、使用済自動車の引取り・引渡しを行った際には、3日以内にインターネットにより同システムへの報告（電子マニフェストによる移動報告）等が義務付けられており、同システムへの事業登録を行っていない事業者は使用済自動車を取り扱うことができなくなるため、必ず同システムへの手続をしなければならない。

3 自動車リサイクル法の「登録」と「許可」手続

自動車リサイクル法において、使用済自動車や廃車ガラを取り扱う事業者は都道府県知事等の「登録」または「許可」の取得が必要となる。

具体的には、

(1)引取業／使用済自動車の引取りを行う場合（登録）

(2)フロン類回収業／使用済自動車からフロン回収を行う場合（登録）

(3)解体業／使用済自動車の解体や部品取りを行う場合（許可）

(4)破砕業／解体自動車（廃車ガラ）の圧縮や破砕を行う場合（許可）

等である。

自動車リサイクルに係る事業を新たに開始する場合、これらの業の登録・許可を取得する。有効許可期限は5年で、許可取得後5年経過し、引き続き業を行う場合は、登録・許可の更新を行う。また、事業に係る変更が生じた場合は内容に応じた変更届が必要となる。

---

2) 自動車リサイクルシステムに登録している事業者は、都道府県知事に更新登録・許可、変更届および廃業届を行った場合においても、財団法人自動車促進センターが運営する「自動車リサイクルシステム」への手続が必要となる。自動車リサイクルシステム事業者情報センター（TEL：050-37868822）。なおシステム詳細については、自動車リサイクルシステムホームページ（http://www.jars.gr.jp）参照。

(1) 引取業（リサイクルルートに乗せる入り口の役割）：登録

新車・中古車販売業者、整備業者、直接引取りを行う解体業者等が引取業者にあたる。

自動車所有者から使用済自動車を引き取りフロン類回収業者または解体業者に引き渡す業務という。

①登録制

引取業を行う事業所所在地を管轄する都道府県知事または保健所設置市の市長の登録制。使用済自動車を業として引き取るには、事業者ごと自治体ごとに登録を受けなければならない。5年ごとの更新制。

②登録要件

エアコンにフロン類が含まれているか否かを確認する体制等が必要となり、フロン排出抑制法または廃棄物処理法上の違反による罰金刑や登録取消後2年を経過していないこと等の欠格要件に該当しないことが必要。

③行為義務

- 引取りの際にはリサイクル料金の払込確認が必要。
- 自動車所有者から使用済自動車の引取依頼を受けた場合は、正当な理由がある場合を除き、使用済自動車を引き取る。
- 引取りを行った際は、自動車の所有者に引取りの書面を交付する。
- フロンが充塡されたカーエアコン搭載の有無を確認し、搭載されている場合はフロン類回収業者へ、搭載されていない場合は解体業者へ引き渡す。
- 電子マニフェスト制度を利用して、情報管理センターに引取・引渡報告を行う。
- 使用済自動車の運搬にあたっては、廃棄物処理法の業の許可は不要だが、廃棄物処理基準に従わなければならない。
- 事業所ごとに、事業者名等の事項を記載した標識[3]を掲げる必要あり。

---

3)　標識は縦・横各20㎝以上の大きさで、引取業者であること、氏名または名称および登録番号を記載しなければならない。実務上は、引取業者やフロン類回収事業者の標識と兼ねて一つの標識とすることや、複数の登録番号、許可番号を一つにまとめた標識としてもよく、A4版以上の大きさであれば、都道府県知事等からの許可証自体を公衆の見やすい場所に掲示することでも可。標識の記載事項は、事業者名、引取業者登録番号、フロン類回収業者登録番号、回収するフロン類の種類、解体業許可番号、破砕業許可番号、事業の範囲である。

④引取業者登録申請および添付資料[4)]

登録申請に際し、該当する都道府県等の申請窓口に事前予約の必要の有無を確認し、必要な場合は申請予約日時を確定する。

申請書の記載事項についての訂正や補正がある場合は、申請時に受理されない場合もあるため、申請書の記載内容について疑問のある場合は、事前に確認したうえで申請に臨むこと。

申請書に添付する官公署で発行する証明書等は発行から3か月以内のものとする。

■引取業者登録申請書（次頁）の記入要領

Ⓐ申請書の表題

・新規申請の場合は「登録の更新」を、更新申請の場合は「登録」を二本線で消す。

・登録番号、登録年月日は更新申請の場合に記入（取引業者登録通知書等の記載を転記）。

Ⓑ申請者欄

・個人の場合は、住所、氏名を記載し登録印（実印）を押印。

・法人の場合は、登記事項証明書にある本店の所在地、名称、代表者の職名および氏名を記載し、代表者の登録印（実印）を押印。

Ⓒ役員の記載欄

・法人の場合に記載。役員数が多く、本欄に記載しきれない場合は別紙に記載。

Ⓓ法定代理人欄

・申請者が未成年の場合のみ記載が必要。

Ⓔ事業所記載欄

実際に取引業務を行う事業所について記載。

・名称については、個人の場合は、個人名または通称名。法人の場合は、法人名と営業所名

・所在地については、実際に取引業務を行う事業所の住所を記載。

・電話番号は原則「固定電話」の番号を記入。

---

4)　以上の各欄における添付書類、手数料、通知書の受取り等については東京都の扱いをもとにしている。申請地の都道府県等により異なる場合があるため、申請時には申請する都道府県に確認のこと。

様式第一（第四十六条関係）

Ⓐ 引取業者 登録 / 登録の更新 申請書

※登録番号	
※登録年月日	

平成　　年　　月　　日

東京都知事殿

Ⓑ （郵便番号）
住　所

氏　名　　　　　　　　　　　　　　　　印
（法人にあっては、名称及び代表者の氏名）
電話番号
ＦＡＸ

使用済自動車の再資源化等に関する法律第43条第1項の規定により、必要な書類を添えて引取業者の登録（登録の更新）を申請します。

Ⓒ 役員の氏名（業務を執行する社員、取締役、執行役又はこれらに準ずる者。法人である場合に記入すること。）

（ふりがな） 氏　名	役職名

Ⓓ 法定代理人の氏名及び住所（未成年者であり、かつ、その法廷代理人が個人である場合に記入すること。）

（ふりがな） 氏　名	
住　所	（郵便番号） 電話番号

法定代理人の名称及び住所並びにその代表者の氏名（未成年者であり、かつ、その法廷代理人が法人である場合に記入すること。）

名　称	
（ふりがな） 代表者の氏名	
住　所	（郵便番号） 電話番号

法定代理人の役員の氏名（業務を執行する社員、取締役、執行役又はこれらに準ずる者。未成年者であり、かつ、その法廷代理人が法人である場合に記入すること。）

（ふりがな） 氏　名	役職名

Ⓔ 事業所の名称及び所在地

名　称	
所在地	（郵便番号） 電話番号

Ⓕ 使用済自動車に搭載されているエアコンディショナーに冷媒としてフロン類が含まれているかどうかを確認する体制

誓　約　書

平成　　年　　月　　日

東京都知事殿

申請者　住所

　　　　氏名　　　　　　　　　　　印

使用済自動車の再資源化等に関する法律に基づく引取業者の登録申請において、私は下記の条項各号に該当しない者であることを誓約します。

記

使用済自動車の再資源化等に関する法律（第４５条第１項各号）

1　成年被後見人若しくは被保佐人又は破産者で復権を得ないもの
2　この法律、フロン類法若しくは廃棄物の処理及び清掃に関する法律（昭和４５年法律第１３７号。以下「廃棄物処理法」という。）又はこれらの法律に基づく処分に違反して罰金以上の刑に処せられ、その執行を終わり、又は執行を受けることがなくなった日から２年を経過しない者
3　第５１条第１項の規定により登録を取り消され、その処分のあった日から２年を経過しない者
4　引取業者で法人であるものが第５１条第１項の規定により登録を取り消された場合において、その処分のあった日前３０日以内にその引取業者の役員であった者でその処分のあった日から２年を経過しないもの
5　第５１条第１項の規定により事業の停止を命ぜられ、その停止の期間が経過しない者
6　引取業に関し成年者と同一の能力を有しない未成年者でその法定代理人（法定代理人が法人である場合においては、その役員を含む。第５６条第１項第６号において同じ。）が前各号のいずれかに該当するもの
7　法人でその役員のうちに第１号から第５号までのいずれかに該当するもの者があるもの

Ⓕエアコンにフロン類が含まれているかどうかを確認する体制欄

・取引した使用済自動車に搭載されているエアコンに冷媒としてフロン類が含まれているかどうかを確認する方法として、「自社の作業手順書等で確認している」または「資格者が確認している」等を記載。

＜複数事業所がある場合＞

・複数の事業所がある場合、Ⓔ事業所記載欄とⒻフロン類を確認する体制欄の記載をまとめて別紙にて作成する。

Ⓖ誓約書

法に定める欠格要件に該当しないことを書面により誓約する。

・法人にあっては、別紙により役員の氏名および役職の一覧表を添付。

・申請者が未成年の場合は、法定代理人の氏名を記載。

■添付書類

ア　申請者欄（Ⓑ）

・登録申請者が個人の場合は、本籍記載の住民票（個人番号「マイナンバー」の記載のないもの）

・登録申請者が法人の場合は、商業登記簿謄本（履歴事項全部証明書）

・申請印を確認する書類（法人・個人とも）として印鑑証明書

・更新申請の場合、直近の取引業者登録（更新）通知書あるいは取引業者登録変更通知書の写し

イ　法定代理人欄（Ⓓ）

・法定代理人の住民票（申請者が未成年の場合のみ）

ウ　事業所記載欄（Ⓔ）

引取車両の確認を行う場所の所在地を確認できるいずれかの書類

・引取車両の確認を行う場所の所在地を確認できる書類（工場認可書、陸運局指定工場の認定書・認証書等、公的機関が発行したもので所在地が確認できるもの）

・土地の賃貸借契約書の写し

・土地の登記事項証明書

エ　フロン類を確認する欄（Ⓕ）

ⓐ資格者が確認している場合

・資格者の資格証等の写し（自動車整備士、中古自動車査定士）

・業界団体講習修了証

ⓑ自社の作業手順書等で確認している場合

・自社の作業手順書等の写し（要、署名・捺印）

■手数料（東京都の場合）

新規登録：6,100円　更新登録：4,200円

■通知書の受取り

郵送にて受け取る場合、140円以上の切手を貼ったA4サイズの封筒またはレターパック等を申請時に持参する。

(2)　フロン類回収業者：登録

都道府県知事等の登録制となっており、引取業者や解体業者が兼業することを主として想定している。

フロン類を適正に回収し、自動車製造業者等に引き渡す。自動車製造業者等にフロン類の回収費用の請求も可能である。

①登録制

フロン類回収業を行う事業所所在地を管轄する都道府県知事または保健所設置市の市長の登録制。使用済自動車からのフロン類の回収を業として行うには、事業者ごと自治体ごとに登録を受けなければならない。5年ごとの更新制。

②登録要件

適切なフロン類回収設備を有するなどフロン排出抑制法に準ずるものとし、フロン排出抑制法または廃棄物処理法上の違反による罰金刑や登録取消後2年を経過していないこと等の欠格要件に該当しないことが必要。

③行為義務

・引取業者から使用済自動車の引取依頼を受けた場合は、正当な理由がある場合を除き、引き取らなければならない。

・使用済自動車を引き取ったときは、フロン類回収基準に従ってフロン類を回収し、自ら再利用する場合を除き自動車製造業者等に、指定取引場所において、引取基準に従って引き渡す。

・フロン類を回収した使用済自動車は、解体業者へ引き渡す。

・電子マニフェスト制度を利用して、情報管理センターに引取・引渡報告を行う。
・使用済自動車の運搬にあたっては、廃棄物処理法の業の許可は不要だが、廃棄物処理基準に従わなければならない。
・事業所ごとに、事業者名等の事項を記載した標識を掲げる必要あり（取引業の項参照）。

④フロン類回収業者登録申請および添付書類

登録申請に際し、該当する都道府県等の申請窓口に事前予約の必要の有無を確認し、必要な場合は申請予約日時を確定する。

申請書の記載事項についての訂正や補正がある場合は、申請時に受理されない場合もあるため、申請書の記載内容について疑問のある場合は、事前に確認したうえで申請に臨むこと。

申請書に添付する官公署で発行する証明書等は発行から3か月以内のものとする。

■フロン類回収業者登録申請書（次頁）の記入要領

Ⓐ申請書の表題

・新規申請の場合は「登録の更新」を、更新申請の場合は「登録」を二本線で消す。
・登録番号、登録年月日は更新申請の場合に記入（フロン回収業者登録通知書等の記載を転記）。

Ⓑ申請者欄

・個人の場合は、住所、氏名を記載し登録印（実印）を押印。
・法人の場合は、登記事項証明書にある本店の所在地、名称、代表者の職名および氏名を記載し、代表者の登録印（実印）を押印。

Ⓒ役員の記載欄

・法人の場合に記載。役員数が多く、本欄に記載しきれない場合は別紙に記載。

Ⓓ法定代理人欄

・申請者が未成年の場合のみ記載が必要。

Ⓔ事業所記載欄

実際にフロン類回収業務を行う事業所について記載。

・名称については、個人の場合は、個人名または通称名。法人の場合は、法

様式第三（第五十条関係）

Ⓐ フロン類回収業者 登録／登録の更新 申請書

※登録番号	
※登録年月日	

平成　　年　　月　　日

東京都知事殿

Ⓑ （郵便番号）
住　所

氏　名　　　　　　　　　　印
（法人にあっては、名称及び代表者の氏名）
電話番号
ＦＡＸ

使用済自動車の再資源化等に関する法律第５４条第１項の規定により、必要な書類を添えてフロン類回収業者の登録（登録の更新）を申請します。

Ⓒ 役員の氏名（業務を執行する社員、取締役、執行役又はこれらに準ずる者。法人である場合に記入すること。）

(ふりがな) 氏　名	役　職　名

Ⓓ 法定代理人の氏名及び住所（未成年者であり、かつ、その法廷代理人が個人である場合に記入すること。）

(ふりがな) 氏　名	
住　所	（郵便番号） 電話番号

法定代理人の名称及び住所並びにその代表者の氏名（未成年者であり、かつ、その法廷代理人が法人である場合に記入すること。）

名　称	
(ふりがな) 代表者の 氏名	
住　所	（郵便番号） 電話番号

法定代理人の役員の氏名（業務を執行する社員、取締役、執行役又はこれらに準ずる者。未成年者であり、かつ、その法廷代理人が法人である場合に記入すること。）

(ふりがな) 氏　名	役職名

Ⓔ 事業所の名称及び所在地

名　称	
所在地	（郵便番号） 電話番号

Ⓕ 回収しようとするフロン類の種類

ＣＦＣ	
ＨＦＣ	

Ⓖ フロン類回収設備の種類、能力及び台数

設備の種類	能　力	
	２００ｇ／min未満	２００ｇ／min以上
ＣＦＣ用	台	台
ＨＦＣ用	台	台
ＣＦＣ、ＨＦＣ兼用	台	台

①

誓　約　書

平成　　年　　月　　日

東京都知事殿

申請者　住所・名称
　　　　職・氏名　　　　　　　　　　　　印
　　　　（法人にあっては名称及び代表者の職氏名）

使用済自動車の再資源化等に関する法律に基づくフロン類回収業者の登録申請において、私及び別紙記載の役員等は下記の条項各号に該当しない者であることを誓約します。

記

使用済自動車の再資源化等に関する法律（第５６条第１項各号）

1　成年被後見人若しくは被保佐人又は破産者で復権を得ないもの
2　この法律、フロン類法若しくは廃棄物の処理及び清掃に関する法律（昭和４５年法律第１３７号。以下「廃棄物処理法」という。）又はこれらの法律に基づく処分に違反して罰金以上の刑に処せられ、その執行を終わり、又は執行を受けることがなくなった日から２年を経過しない者
3　第５８条第１項の規定により登録を取り消され、その処分のあった日から２年を経過しない者
4　フロン類回収業者で法人であるものが第５８条第１項の規定により登録を取り消された場合において、その処分のあった日前３０日以内にそのフロン類回収業者の役員であった者でその処分のあった日から２年を経過しないもの
5　第５８条第１項の規定により事業の停止を命ぜられ、その停止の期間が経過しない者
6　フロン回収業に関し成年者と同一の行為能力を有しない未成年者でその法定代理人が前各号のいずれかに該当するもの
7　法人でその役員のうちに第１号から第５号までのいずれかに該当する者があるもの

人名と営業所名
・所在地については、実際に取引業務を行う事業所の住所を記載。
・電話番号は原則「固定電話」の番号を記入。

Ⓕ回収しようとするフロン類の種類欄

・該当するものに丸印を記入。

Ⓖフロン類回収設備の種類、能力および台数欄

・該当する場所に数字を記入。
・法に定める欠格要件に該当しないことを書面により誓約する。

Ⓗ複数事業所がある場合

・複数の事業所がある場合、事業所名称等、回収するフロン類の種類、フロン類回収設備等の各欄をまとめて別紙にて作成。

Ⓘ誓約書

法に定める欠格要件に該当しないことを書面により誓約する。
・法人にあっては、別紙により役員の氏名および役職の一覧表を添付。
・申請者が未成年の場合は、法定代理人の氏名を記載。

■添付書類[5)]

ア　申請者欄（Ⓑ）

・登録申請者が個人の場合は、本籍記載の住民票（個人番号「マイナンバー」の記載のないもの）
・登録申請者が法人の場合は、商業登記簿謄本（履歴事項全部証明書）
・申請印を確認する書類（法人・個人とも）として印鑑証明書
・更新申請の場合、直近のフロン類回収業者登録通知書あるいはフロン類回収事業者変更登録通知書の写し

イ　法定代理人欄（Ⓓ）

・法定代理人の住民票（申請者が未成年の場合のみ）

ウ　事業者欄（Ⓔ）

フロン類回収作業を行う場所の所在地を確認できるいずれかの書類
・フロン類回収作業を行う場所の所在地を確認できる書類（工場認可書、陸

---

5)　各欄における添付書類、手数料、通知書の受取り等については東京都の扱いをもとにしている。申請地の都道府県等により異なる場合があるため、申請時には申請する都道府県に確認のこと。

運局指定工場の認定書・認証書等、公的機関が発行したもので所在地が確認できるもの）

・土地の賃貸借契約書の写し

・土地の登記事項証明書

エ　フロン類回収設備の種類、能力及び台数欄（Ⓖ）

・フロン類回収設備の所有権または使用権原を証するいずれかの書類（購入契約書、納品書、領収書、購入証明書、借用契約書等）の写し

・フロン類回収設備の種類および能力を証するいずれかの書類（取扱説明書、仕様書、カタログ等）の写し

・フロン類およびフロン類の回収方法について十分な知見を有することを証するいずれかの資格者の資格証等の写し（冷媒回収推進・技術センター認定の冷媒回収技術者、高圧ガス製造保安責任者、冷凍空気調和機器施行技士、フロン等回収・処理推進協議会等が実施する技術修了者、自動車整備士、その他、自動車・エアコン整備、フロン類回収業務の経験を有する者（関連業界団体等の証明書等を添付）

■手数料（東京都の場合）

新規登録：6,100円　更新登録：4,200円

■通知書の受取り

郵送にて受け取る場合、140円以上の切手を貼ったA4サイズの封筒またはレターパック等を申請時に持参する。

(3)　解体業：許可

使用済自動車のリサイクル、処理を適正に行い、エアバッグ類を自動車製造業者等に引き渡す。自動車製造業者等にエアバッグ類の回収費用を請求も可能。

①許可制

・解体業を行う事業所所在地を管轄する都道府県知事または保健所設置市の市長の許可制。使用済自動車の解体を業として行うには、事業者ごと自治体ごとに許可を受けなければならない。5年以上の政令で定める期間ごとの更新制。

・許可申請に先立ち、事前計画書の提出を要する。

②許可基準

生活環境の保全およびリサイクルを適切に実施する能力を担保する観点から設定され、廃棄物処理法その他の生活保全法令の違反による罰金刑や許可取消後5年を経過していないこと等の欠格要件に該当しないことが必要。

③行為義務

・引取業者またはフロン類回収業者から使用済自動車の引取依頼を受けた場合は、正当な理由がある場合を除き、引き取らなければならない。
・使用済自動車を引き取ったときは、エアバッグ類を回収し、自動車製造業等に、指定引取場所において引取基準に従い引き渡す。
・使用済自動車を引き取ったときは、再資源化基準に従って適切な解体を実施する。
・引き取った使用済自動車または解体自動車（廃車ガラ）は、他の解体業者、破砕業者または解体自動車全部利用者（電炉に投入してリサイクルを行う電炉業者、スクラップ源として輸出を行う廃車ガラ輸出業者等を想定）へ引き渡す（書類の保存義務あり）。
・電子マニフェスト制度を利用して、情報管理センターに引取・引渡報告を行う。
・使用済自動車の解体・運搬にあたっては、廃棄物処理法の業の許可は不要だが、廃棄物処理基準に従わなければならない。
・事業所ごとに、事業者名等の事項を記載した標識を掲げる必要あり（引取業の項参照）。

④解体業許可申請手続の流れ

解体業の許可申請にあたり、事業の用に供する施設が許可基準に適合しているかを確認し、その後の手続を円滑にし、適切な事業の展開を確保する目的により、事前計画書の提出が必要となる。

＜事前計画書の提出から許可申請へ＞

都道府県知事等へ事前計画書を提出し、施設の建設計画・改修計画が基準に適合していることの確認をし、施設の建設・改修等の工事に着手する。

工事の完成後、施設が計画書どおりであることの確認（現地審査）を都道府県等が行い、適正確認を行った後、許可申請となる。

新規許可申請または変更届に係る事前計画書の提出は、事業の計画が具体的

■申請の流れ

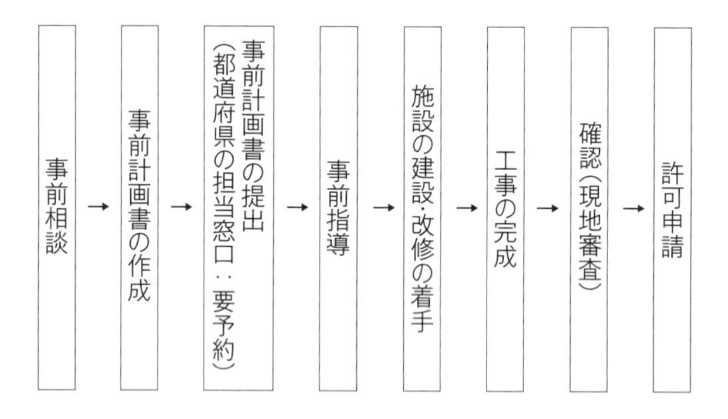

となり、施設図面等の作成が完成した段階で行う。

更新許可申請に係る事前計画書の提出は、施設の現況等についての写真や図面を要するため、更新許可申請を行う6か月くらい前からの提出となる（要、都道府県等の窓口に確認）。

⑤解体業・事前計画書提出

提出書類[6)]（例：東京都）

◎解体業事前計画書（表紙）

《共通書類》

①事業概要等／共通様式

②事業所案内図（住宅地図・用途地域に関する図面）／共通様式

③施設の周辺図・写真／共通様式

④施設に関する図面等／共通様式

⑤公害防止等に関する説明書／共通様式

⑥標準作業書の概要／添付書類

⑦関係法令についての書類／添付書類

《業別様式》

⑧施設の許可基準への対応状況（解体業）／様式

＜解体業・事前計画書の記入要領[7)]＞

6)　新たに施設を新設または増設等を行う場合、事業開始に対する周辺住民の理解について説明する資料を求められることがある。正副2部の提出（副本は正本のコピー可）。

(a)事業概要等

・解体業に関する事業について具体的に記載。

(b)事業所案内図（案内図・用途地域に関する図面）

・申請施設についての「施設の案内図等」として、幹線道路、鉄道、その他目印、用途地域等を記載したもの。用途地域については「施設の案内図等」を複写して、当該案内図を用途地域ごとに色分けして添付する。

(c)施設の周辺図（住宅地図等）

・申請する施設の周辺状況が確認できる地図を添付。

(d)施設に関する図面等

・使用済自動車解体の解体処理の流れを実際の手順通りフロー図にする（引取りから解体、引渡しまでの手順を具体的に記載）。

・使用済自動車及び解体自動車の保管場所、燃料抜取り場所、解体作業場、解体部品の保管施設の配置図を記載。

・配置図上で、作業の流れを「→」で表示することにより、解体処理のフロー代わりとすることも可。

(e)公害防止等に関する説明書

・生活環境保全上の措置項目については、発生するおそれのある場所や作業等について明示するとともに、その対策について整理する（例：「騒音防止／騒音の発生する作業については、建屋内で行う」等具体的に記載）。

(f)標準作業書の概要（添付書類）

・標準作業書の概要を記入。すでに標準作業書ができている場合は、その全文を添付することでこれに代替できる。

・標準作業書については「自動車リサイクル法・標準作業書ガイドライン」として例示されており、各事業者は、実状に合わせた標準作業書の作成をしなければならない。

(g)関係法令についての書類（添付書類）

・環境保全条例に関係する書類（施設を建設する場所を管轄する市区町村の環境部署）

---

7)　ここでは事業を行うための場所を「施設」といい、「施設」を構成する工作物等を「設備」という。（例）保管場所（施設）の舗装やフェンス。（設備）解体作業場（施設）の排水溝や屋根（設備）

・都市計画法、建築基準法に関する書類（都市整備局等および市区町村の建築担当部署）

・消防法等に関する書類（施設を建設する場所を管轄する、消防署の担当部署）

・その他必要な書類（申請都道府県に要確認）

(h)施設の許可基準への対応状況（解体業）

・施設の種類について、解体作業場の中に燃料の抜取り作業場所の有無。

・施設ありの場合の、設備、仕様を記載。

・更新許可申請の場合、設備変更の有無を記載。

・施設に関する写真添付。施設周辺、許可の標識、施設出入り口の写真。施設配置図に写真撮影箇所を明記。

⑥解体業・許可申請提出書類[8]

解体業事前計画書の提出、確認（現地審査）終了後に都道府県の担当窓口への許可申請となる。申請は原則予約制がとられており、担当窓口に確認のこと。

<table>
<tr><th>法人</th><th>個人</th></tr>
<tr><td colspan="2">・解体業許可申請書
・欠格事項に該当していない者である旨の誓約書
・事業計画書および収支見積書
・すでに取得している許可証の写し／新規許可申請の場合、すでに取得している産業廃棄物処理業に関する許可証の写し</td></tr>
<tr><td>・定款の写し、登記事項証明書（履歴事項全部証明書）
・法人の印鑑登録証明書
・本籍記載の住民票および登記事項証明書（後見登記）／役員、株主または出資者（5%以上の出資）、自動車リサイクル法施行令5条に規定する使用人
・法人株主の登記事項証明書（5%以上の出資）</td><td>・本籍記載の住民票および登記事項証明書（後見登記）／申請者、法定代理人、自動車リサイクル法施行令5条に規定する使用人
・申請者の印鑑登録証明書</td></tr>
</table>

8)　解体業の許可は、解体業を営む事業所の所在する都道府県または保健所設置市で取得。本社のある都道府県以外に事業所を営む場合には、本社住所地の都道府県での許可は不要。また、申請者、申請者の役員などに、暴力団員など欠格要件に該当する者がいる場合は不許可となる。欠格要件に該当していたことが許可後に判明した場合は許可取消となる。

施設に係る書類
- 施設の所有権または仕様権原に係る書類／土地の公図の写し、土地・建物の登記事項証明書、土地・建物の賃貸借契約書等、使用する重機等の車検証等使用権原の確認できる書類および写真
- 施設の付近の見取図
- 施設の図面／平面図、立面図、断面図、構造図等（事前計画書と同じ図面等は省略可）

ア　申請手数料（東京都の場合）

新規許可申請：78,000円　更新許可申請：70,000円

イ　審査期間

審査の標準処理期間は、申請書受理後60日（東京都の場合）。

ウ　許可・不許可の連絡（東京都の場合）

FAXにて許可決定を通知。不許可処分の場合は文書にて通知。

許可通知後、申請窓口にて交付。許可証受領の際は、申請書に使用した印鑑を許可決定通知に押印して受領する。

エ　提出部数

書類は正副2部提出。副本は正本の写し可。

⑷　破砕業：許可

シュレッダーによる破砕処理、プレス等の破砕前処理を行う業者。解体自動車（廃車ガラ）のリサイクル・処理を適正に行い、シュレッダーダストを自動車製造業者等に引き渡す。

①許可制

- 破砕業を行う事業所所在地を管轄する都道府県知事または保健所設置市の市長の許可制。使用済自動車の破砕または破砕前処理（プレスおよびその他省令で定める行為）を業として行うには、事業者ごと自治体ごとに許可を受けなければならない。5年以上の政令で定める期間ごとの更新制。
- 許可申請に先立ち、事前計画書の提出を要する。

②許可基準

生活環境の保全およびリサイクルを適切に実施する能力を担保する観点から設定され、廃棄物処理法その他の生活保全法令の違反による罰金刑や

許可取消後5年を経過していないこと等の欠格要件に該当しないことが必要。

③行為義務

・解体業者または破砕前処理のみを行う業者から解体自動車の引取依頼を受けた場合は、正当な理由がある場合を除き、引き取らなければならない。

・解体自動車を引き取ったときは、再資源化基準に従い適切な破砕または破砕前処理を実施する。

・破砕前処理のみを行う破砕業者にあっては、前処理を行った解体自動車は他の破砕業者（破砕処理を行う者）または、解体自動車全部利用者（電炉に投入してリサイクルを行う電炉業者、廃車ガラ輸出業者等を想定）へ引き渡す（書類の保存義務あり）。

・破砕業者は、シュレッダーダストを自動車製造業者当に、指定取引場において取引基準に従って引き渡す。

・電子マニフェスト制度を利用して、情報管理センターに引取・引渡報告を行う。

・使用済自動車の破砕・破砕前処理・運搬にあたっては、廃棄物処理法の業の許可は不要だが、廃棄物処理基準に従わなければならない。

・事業所ごとに、事業者名等の事項を記載した標識を掲げる必要あり（引取業の項参照）。

④破砕業許可申請手続の流れ

破砕業の許可申請にあたり、事業の用に供する施設が許可基準に適合しているかを確認し、その後の手続を円滑にし、適切な事業の展開を確保する目的により、事前計画書の提出が必要となる。

■事前計画書の提出から許可申請へ

都道府県知事等へ事前計画書を提出し、施設の建設計画・改修計画が基準に適合していることの確認をしてから、施設の建設・改修等の工事に着手する。

工事の完成後、施設が計画書どおりであることの確認（現地審査）を都道府県等が行い、適正確認を行った後、許可申請となる。

新規許可申請または変更届に係る事前計画書の提出は、事業の計画が具体的となり、施設図面等の作成が完成した段階で行う。

更新許可申請に係る事前計画書の提出は、施設の現況等についての写真や図面を要するため、更新許可申請を行う6か月くらい前からの提出となる（要、都道府県等の窓口に確認）。

■申請の流れ

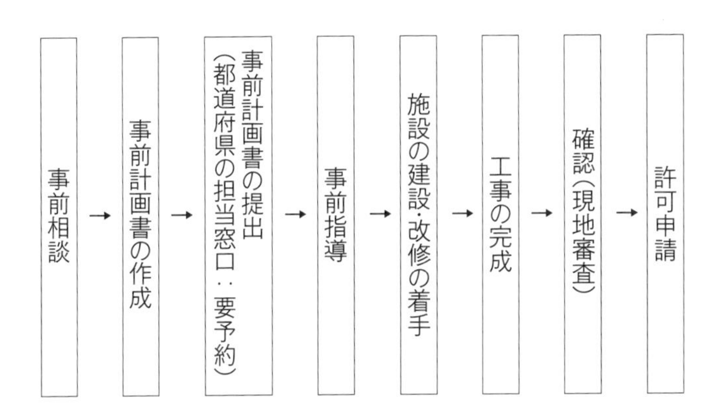

⑤破砕業・事前計画書

■提出書類一覧（例：東京都の場合）

◎破砕業事前計画書（表紙）

（共通書類）

①事業概要等／共通様式

②事業所案内図（住宅地図・用途地域に関する図面）／共通様式

③施設の周辺図・写真／共通様式

④施設に関する図面等／共通様式

⑤公害防止等に関する説明書／共通様式

⑥標準作業書の概要／添付書類

⑦関係法令についての書類／添付書類

（業別様式）

⑧施設の許可基準への対応状況（破砕業）／様式

＜破砕業・事前計画書の記入要領＞

①事業概要等

・破砕業に関する事業について具体的に記載。

②事業所案内図（案内図・用途地域に関する図面）

・申請施設についての「施設の案内図等」として、幹線道路、鉄道、その他目印、用途地域等を記載したもの。用途地域については「施設の案内図等」を複写して、当該案内図を用途地域ごとに色分けして添付。

③施設の周辺図（住宅地図等）

・申請する施設の周辺状況が確認できる地図を添付。

④施設に関する図面等

・解体自動車の処理の流れを実際の手順通りフロー図にする（引取りから破砕、引渡しまでの手順を具体的に記載）。

・解体自動車の保管場所、破砕機の設置場所、破砕残渣の保管場所等の配置図を記載。

・配置図上で、作業の流れを「→」で表示することにより、破砕処理のフロー代わりとすることも可。

⑤公害防止等に関する説明書

・生活環境保全上の措置項目については、発生するおそれのある場所や作業等について明示するとともに、その対策について整理する（例：「騒音防止／騒音の発生する作業については、建屋内で行う」等具体的に記載）。

⑥標準作業書の概要（添付書類）

・標準作業書の概要を記入。すでに標準作業書ができている場合は、その全文を添付することでこれに代替できる。

・標準作業書については「自動車リサイクル法・標準作業書ガイドライン」として例示されており、各事業者は、実状に合わせた標準作業書の作成をしなければならない。

⑦関係法令についての書類（添付書類）

・環境保全条例に関係する書類（施設を建設する場所を管轄する市区町村の環境部署）

・都市計画法、建築基準法に関する書類（都市整備局等および市区町村の建築担当部署）

・消防法等に関する書類（施設を建設する場所を管轄する、消防署の担当部署）

・その他必要な書類（申請都道府県に要確認）

⑧施設の許可基準への対応状況（破砕業）

・施設の種類について、各種施設の有無を記入。

・施設ありの場合の、設備、仕様を記載。

・更新許可申請の場合、設備変更の有無を記載。

・施設に関する写真添付。施設周辺、許可の標識、施設出入口の写真。
　施設配置図に写真撮影箇所を明記。

⑨破砕業・許可申請提出書類の一覧[9)]

破砕業事前計画書の提出、確認（現地審査）修了後に都道府県の担当窓口への許可申請となる。申請は原則予約制が取られており、担当窓口に確認のこと。

ア　申請手数料（東京都の場合）

新規許可申請：84,000円　更新許可申請：77,000円

イ　審査期間

審査の標準処理期間は、申請書受理後60日（東京都の場合）。

ウ　許可・不許可の連絡（東京都の場合）

FAXにて許可決定を通知。不許可処分の場合は文書にて通知。

許可通知後、申請窓口にて交付。許可証受領の際は、申請書に使用した印鑑を許可決定通知に押印して受領する。

エ　提出部数

書類は正副2部提出。副本は正本の写し可。

---

9)　破砕業の許可は、破砕業を営む事業所の所在する都道府県または保健所設置市で所得。本社のある都道府県以外に事業所を営む場合には、本社住所地の都道府県での許可は不要。申請者、申請者の役員などに、暴力団員など欠格要件に該当する者がいる場合は不許可となる。欠格要件に該当していたことが許可後に判明した場合は許可取消しとなる。

＜破砕業・許可申請提出書類＞

<table>
<tr><th>法人</th><th>個人</th></tr>
<tr><td colspan="2">・破砕業許可申請書
・欠格事項に該当していない者である旨の誓約書
・事業計画書および収支見積書
・すでに取得している許可証の写し／新規許可申請の場合、すでに取得している産業廃棄物処理業に関する許可証の写し</td></tr>
<tr><td>・定款の写し、登記事項証明書（履歴事項全部証明書）
・法人の印鑑登録証明書
・本籍記載の住民票および登記事項証明書（後見登記）／役員、株主または出資者（5%以上の出資）、自動車リサイクル法施行令5条に規定する使用人
・法人株主の登記事項証明書（5%以上の出資）</td><td>・本籍記載の住民票および登記事項証明書（後見登記）／申請者、法定代理人、自動車リサイクル法施行令5条に規定する使用人
・申請者の印鑑登録証明書</td></tr>
<tr><td colspan="2">施設に係る書類
・施設の所有権または仕様権原に係る書類／土地の公図の写し、土地・建物の登記事項証明書、土地・建物の賃貸借契約書等、使用する重機等の車検証等使用権原の確認できる書類および写真
・施設の付近の見取図
・施設の図面／平面図、立面図、断面図、構造図等（事前計画書と同じ図面等は省略可）</td></tr>
</table>

例１　**解体業：施設配置図及び面積**

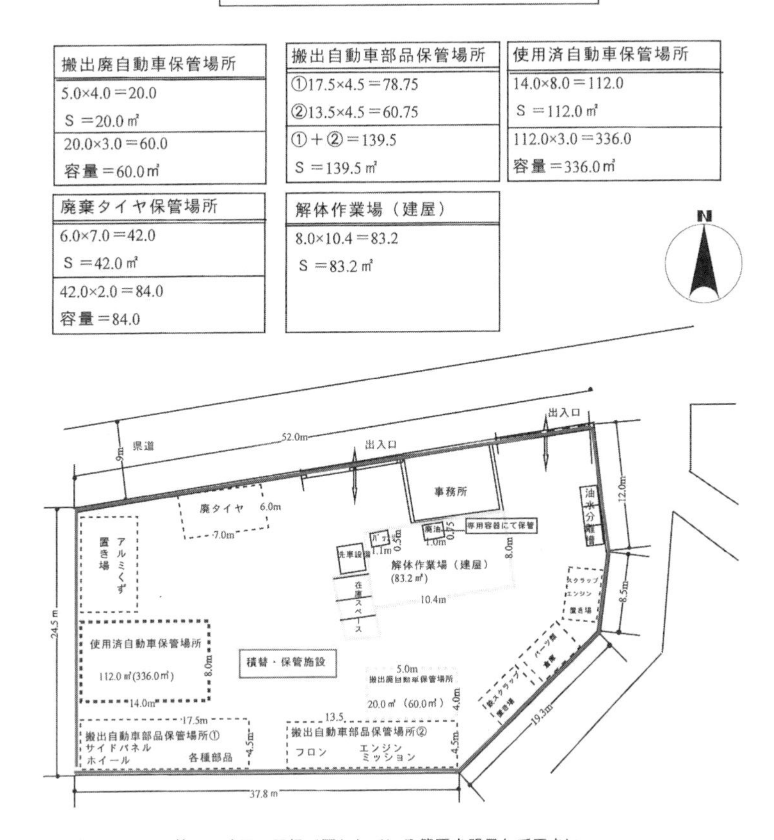

※敷地範囲、囲いの範囲、建屋、屋根で覆われている範囲を明示して下さい。
※原則として､油水分離装置には、廃油が混入する恐れのある汚水及び廃油の混入する恐れのある雨水のみを接続してください（屋根に降った雨などは排水系統を分けて流入させない。）
※施設周囲の囲いを赤、排水系統を水色、建屋の屋根の周囲を黄色等で着色してください。

例２　破砕業：施設配置(事業所内施設配置図及び搬入搬出面積フロー

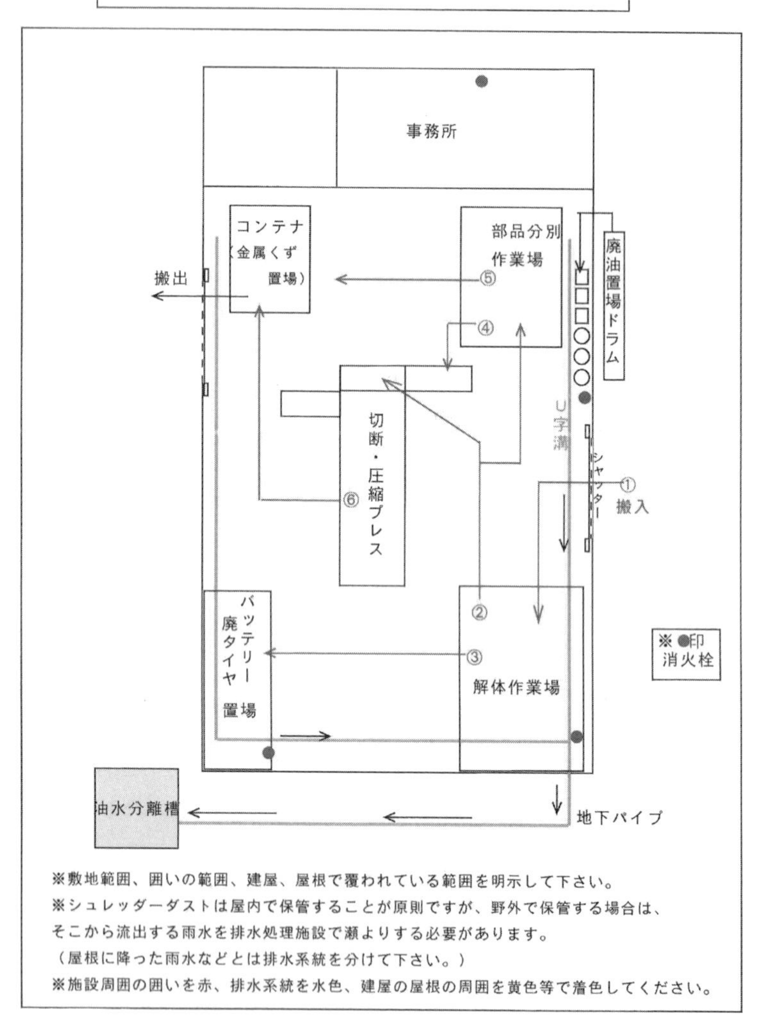

使用済自動車保管場所

S＝１／２００

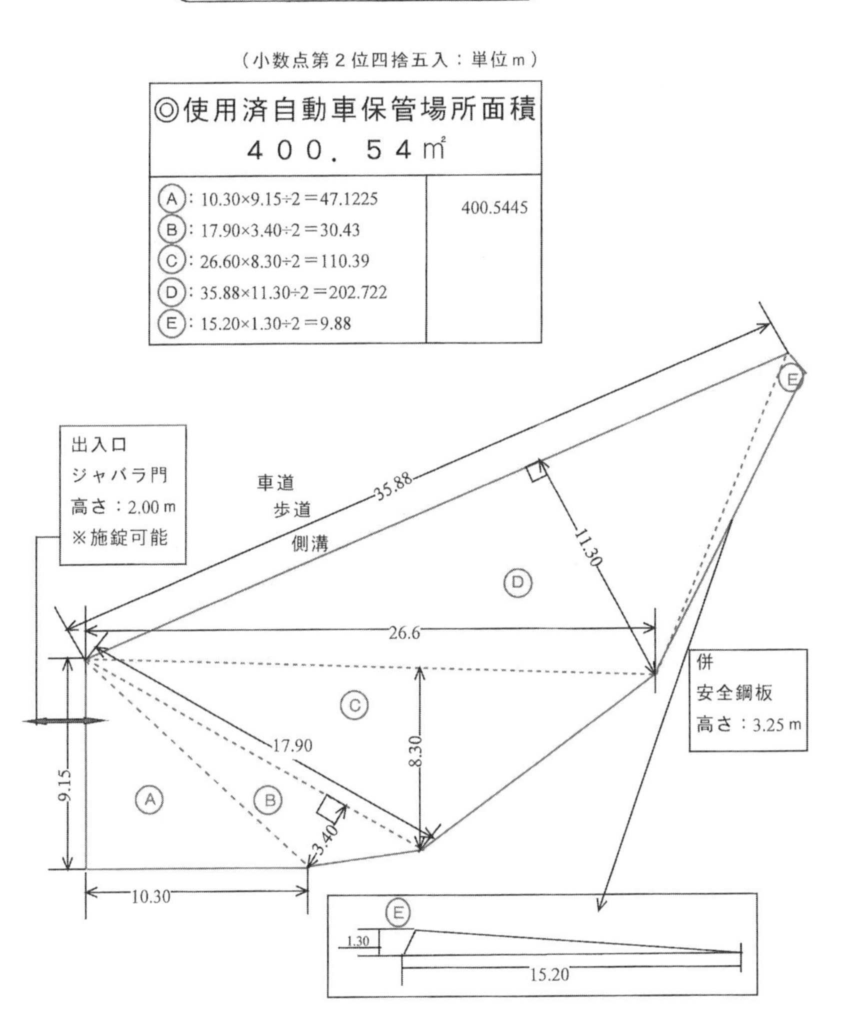

※目安として。
軽自動車～ワゴン車
横幅：１．４０ｍ～１．７０ｍ
縦幅：３．３０ｍ～４．５０ｍ

保管スペース見積もり：横幅：２．００ｍ
　　　　　　　　　　　縦幅：４．５０ｍ　としました。

下記予定配置：２８台×２段＝５６台

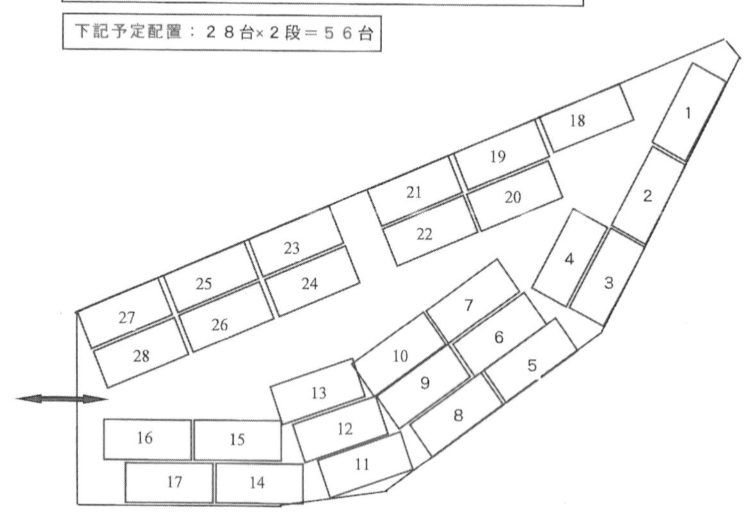

リサイクルビジネス
――事業導入時の留意点

1　再生事業者（リサイクル業者）に関する行政手続

(1)　再生事業者（リサイクル業者）登録

リサイクル業は基本的に何らの手続を要しない（「専ら物」再生事業者の特例に留意)。「再生事業者」登録というのが都道府県単位で行われているがあくまでも任意であることに注意しなければならない（廃棄物処理20条の2)。ただし、この登録の有無にかかわらず、一般廃棄物または産業廃棄物の処理を業として行おうとする場合には、それぞれの処理業の許可が、処理に伴って設置する処理施設が法に定める規模以上の場合には、処理施設の設置許可が必要となる（1日の処理能力が5トン以上ある施設　廃棄物処理8条、15条)。

今回は東京都を例に解説してみる。

(2)　登録要件

①廃棄物の再生を業として営んでいること[1)]

②事業場が都内にある（主たる事務所は都外でも可）こと

③廃棄物の飛散・流出・地下浸透・悪臭発散のおそれのない保管施設を有すること

④環境確保条例に適合した以下の施設を有すること

古紙の再生を行う場合：選別した古紙を輸送に適するように圧縮し、梱包する施設

金属くずの再生を行う場合：選機、アルミ選別機、風力選別機、慣性選別機、ふるい選別機等再生の目的となる金属を適正に選別する施設および再生の目的となる金属を含む廃棄物を切断、破砕、圧縮等の加工をする施設

空きびん等の再生を行う場合：カレットを色別に適正に選別する施設およびカレットから不純物を選別し除去する施設ならびにリターナブルびんを選別する施設

古繊維の再生を行う場合：選別した古繊維をウエスとして利用するために裁断する施設

その他の廃棄物の再生を行う場合：その廃棄物の再生に適する施設

⑤再生品の運搬に適するフォークリフト等の運搬施設を有すること

⑥事業を的確に、かつ継続して行うに足りる経理的基礎を有すること

⑦申請者が廃棄物再生事業者の登録に関する要綱3条2項1号および2号に規定する欠格条項に該当しないこと

・登録したからといって何でもできるわけではない。

・自治体によって廃棄物処理業の許可を求められることがある。

ただし、登録のメリットとして

①社会的信用が増す。融資や助成金が受けやすくなる。

②「専ら物」の受注機会が増す。

③自治体によっては税金の優遇措置が受けられる。

があります。

---

1)　①継続して3年以上事業を行いかつ継続して1年以上登録しようとする再生事業を行っていること、②再生を目的として受け入れた廃棄物のうち50%以上が再生されていること。

(3)　登録再生利用事業者（食品リサイクル法）

登録再生利用事業者とは、再生飼料・再生肥料のような食品循環資源を製造している事業者のうち、基準を満たし、登録を受けた事業者のことである。

食品関連事業者にとっては優良事業者を選びやすく、登録再生利用事業者にとっては肥料取締法、飼料安全法（飼料の安全性の確保及び品質の改善に関する法律）および廃棄物処理法の特例が受けられるといったそれぞれのメリットがある。

(4)　広域認定登録（廃棄物処理9条の9・15条の4の3）

広域認定制度とは、製品等が廃棄物になったもので、当該廃棄物の処理を当該製品の製造、加工、販売等の事業を行う者（製造事業者等）が広域的に行うことによって廃棄物の原料その他適正な処理の確保に資すると認められる廃棄物に対し広域的な処理に限って環境大臣が認定する制度である。

この認定を受けた者は都道府県ごとの処理業の許可を受けなくてもよいことになる。

(5)　その他特別法におけるリサイクル対象物

①　容器包装リサイクル法：びん、ペットボトル、紙製・プラスチック製容器包装等

②家電リサイクル法：エアコン、冷蔵庫・冷凍庫、テレビ、洗濯機・衣類乾燥機

③建設リサイクル法：木材、コンクリート、アスファルト

④自動車リサイクル法：自動車

⑤小型家電リサイクル法：小型電子機器等

2　小　括

リサイクル事業を行うときは、①どういう事業を行うかを明確化すること、②その事業を管轄する行政の担当部署及び専門家に相談すること、③事業を展開するのに必要な法律的・技術的ネットワークを構築すること、④技術の進展

に遅れないこと、⑤法規制（行政規制）のあり方に注意すること、が必要である。

(1) どういう事業を行うかを明確化すること

自分の勝手な解釈または思いつきで始めると危険である。リサイクルの概念も広く、そもそも何をどこまでの事業として考えているのかを明確化することが必要である（何を、どういう手法で、どこまでやるか）。最新の情報で確認することが必要である。

(2) その事業を管轄する行政の担当部署および専門家に相談すること

どういう手続が必要（または不必要）か、実際の事業を行うときどのような点に留意したほうがよいかを事前に十分協議・確認しておくこと。

(3) 事業を展開するのに必要なネットワークを構築すること

リサイクル事業は一事業者だけでは完結しないことが多く、運搬、処分等を含め意図的にネットワークを構築していく必要がある。また、自社に関連する技術支援が受けられるようなネットワークの構築も必要とされるところである。

(4) 技術の進展に遅れないこと

リサイクルの技術も日々日々進化している。日報ビジネス主催の環境展等のイベント、各種セミナー等にはできうる限り足を運び自分のもっている技術レベルを絶えず更新していくことが求められている。

(5) 法規制（行政規制）のあり方に注意すること

この稿でも触れたように規制は日々日々変化している。いままでできていた事業がいきなりできなくなる、逆に規制があったものが緩和されたりするというようなこともありうるので法規制（行政規制）の動きには十分留意する必要がある。

コラム　リサイクルの位置づけとその概念の拡大

1 「リサイクル」の位置付け

2000年に成立した循環型社会形成推進基本法（循環推進基本法）は、廃棄物・リサイクル対策を総合的かつ計画的に推進して、大量生産・大量消費・大量廃棄型の社会から脱却し、天然資源の消費を抑制し、環境への負荷が少ない循環型社会を形成することを目的として制定された。「循環型社会」とは、循環推進基本法2条において「製品等が廃棄物等となることが抑制され、並びに製品等が循環資源となった場合においてはこれについて適正に循環的な利用が行われることが促進され、及び循環的な利用が行われない循環資源については適正な処分が確保され、もって天然資源の消費を抑制し、環境への負荷ができる限り低減される社会」と定義されている。また同法では廃棄物などのうち有用なものを「循環資源」とし、循環的利用（再使用、再生利用、熱回収）を促進することとしている（循環推進基6条）。さらに同法において廃棄物等処理の優先順位が明記され①発生抑制、②再使用、③再生利用、④熱回収、⑤適正処分の順で行うとされた（循環推進基5条～7条）。この順位からもわかるように、必ずしもリサイクルは最優先というわけではないのである。

同法において採用されている処理の優先順位は「3Rの原則」と呼ばれることもある。①発生抑制（リデュースReduce）、②再使用（リユースReuse）、③再生利用（マテリアル・リサイクルMaterial Recycle、ケミカル・リサイクルChemical Recycle）、④熱処理（サーマル・リサイクルThermal Recycle　熱回収については3Rと分ける考え方もあるが今回は広い意味でリサイクルに含めたいと考えている）の順番で処理するがその3つの頭文字をとってである。優先順位の原則は、これに従わないほうが環境への負荷の低減にとって有効であると認められるときはこれによらないことが考慮されるとされる（循環推進基7条）。

【循環型社会の姿】

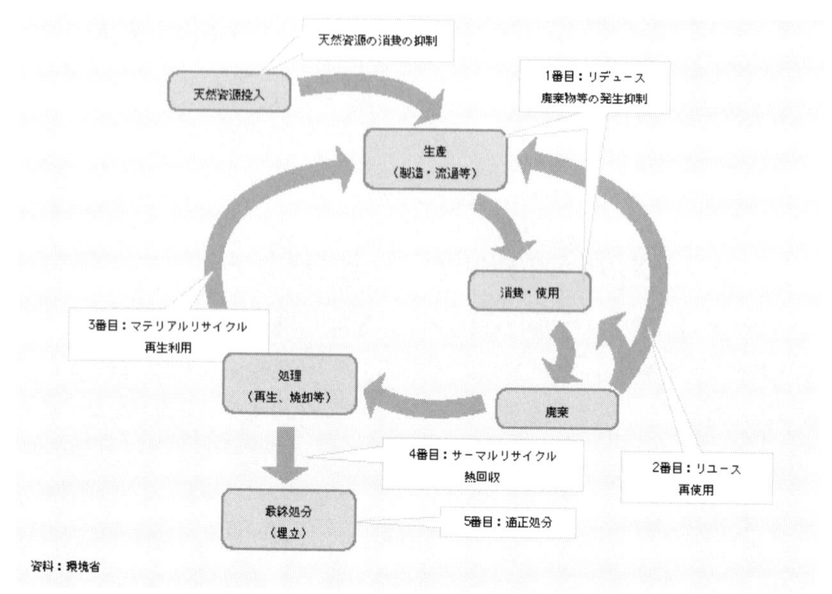

「環境・循環型社会白書」(環境省)

2 「リサイクル」概念の拡大

リサイクルとは一般に「再生利用」と表現される。ところが概念的にリサイクルは3種に分けられその裾野も広い。

① マテリアル・リサイクル：素材・物質を回収するリサイクルのこと（ビン、アルミ缶等)

② ケミカル・リサイクル：化学原料を回収するリサイクルのこと（プラスチック等)

③ サーマル・リサイクル：エネルギー・熱を回収するリサイクルのこと（発電、温水処理等)

本稿においては議論をわかりやすくするためにリサイクル事業のうちの核になるであろうマテリアル・リサイクルとケミカル・リサイクルに的を絞って論じたいと考える。

(1)　廃棄物処理とリサイクル事業の処理対象物

リサイクル事業を考えるときに、最初に考えるべきは廃棄物処理業との関係である。

一つの指標としてはそれぞれの事業が何を扱うかということである。

廃棄物処理業が「廃棄物」(廃棄物処理法2条において「『廃棄物』とは、ごみ、粗大ごみ、燃え殻、汚泥、ふん尿、廃油、廃アルカリ、動物の死体その他の汚物または不要物であって、固形状または液状のものをいう」とされている。核になる概念は汚物または不要物であって、「廃棄物とは、占有者が自ら利用し、又は他人に有償で売却することができないため不要になった物をいい、これに該当するか否かは、その物の性状、排出の状況、通常の取扱い形態、取引価格の有無及び占有者の意思等を総合的に勘案して判断するとされた」(廃棄物処理法編集委員会編著『廃棄物処理法の解説』(一般財団法人日本環境衛生センター、2012年) 23頁参照)) を扱うのに対し、リサイクル事業者は「有価物」(他人に買い取ってもらえるような価値のある物) を扱うということである。

廃棄物処理法においては、総合判断説といわれる基準に従って判断されている。

総合判断説とは、①物の性状、②排出の状況、③通常の取扱い形態、④取引価値の有無、⑤占有者の意思を総合的に判断するという考え方であり、中でも取引価値の有無の指標は重要であるといえる。単純にお金を出して原料として購入したからというだけでは直ちに有価物といえないところがあるからである。

処分業の許可をもたない飼料会社が、料金を受け取っておからを回収し、それを加工して飼料として販売していた行為が廃棄物処理法の無許可営業に当たると起訴された事件（おから事件）で最高裁（最決平成11年3月10日刑集53巻3号339頁）は、「産業廃棄物について定めた廃棄物の処理及び清掃に関する法律施行令（平成5年政令第385号による改正前のもの）2条4号にいう『不要物』とは、自ら利用し又は他人に有償で譲渡することができないために事業者にとって不要になった物をいい、これに該当するか否かは、その物の性状、排出の状況、通常の取扱い形態、取引価値の有無及び事業者の意思等を総合的に勘案して決するのが相当である。そして、原判決によれば、おからは、豆腐製造業者によって大量に排出されているが、非常に腐敗しやすく、本件当時、食用などとして有償で取り引きされて利用されるわずかな量を除き、大部分は、無償で牧畜業者等に引き渡され、あるいは、有料で廃棄物処理業者にその処理が委託されており、被告人は、豆腐製造業者から収集、運搬して処分していた本件おからについて処理料金を徴していたというのであるから、本件おからが同号にいう『不要物』に当たり、前記法律2条4項にいう『産業廃棄物』に該当するとした原判断は、正当である。」と判示した。

さらに、建設廃材等の木くずを料金を受け取って受け入れて、処分業許可を取らずに木材チップを製造・販売していた事業者が廃棄物処法違反として起訴された事件（水戸木くず事件）で東京高裁（東京高判平成20年4月24日高刑集61巻2号1頁）は、「廃棄物処理法が廃棄物の処理業を許可制にしているのは、廃棄物が不要であるが故に占有者の自由な処分に任せるとぞんざいに扱われるおそれがあり、生活環境の保全及び公衆衛生の向上に支障が生じる可能性を有することから、その一連の過程を行政の監視の下に置くことによって廃棄物の不法な投棄・処分を防止するためである。したがって、当該物件について市場での価値が存在しないとすれば、それがぞんざいに扱われて不法に投棄等がされる危険性は高まるから、取引価値を有するというのは、重要なメルクマールであり、それは、原則として搬入業者（処分委託業者）が受入業者（処分業者）に対して有償で譲渡できるような場合であることを要するものというべきである。もっとも、有償譲渡できるか否かは、その時の市況によって左右されることもあり、これを絶対的な基準として、通常は有償で譲渡することが可能であるのに、市況等の変動によりたまたま無償で譲り渡しがされたような場合をとらえて直ちに取引価値を欠くものということはできないが、一般的に有償譲渡であるか否かは、それが有用物であるか否かを判定する合理的かつ明確な基準というべきである。……。本件当時、本件事業は、製造事業として確立し継続したものとなっている状況にはなかったというべきであり、廃棄物処理法の規制を及ぼす必要がなかったということはできず、再生利用目的があったことが廃棄物該当性を否定する理由にはならないものというべきである。

これらの事情を総合勘案すると、本件木材が廃棄物処理法にいう『廃棄物』に該当することは明らかというべきであり、本件木材は、同法2条4項にいう『産業廃棄物』に当たるものと判断される。」と判示した。

また、逆有償（譲渡価格よりも運送料の方が高くなって結局排出事業者の側がマイナスとなる）のケースについては原則として廃棄物とみなされることが多くなると思いわれる。

しかしながら、気をつけるべき通達として平成25年3月29日付け環境省通知（環廃産発第130329111号）では、「産業廃棄物の占有者（排出事業者等）がその産業廃棄物を、再生利用又は電気、熱若しくはガスのエネルギー源として利用するために有償で譲り受ける者へ引渡す場合においては、引渡し側が輸送費を負担し、当該輸送費が売却代金を上回る場合等当該産業廃棄物の引渡しに係る事業全体において引渡し側に経済的損失が生じている場合であっても、少なくとも、再生利用又はエネルギー源として利用するために有償で譲り受ける者が占有者となった時点以降については、廃棄物に該当しないと判断しても差し支えないこと。」とされ、結果的に逆有償のケースでも必ずしも「廃棄物」とはならないとされた。結局、総合判断説に従って総合的に判断することが求められることとなる。

また、廃棄物処理業とリサイクル事業は密接に関連していて単純に区分けするのが難しいところがあるのも実情である。

(2)　廃棄物処理とリサイクル事業の手続の関係

基本的にリサイクル事業を行うには何らの手続を要しない。ただし、その処理によって（さらに自治体の判断によって）廃棄物処理の許可を求められることがある。さらに特別法によって特定の物については別途の手続が必要となる場合がある（家電リサイクル、自動車リサイクル等）。いずれの場合にも事業が決まった時点で一度行政の担当部署と協議を行うべきである。

(3)「専（もっぱ）ら物」の特例（廃棄物処理14条1項・6項、廃棄物処理施行規則8条の19第3号）

もっぱら再生利用の目的となる廃棄物（「専ら物」）とは、「古紙、くず鉄（古銅等を含む）、あきびん類、古繊維」をいう（昭和46年10月16日環整43号通知）。

「専ら物」の場合は以下の特例が認められている。

①「専ら物」のみの収集運搬を業として行う会社は、収集運搬業の許可が不要

②「専ら物」のみの処分を業として行う会社は、処分業の許可が不要

第4章

リサイクルビジネスの現場
——食品廃棄物のリサイクル方法およびその事業運営

1　生ごみを電気と都市ガスに変える
——バイオエナジー株式会社

1　会社および施設の概要

(1)　会社の概要

バイオエナジー株式会社（以下「BE社」という）は、2003年7月に設立された、一般廃棄物および産業廃棄物処理業者である。

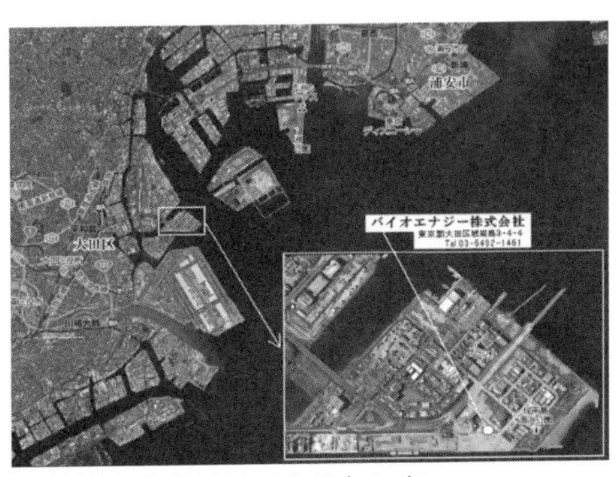

BE社城南食品リサイクルセンター

同社は、2006年4月から東京都スーパーエコタウン事業の一環として、東京都大田区城南島で城南島食品リサイクル施設を稼働させ、後に述べる「湿式メタン発酵技術」を採用して発電等を行う、特色ある食品リサイクルビジネスを展開している。

(2) 施設の概要

城南島食品リサイクル施設の概要および仕様は以下のとおりである。

- 処理能力　固形物廃棄物　125トン／日
  液状廃棄物　5トン／日
- 操業時間　24時間／365日（定期整備期間を除く）
- 発電電力量　26,880kWh／日（2,600世帯相当）
- 都市ガス供給量　2,400立方メートル／日（2,000世帯相当）
- 回収熱量　100,400MJ／日（1,300世帯相当）
- CO_2削減効果　7,080トン／年（森林換算921ヘクタール）

施設遠景・2棟の高い建造物がメタン発酵槽、左の円形の建造物はガスホルダー

2　許認可等

BE社は、廃棄物の処理及び清掃に関する法律（廃棄物処理法）に定める一般廃棄物処理業および産業廃棄物処理業の許可を有し、食品循環資源の再生利用等の促進に関する法律（食品リサイクル法）が定める再生利用事業者として登録されている。

また、同社の城南島食品リサイクル施設は、一般廃棄物処理施設設置許可（メタン発酵）および産業廃棄物処理施設設置許可（乾燥装置および破砕装置）を得ている。

3　事業の概要

端的に述べれば、食品関連事業者（食品製造業、食品卸売業、食品小売業および外食産業）が排出する生ごみを、食品リサイクル法に則り、メタン発酵（微生物に生ごみを分解させることによりメタンガスを含むバイオガスが発生する）させ、これにより発生したバイオガス（のうちメタンガス）を、発電および都市ガスとして利用し、生ごみをエネルギーとして再生利用する事業である。

城南島食品リサイクル施設が稼働を始めた2006年4月時点で、メタン発酵技術を利用し、生ごみ専用で、100トン／日規模の処理量をもつ発電施設としては、世界初の試みであった。

図1

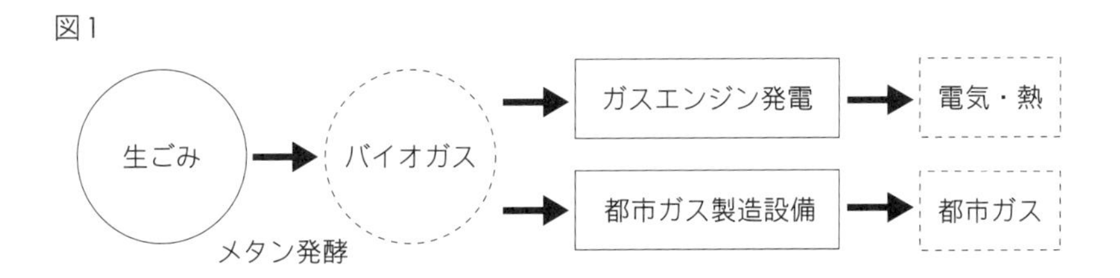

図2　メタン発酵の概念図

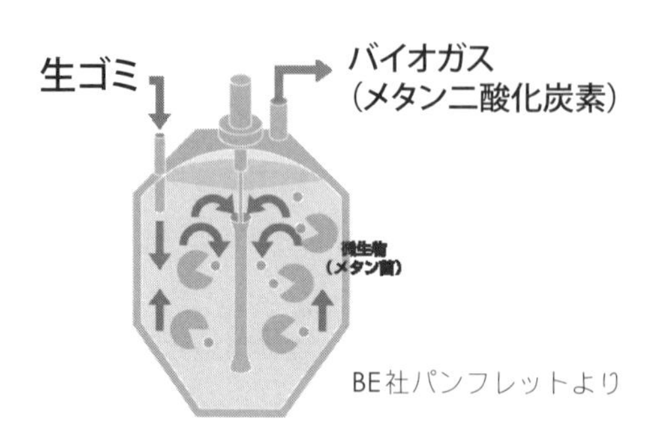

BE社パンフレットより

メタン発酵槽外観

4　事業の特色

(1)　これまでの食品リサイクルの問題

食品リサイクル法は、食品関連事業者に対し、食品業種別に（食品製造業、食品卸売業、食品小売業および外食産業）再生利用目標数値を定めるとともに、個別の各事業者には、前年度以上のリサイクル率を達成することおよび年間100トン以上の食品廃棄物を排出する事業者には、定期報告を行うことを義務付けている（詳細は、第1編第4章❺参照）。

これまでの食品リサイクル（生ごみのリサイクル）にあっては、家畜の飼料とすることや肥料への転換が主流であった。しかし、その原材料としての生ごみは、塩分や脂肪分がなく、ビニール製の包装材や割り箸等の不純物が含まれない、きちんと分別された、いわば「きれいな」生ごみに限定されていた。そのため、この条件を満たさない生ごみは、リサイクル可能であるにもかかわらず、焼却処分をせざるをえなかった。

リサイクル可能であるにもかかわらず焼却処分すること自体、循環資源再生利用の見地から問題であるが、それにとどまらず、生ごみは水分が多く、焼却処分による場合、焼却炉の温度を下げてしまうため、焼却のために余計な燃料が必要となり、これによって二酸化炭素の発生量が増えるといった問題や、不純物として含まれる塩化ビニール類から発生したダイオキシンにより環境負荷が増すという問題があった。

(2) BE社事業の特色1――「きたない」生ごみも受入れ可能

食品リサイクル法は、食品廃棄物の再生利用方法として、飼料化、肥料化およびメタン化等を定めるが（食品リサイクル2条5項1号、食品リサイクル施令2条4号)、上述したとおり、飼料化、肥料化するためには、それらを家畜が食べ、田あるいは畑に散布するものである以上、塩分や脂肪分が少なく、包装材や割り箸等の不純物が取り除かれ、きちんと分別された生ごみであることが必要である。

他方、BE社が行っている湿式メタン発酵技術を用いた方法では、メタン発酵菌の「食料」となる、脂質類、糖質類およびタンパク質類が含まれていれば発酵可能であり、多少の不純物（包装材や割り箸等）があっても湿式メタン発酵への影響はない。

すなわち、特色の一つとして、不純物が多い生ごみであっても再生利用可能な点があげられる。

標準的な受入れ　廃棄物の荷姿

この特色が意味するところは、上の写真のように、スーパーマーケットやコンビニエンスストアで、賞味期限切れとなり廃棄された商品として包装されたままの生ごみや、外食産業で、割り箸や爪楊枝、紙ナプキンが混合した客の食べ残し等の生ごみも受入れ可能ということである。

図3は、2013年改正食品リサイクル法令による食品業種ごとのリサイクル目標値とその実施率をまとめた図であるが、図3から明らかなとおり、食品製造業は、ほぼ目標値を達成している。これは、この業種では、食品加工の過程から生じる生ごみであり、不純物の混入がほぼなく、肥料化または飼料化としての再生利用ルートがすでに完成していることにある。一方、外食産業では、目標値は50%と定められたのに対し、その実施率は、25%（2013年度）と半分の水準である。これは、既述してきたとおり、不純物が多く、肥料化・飼料化によるリサイクルが難しいためであるが、メタン発酵技術を使った再生利用では、これらの業種から排出される生ごみもリサイクル可能となり、この技術、事業の拡大により、外食産業のリサイクル率が高まることが期待される。

表1　食品廃棄物の再生利用実施率

	今回設定目標値（平成31年度まで）	前回設定目標値	平成25年度実績
食品製造業	95%	85%	95%
食品卸売業	70%	70%	58%
食品小売業	55%	45%	45%
外食産業	50%	40%	25%

(3)　BE社事業の特色2――再生可能エネルギー化

ア　電力化

BE社の事業では、生ごみのメタン発酵により発生したバイオガス（のうちメタンガス）を原料として、高効率のガスエンジン発電機2機による発電を行っている。発電機の出力は、1機あたり560kWhであり、2機合計で1,120kWh、1日あたり26,880kWhの発電を行っている。この発電量は、約2,600世帯分の電力に相当する量である。

BE社では、発電した電力全量を電力会社に売却しているが、この電力はバイオマス（バイオガス）由来の電力であるため、FIT制度（固定価格買取制度）の対象となっており、2017年現在、1kWhあたり39円以上の価格が付いている。

イ　都市ガス化

発生したバイオガスを発電に利用しても、なお発生するバイオガスに余力が存在した。BE社と、東京ガス株式会社の共同研究の結果、バイオガスが都市ガスとしても利用可能であることが確認できたことから、これに基づき、BE社は、経済産業省が進める「バイオガス都市ガス導管注入実証事業」として、発生したバイオガスを都市ガス化し、一般家庭に供給している。

都市ガスの供給量は、1日あたり2,400立方メートルになる。これは、約2,000世帯分の都市ガス供給量に相当する量である。

ウ　コジェネレーション（熱併給発電）

発電用のガスエンジン発電機により発生した排熱は、排熱ボイラにより熱回収され、施設内でメタン発酵槽の保温、汚泥の乾燥用温風等に再利用されている。

回収熱量は、1日あたり100,400MJになる。これは、1,300世帯分相当の熱量となる。

エ　CO_2（二酸化炭素）削減

上記のとおり、生物由来の生ごみをメタン発酵技術を利用して再生エネルギー化することにより、CO_2（二酸化炭素）の排出削減を実現している。

当該施設におけるCO_2削減効果は、1日あたり約20トン、1年間で約7,080トンに及ぶ。この量は、森林換算で921ha＝東京ドーム197個分に相当する量である。

(4)　BE社事業の特色3――再生利用製品の需要の安定

飼料または肥料として再生利用した場合、これらの再生利用製品の需要は、エンドユーザーである農家、畜産家の需要に大きく左右されてしまう。具体的には、天候不順による不作や疫病の発生による産業動物の減少等の要因により、再生利用製品の需要が落ち込み、食品リサイクル業者が、再生利用製品の在庫を大量に抱え込むこととなり、場合によってはこれらを自己の費用負担で廃棄処理しなければならないというリスクが存在する。

BE社の事業では、再生利用製品にあたるものは、電気または都市ガスであるところ、そのエンドユーザーは、一般家庭であり、需要が安定している。最悪の場合でも余剰のバイオガスを燃焼して処分することも可能であり、不測の費用発生による収支悪化のリスクを負わない。

5　処理プロセス

BE社における食品廃棄物処理のプロセスは以下のとおりである（フロー図として後記図5参照）。

(1)　受入れ

食品関連事業者から排出された食品廃棄物は、収集運搬業者のパッカー車等の貨物自動車により、BE社の受入施設に搬入される。同施設では、床面に設置された3機の受入ホッパがあり、パッカー車等から直接受入ホッパに廃棄物を投入できるようになっている。

受入ホッパ上には、悪臭防止のため、臭気回収用のダクトがあり、常時吸気し、脱臭設備により脱臭が行われている。また、消臭剤噴霧装置も設置されており、定期的に消臭剤が噴霧され、悪臭の防止を行っている。

(2)　破　砕

受入ホッパから投入された廃棄物は、破砕機へ送られる。破砕機は、一次破砕機、二次破砕機の2機あり、廃棄物は、2回にわたって細かく破砕される。

破砕された廃棄物は、選別機に送られ、選別機で包装、ビニール類、割り箸、紙類等の発酵不適物が90％以上選別され、取り除かれる。選別が終わった廃棄物（以降、発酵原材料という）は、調整槽に送られる。

なお、発酵不適物は、これら専用の再生事業者で処理され、最終的には、燃料および資材として再生利用される。

(3)　調整槽

メタン発酵とは、有機物を種々の嫌気性微生物の働きによって分解し、メタンガスや二酸化炭素を生成するものであるが、その分解過程は、大きくは、酸生成相（酸発酵）とメタン生成相の2相に分けられる。

調整槽では、発酵原材料に加水し可溶化するとともに、酸発酵の促進のためPh調整等が行われる。

また、調整槽には、発酵に適した状態になった発酵原材料（以降、発酵原液という）をメタン発酵槽に定量的に投入するという機能も有する。

図3　メタン発酵における物質変換の概要

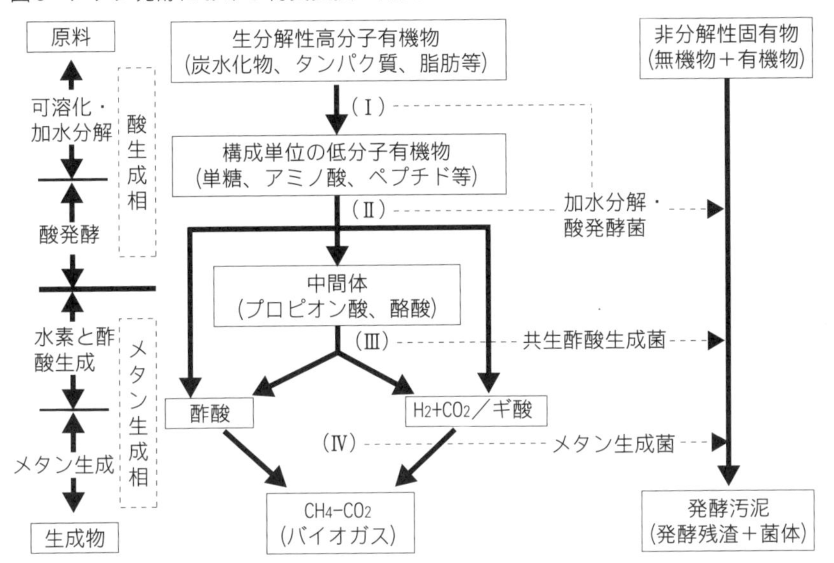

(社)全国都市清掃会議平成18年6月「ごみ処理施設整備の計画・設計要領2006改訂版」より

(4)　メタン発酵槽

調整槽で成分調整等された発酵原液は、メタン発酵槽に送られる。

メタン発酵は、嫌気状態で行われるため、メタン発酵槽は、密閉槽となっている。当該施設には、メタン発酵槽は2槽あり（図5参照）、1槽あたり2000立方メートルのバイオガスを生成可能である。

発酵原液は、メタン発酵槽で攪拌されながら約30日間滞留され、中温発酵帯（35℃～37℃）で嫌気性のメタン発酵菌（Methanosarcina属等）により、メタン発酵が行われる。

メタン発酵は、食品廃棄物の種類（果物系、野菜系、肉魚系、残飯類系）、液温、アンモニア濃度等でメタン発酵特性（重量あたりのバイオガス発生量）が変化するため、発酵原液（食品廃棄物）に占める各食品廃棄物の比率、その他の要素等を見極め、日常の調整が重要となる。

(5) 脱硫（硫黄分（S）の除去）

メタン発酵槽で生成されたバイオガスには、メタンガスのほか、二酸化炭素と微量（500～1000ppm）の硫化水素（H_2S）を含んでいる。硫化水素は、装置の腐食や燃焼により硫黄酸化物となって大気汚染の原因となるため、脱硫装置を用いてバイオガスから硫黄分を除去する必要がある。脱硫には、乾式脱硫と呼ばれる方法を用いている。乾式脱硫とは、酸化鉄系の脱硫剤と硫化水素を化学反応させ、酸化鉄（FeO等）を硫化鉄（FeS等）化することにより、硫黄分を除去するものである。

(6) 発　電

既述のとおり、同施設には、2機のガスエンジン発電機が設置されており、バイオガスを燃料として発電を行う。発電された電気は、変電設備を経由して電力会社の送電網に供給される。

(7) 都市ガス

発電に使用されなかったバイオガスは、都市ガス製造供給設備により、二酸化炭素を除去し、熱量調整、付臭（ガス漏れがわかるように、都市ガスの臭いをつける）、計測（都市ガスとして適しているかガスの品質管理）のうえ、都市ガス会社のガス管に供給される。

(8) 熱回収

ガスエンジン発電機の排熱は、排熱ボイラにより蒸気として回収されて、場内でメタン発酵槽の保温、汚泥の乾燥等の用途で使用される。

なお、発電と熱回収を合わせた熱効率は、63％ほどであり、きわめて効率の高いシステムが構築されている（火力発電所で使用される、最新鋭のガスタービンコンバインド発電機での熱効率は60％程度。原子力発電は30％程度）。

(9) 発酵残渣の処理

発酵が終わった発酵原液（消化液）は、メタン発酵槽から取り出され、脱水機により固液分離される（脱水ろ液と汚泥に分離）。脱水ろ液は、生物学的硝化脱窒素法（消化液中に含むアンモニアイオンを、硝化菌の作用により、硝酸イオン、亜硝酸イオンに酸化後、脱窒菌の作用により窒素ガスして分離する方法）により放流水の環境基準値に至るまで浄化し、下水道へ放流される。

分離された汚泥は、乾燥機により乾燥され、専用の再生事業者で処理され、最終的には、燃料として再生利用される。

これらの処理により、100トンの廃液は、最終的には4トンにまで減量される。

図4　食品廃棄物処理フロー

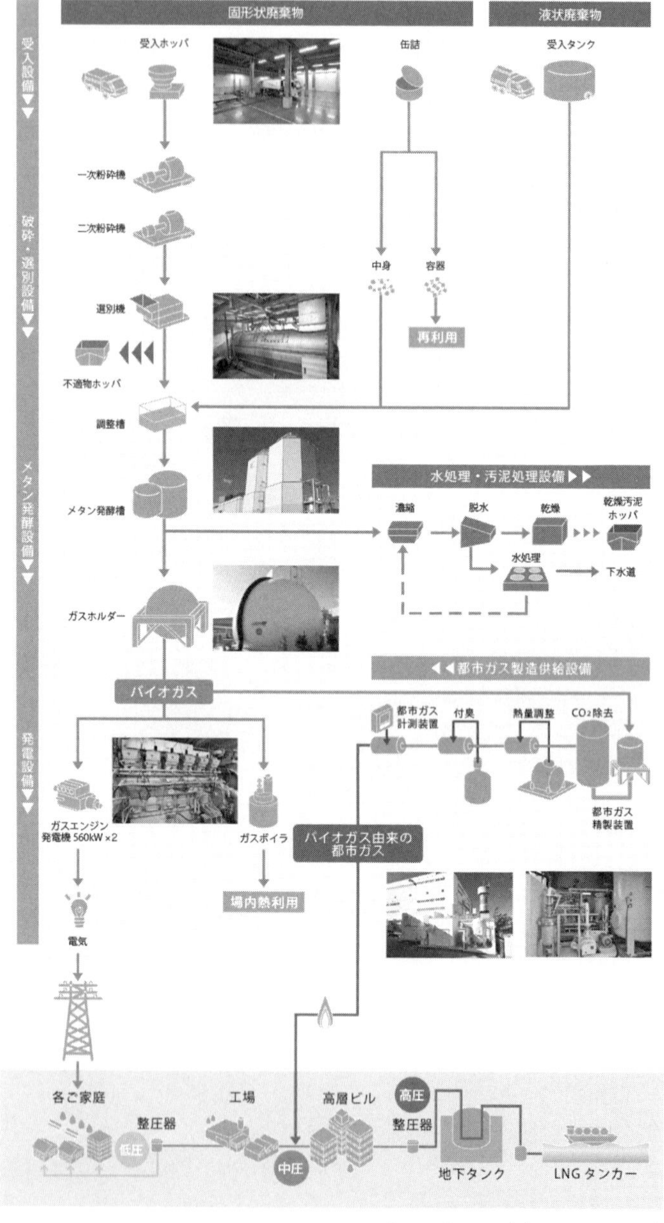

http://www.bio-energy.co.jp/flow/

2 『巡る』を作る
——株式会社日本フードエコロジーセンター

1　会社および施設の概要

(1)　会社の概要

株式会社日本フードエコロジーセンター（以下「J.FEC社」という）は、沿革的には、株式会社小田急ビルサービスの一部門（環境事業部）であったものが、2013年10月に分社化（会社分割）し、設立された一般廃棄物および産業廃棄物処理業者である。

前身である株式会社小田急ビルサービス環境事業部は、2005年10月、神奈川県相模原市田名（現・相模原市中央区田名）塩田に小田急フードエコロジーセンター（食品リサイクル施設）を開設し、2006年3月から本格稼働を始めており、事業自体は、すでに10年超の実績を有する。

J.FEC社は、後に述べるリキッドフィーディング技術を用いて、食品廃棄物をリキッド発酵飼料として再生利用し、ループリサイクルを形成する、食品リサイクルビジネスを展開している。

施設外観

⑵ 施設の概要

J.FEC社食品リサイクル施設（リキッド発酵飼料化工場）の概要および仕様は以下のとおりである。

- 処理能力　飼料化（破砕・発酵処理）
  一般廃棄物処理　13トン／日
  産業廃棄物処理　26トン／日
- 取扱廃棄物　動植物性残渣、廃酸、廃アルカリ、汚泥（食品に限る）、一般廃棄物（生ごみ）
- 受入食品関連事業者　約190社（小田急グループ、東急グループ、セブン＆アイグループ等）
- 契約養豚農家　16戸

2　許認可等

J.FEC社は、廃棄物処理法に定める一般廃棄物処理業および産業廃棄物処理業の許可を有し、食品リサイクル法が定める再生利用事業者として登録されているほか、同社、食品関連事業者および養豚農家によるループリサイクル事業（後述）は、同法に定める再生利用事業計画の認定を受けている。

また、同社の食品リサイクル施設（リキッド発酵飼料化工場）は、一般廃棄物処理施設設置許可（破砕・発酵）および産業廃棄物処理施設設置許可（破砕・発酵・選別）を得ている。

3　事業の概要

端的に述べれば、食品関連事業者（主として、食品製造業、食品卸売業および食品小売業）が排出する余剰食品（食品廃棄物）を、食品リサイクル法に則り、リキッドフィーディング技術を利用してエコフィード[1)]化（リキッド発酵飼料化）し、これを養豚農家に販売し、食品廃棄物を再生利用する事業である。

養豚農家は、エコフィードを給餌し育成した豚をブランド化し（『優とん』

等)、食品排出事業者（百貨店、スーパーマーケット等）に販売することでループリサイクル（循環型社会）を形成している。

このループリサイクル事業は、既述のとおり、食品リサイクル法の再生利用事業計画の認定を受けている。

図5　ループリサイクル概念図

J.FFCパンフレットより

1)　エコフィード（ecofeed）：環境に優しい（ecological）や節約する（economical）等を意味するエコ（eco）と飼料を意味するフィード（feed）を合わせた言葉。食品製造副産物（醤油粕や焼酎粕等、食品の製造過程で得られた副産物）や余剰食品（売れ残りのパンや弁当等、食品としての利用がされなかったもの)、調理残渣（野菜のカット屑や非可食部等、調理の際に発生するもの)、農場残渣（規格外農産物等）を利用して製造された家畜用飼料のこと。公益社団法人配合飼料供給安定機構が商標登録を取得しており、「エコフィード認証制度」により認証された食品循環資源利用飼料は、エコフィードの商標と認証マークを利用することができる。

図6（認定された再生利用事業計画の実例）

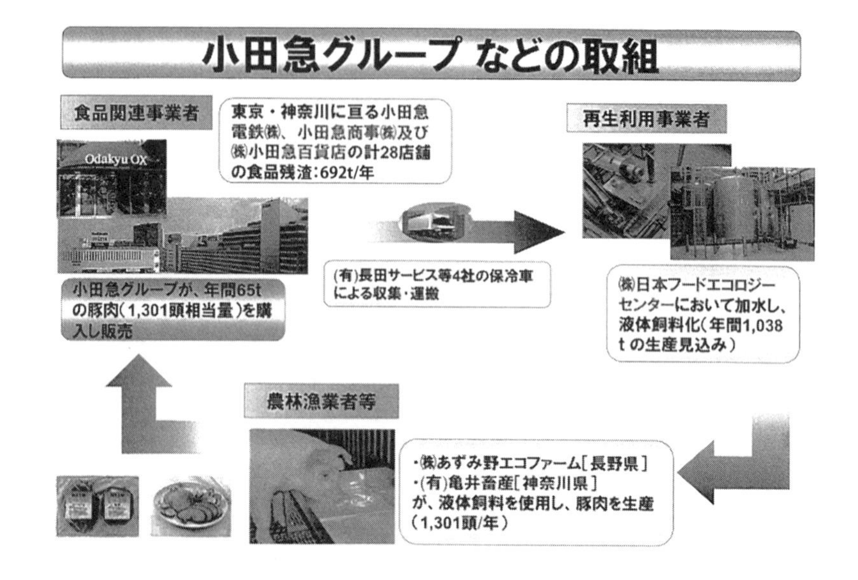

4　事業の特色

(1)　エコフィードの意義（飼料自給率の向上）

畜産業における飼料（濃厚飼料としてのとうもろこし、大豆粕等）は、その約7割を海外からの輸入に依存しているのが現状である。しかし、かつてはこれらの輸出国であった中国が、その経済発展により輸入国に転じるなど、飼料原材料の需要は世界規模で増加の一途をたどっている。加えて、原油価格の上昇によって輸送費も増大、配合飼料価格は、近年高騰している。

これにより畜産業における飼料費は、経営コストの約4割から7割を占めるに至り（肥育牛で39%、肥育豚で65%、養鶏で67%程度）、本邦における畜産業の衰退の一因をなしている。

政府は、飼料自給率向上を施策とし、2025年度の自給率目標を40%と定めている。その施策の一環として、濃厚飼料の代替としてのエコフィードの利用を推進している。

これを受けて、食品リサイクル法に基づく再生利用方法として、飼料化が優先順位の1位とされている。

食品廃棄物の飼料化（エコフィード化）による再生利用は、ごみ処理にまつわる環境問題と畜産業における飼料自給率の問題を一挙に解決する事業である。

図7　経営コストに占める飼料費の割合（平成27年度畜産生物費調査および平成27年営業類型別経営統計）

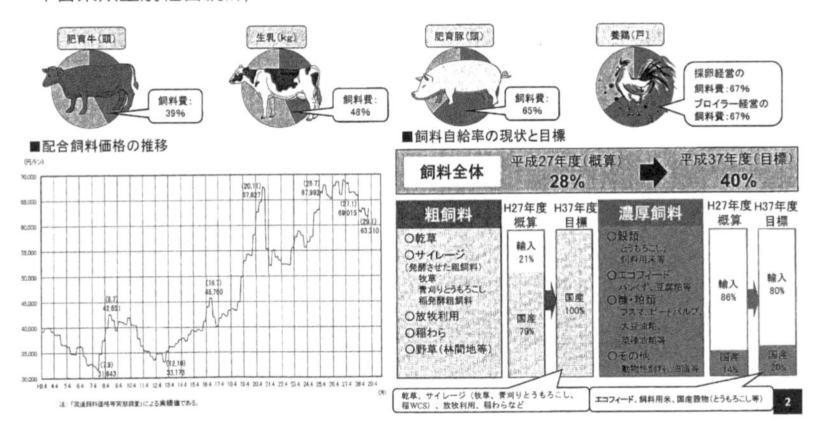

(2)　J.FEC社事業の特色1——エコフィーディング化

食品廃棄物のエコフィーディング化の方法としては、①乾燥化技術によるドライ飼料、②サイレージ調整技術によるサイレージ（発酵）飼料、③リキッドフィーディング技術による液状飼料の3タイプがある。

同社では、③のリキッドフィーディング技術（原材料と液状分を混合し、スープ状に加工する）により、液状飼料を製造している。

各方法には、それぞれメリット・デメリットがあるが、液状飼料のメリットの最も大きなものとして、施設建設コストが低く、製造工程もシンプルであることから製造コストが低く、乾燥飼料、サイレージ飼料と比較して、価格を抑えることができる点がある。

エコフィードの販売価格の平均値

乾燥飼料	サイレージ飼料	リキッド飼料	配合飼料
27.1円／kg	27.5円／kg	6.8円／kg	62.9円／kg

農林水産省『エコフィードをめぐる情勢　2017年4月』

その他のメリットとして、最終的に液状化することから含水率の高い食品廃棄物（牛乳、ヨーグルト等）でも対応可能なこと、消化効率がよく家畜の糞尿の臭気を軽減できること、リキッド飼料に含まれる乳酸菌の働きにより家畜の疾病率を低下させ、抗生物質の投与を軽減でき、健康的で安全な食肉を消費者に提供できること等があげられる。

(3)　J.FEC社事業の特色2――発酵リキッドフィーディング技術

同社では、食品廃棄物を単に液状化するのみならず、液状化した食品廃棄物を殺菌後、乳酸菌（ホエイ）を加え、乳酸菌による発酵処理を行うことにより、発酵リキッド飼料を製造している。

乳酸発酵を行うことにより、リキッド飼料はPh4前後の弱酸性に調整されるが、この数値下では、腐敗をもたらす微生物は生存できず、飼料の保存性を高める効果がある。また、発酵リキッド飼料を用いて肥育された豚は、一般の豚肉に比べてオレイン酸等の不飽和脂肪酸が多く、コレステロール値は少なく、筋繊維はきめ細かく柔らかくなり、品質が向上する効果もある。

(4)　J.FEC社事業の特色3――ループリサイクルの形成

食品関連事業者（百貨店、スーパーマーケット等）からJ.FECに搬入された食品廃棄物は、発酵リキッド飼料となり、発酵リキッド飼料は、養豚農家によりブランド豚肉となる。ブランド豚肉は、商品として再び食品関連事業者（百貨店、スーパーマーケット等）に販売される。

これにより、食品関連業者が排出した食品廃棄物は、ブランド豚肉という商品に形を変えて還流されることとなり、ループリサイクルが形成されることになる（図5参照）。

5　処理プロセス

(1)　受入れ

食品卸売業者、食品小売業者等から排出された食品廃棄物は、廃棄物処理法上、（事業系）一般廃棄物となる。

これらの事業系一般廃棄物は、専用回収容器に収められたうえ、専用保冷車で搬入され、搬入後に計量される。

この専用容器の上部にはバーコードが付されており、バーコードを読み込むことで、当該廃棄物の排出場所、内容物等のデータがJ.FEC社のコンピュータにインプットされる。これにより、搬入された廃棄物のカロリー量やタンパク質量等が瞬時に集計され、製造する発酵リキッド飼料の設計が可能となる。また、このバーコードにより、流通商品（発酵リキッド飼料）にトレーサビリティ（追跡可能性）を付与できるとともに、日々または曜日ごとの廃棄物排出量の変動が把握でき、これを顧客（食品関連事業者）に報告することで、廃棄物の発生を抑制する効果もある。

食品製造業者から排出された食品廃棄物は、廃棄物処理法上、産業廃棄物となる。これら産業廃棄物は、大型のコンテナで搬入され、計量の後、破袋機で包装等が選別される。

(2)　選　別

搬入された廃棄物は、生産ラインに投入され、金属探知機等により、金属等の異物が選別され、さらに手作業で飼料化に向かない繊維質の多い破棄物（パイナップルの皮等）が除去される。

(3)　破　砕

選別の終わった廃棄物は、破砕機にかけられ細かく破砕された後、1次タンクに送られ、ここで加水され液状になる（飼料原料）。

(4)　殺菌処理

飼料原料は、熱交換器に送られ、80～90℃に加熱し、大腸菌、サルモネラ菌等の殺菌処理を行う。

(5) 発酵処理

殺菌を終えた飼料原料は、発酵タンクに送られ、ここで40℃ほどに保温され、乳酸菌による乳酸発酵が行われる。発酵に要する時間は、気温や飼料原料の成分により左右されるが、約8時間ほどで完了する。

この発酵タンクで、状態に応じてギ酸、プロピオン酸等を調合し、Ph3.5～4.2程度に水素イオン濃度を調整する。既述のとおり、Ph4程度の弱酸性にすることにより、微生物の増殖を抑え、保存性が増し、10日から2週間前後の保存が可能となる。

(6) 配合～出荷

発酵処理を終えた飼料原料は、カルシウム、ビタミン等を配合し、あるいは、養豚農家の要請に応じて各種栄養素等を配合し、発酵リキッド飼料として完成する。

完成した発酵リキッド飼料は、タンクローリーによって養豚農家に運搬され、豚に給餌される。

食品廃棄物が搬入されてから約12時間から24時間で発酵リキッド飼料が完成し、出荷される。

J.FEC社では、1日あたり33トン前後の食品廃棄物を受け入れ、40トン前後の発酵リキッド飼料を出荷している。

＜参考資料等＞

・株式会社日本フードエコロジーセンターホームページ　(http://www.japan-fec.co.jp/)
・農林水産省　生産局畜産飼料課「エコフィードをめぐる情勢・平成29年4月」http://www.maff.go.jp/j/chikusan/shokuniku/pdf/pdf/h25_sankou2.pdf
・環境省大臣官房廃棄物・リサイクル対策部廃棄物対策課「メタンガス化施設整備マニュアル（改訂版）・平成29年3月」
http://www.env.go.jp/recycle/waste/3r_network/7_misc/metangasu_full.pdf

コラム

イノベーションによるリサイクルビジネスの可能性

1　日本における「リサイクル」法の概要

日本における廃棄物の法制度の起点は1900年に制定された汚物掃除法であるとされている。その後生活環境の維持という目的が加わって1954年の清掃法が制定され、さらに廃棄物について規定を設けた廃棄物処理法が1970年に制定されている。当初の法規制はごみの処理が中心課題であった。

高度成長下においてもごみの問題は各地において様々生じていたが、リサイクルという言葉が使われたのは1973年に生じた第1次オイルショックであった。オイルショックによって資源が無尽蔵にある・使えるものではなく省資源・省エネルギー社会への転換が必要であると意識されるようになった。

さらに1986年からのバブル景気によるごみの大量発生は対応施設、埋立地にも限界があることが問題化されごみの減量化が課題とされるようになった。

上記を受けて1991（平成3）年には廃棄物処理法の目的に「排出抑制・再生」が加えられるとともに資源有効利用促進法が制定され、1995（平成7）年には容器包装リサイクル法が制定されるに至っている。

なかでも1991年に制定された資源有効利用促進法はリサイクルを考えるうえで非常に画期的なものである。主な内容としては以下があげられる。

①特定省資源業種の指定（10条）
②特定再利用業種の指定（15条）
③指定省資源化製品の指定（18条）
④指定再利用促進製品の指定（21条）
⑤指定表示製品の指定（24条）
⑥指定再資源化製品の指定（26条）
⑦指定副産物の指定（34条）

2000（平成12）年には循環型社会基本法等関連6法案（改正廃棄物処理法、改

正資源有効利用促進法、建設法、食品リサイクル法、グリーン購入法）が成立し、3Rの原則、拡大生産者責任の考え方が導入された。

また平成20年の第2次循環型社会形成推進基本計画では「循環型社会、低炭素社会、自然共生社会を統合した持続可能な社会に向けた展開」が課題とされた。

2　新ごみゼロ国際化行動計画

国際的な循環型社会の推進にとって画期的なものとしては2004年に採択（G8サミット）された3Rイニシアティブがある。これは①3Rの推進、②国際的な流通に対する障害の提言、③発展途上国との協力、④関係者間の協力を推奨、⑤3Rに適した科学技術の推進を合意したものである。

上記を受けて2008年、日本における行動計画として「新・ごみゼロ国際化行動計画」が策定されている。ここから読み取れるのは資源の有効利用の促進というのは今や1国の問題なのではなく国際的に解決していくべき課題とされているということである。

3　イノベーションとは

本稿は「リサイクルビジネスにおけるイノベーション」について述べるものである。そもそも「イノベーション」とはいかなるものをいうのか。様々な考え方があるが一般的には「経済活動の中で生産手段や資源、労働力などをそれまでとは異なる仕方で新結合すること」（シュンペーター）とされ、イノベーションのタイプとして、①新しい財貨すなわち消費者の間でまだ知られていない財貨、あるいは新しい品質の財貨の生産、②新しい生産方法の導入、③新しい販路の開拓、④原料あるいは半製品の新しい供給源の獲得、⑤　新しい組織の実現、という5つをあげている。

ではなぜイノベーションを考える必要があるのかというと、そもそも「リサイクル」の概念が広いことと、技術の進歩が著しくこれからも従来できなかったことができるようになることが想定されるからであり、ビジネスをどの方向で拡げていくかはリサイクルビジネスを考える上で非常に重要な意味を持つからです。

イノベーションは、大きく分けて①思考の枠組みと②技術革新の2つがある。

思考の枠組みとしては、地球規模の「サステナビリティ」（持続可能）のイノベーションがあげられる。世界が「過剰なモノの生産と供給、欲望喚起によるマーケティングの時代」から「人間や社会のための最適な関係の形成やサービス化された技術やモノのあり方を模索する時代」になっているということであり、今までとは違う思考の枠組みが求められているということでもある。

4　リサイクル体系について

「リサイクル」を考える前に3Rについて説明しておきたい。

3Rとはごみ減量における優先順位の考え方で、

①発生抑制（リデュースReduce）

　廃棄物の排出量の低減

②再使用（リユースReuse）

　一度使用して不要になったものをそのままの形で再び使用すること

③再生利用（リサイクル Recycle）

　使用済みの製品を原材料や製品として再生利用すること

のことであり、この①から③の順番で考えていくということです。

リサイクルは一般に「再生利用」と表現されるが、概念的には3種に分けられその裾野も広い。

①マテリアル・リサイクル（Material Recycle）

　素材・物質を回収するリサイクルのこと　（びん、アルミ缶等）

②ケミカル・リサイクル（Chemical Recycle）

　化学原料を回収するリサイクルのこと　　（プラスチック等）

③サーマル・リサイクル（Thermal Recycle）

　エネルギー・熱を回収するリサイクルのこと（発電、温水処理等）

5　イノベーション発想とは

上記リサイクル体系を受けてイノベーションを考えてみたい。ごみの減量化を考えるうえで、たとえば「傘」を例にとってみる。

①発生抑制

傘を構造的に壊れにくくする（柔構造）ことでごみの発生を減らす。また、部品の交換を簡易に可能にすることで傘全体の廃棄を抑制することができる。

②再生利用

マテリアル、ケミカル　　メーカーが壊れた傘を引き取ることができるのであれば製品原料として使うことも可能と考えられる。

サーマル　　燃やしやすく、ダイオキシンが発生しにくい素材を使用する(熱処理しやすい素材ということ)。

ほかにも様々な手法が考えられる。ここがメーカーとしての頭の使いどころとなる。

6　事　例

それではイノベーションの発想につながるような事例を見てみる。

(1)　発生抑制、減量化

ア　レジ袋削減マイバッグ運動（エコバッグ）

店頭でのレジ袋譲渡に料金をかけマイバックによる買物を推進したもの。この取組みは環境に負荷を与えるレジ袋の使用を抑制することにより生活習慣の見直しを図り循環型社会への推進を図るものである。目的としてはレジ袋の過剰な消費から、繰り返し利用できる買物袋の使用に切り替えることで、ごみの削減や、それに伴う二酸化炭素などの温室効果ガスの削減、レジ袋の原料となる原油の節約（資源保護）が期待できる。最近では多くのスーパーマーケットで導入されている。

イ　マイ箸・マイカップ・マイボトル運動

自分の箸・カップ・ボトルを持ち歩いて必要以上に割り箸や使い捨て紙コップやペットボトルのごみを出さないようにしようとの運動をいう。

ウ　家庭生ごみの堆肥化

家庭ごみの堆肥化には微生物分解型と乾燥型がある。

微生物分解型はタンパク質や炭水化物などの生ごみの有機成分を微生物の力を借りて分解する方法で、乾燥型は8～9割が水分である生ごみに熱を加えて乾燥し減量化する方法である。それぞれ特徴があるが堆肥化するためには分解型と乾燥型の両方をうまく取り入れることで熟成した堆肥とすることができる。自治体によっては堆肥化処理機の購入に対し助成をしているところもある。

エ　シェアリング・エコノミー

最近注目されているのはシェアリングという手法である。シェアリング・エコノミーとは物・サービス・場所などを、多くの人と共有・交換して利用する社会的な仕組みをいう。

カー・シェアリング、ライド・シェアリング、シェアハウス、民泊、フラクショナル・オーナーシップ（物品の所有権を共有してその物品を分割使用すること。たとえばリゾートマンションのタイムシェア等）等がそれにあたる。個々人がそれぞれ自分の物を所有するというよりは共有できるものはできる限り共有でというのが社会の流れである。

以前から晴れ着（やドレス）のレンタルというのはあったが最近ではスーツや制服のレンタルというのも登場してきているようで、過剰消費から必要なものを必要な分量だけ消費するという流れができつつあると感じている。

オ　環境教育

環境を考えるうえで一番のベースになるのは人びとの環境に対する意識の変革であろう。その元となるのは環境についての教育・啓蒙であろうと考えられる。

政府では2003年に環境教育推進法（環境の保全のための意欲の増進及び環境教育の推進に関する法律）を制定し（2011年に環境教育等促進法（環境教育等による環境保全の取組の促進に関する法律）に改称）、「環境保全活動、環境保全の意欲の増進及び環境教育並びに協働取組の推進に必要な事項を定め」ること（同法1条）を目的としている。

環境教育の必要性は増えることはあれ減ることはないと考えられる。

カ　ミニマリズム、エコライフ、ロハス

物を減らすことで、本当に大切なものを見つめ直すことを目的とした生活のこと。一時「断捨離」(部屋にあるものを減らしたり整理することによって、物に対する執着心を減らすこと) がブームであったが、そのベースにはエコライフ (環境の負荷の少ない生活スタイル) やロハス (Lifestyle Of Health And Sustainability 健康で持続可能な社会を志向するライフスタイル) の影響がうかがえる。

(2)　リユース

ア　リユース食器ネットワーク

リユース食器ネットワークは、使い捨て容器に代えて、繰り返し洗って使用するリユース食器の普及を中心に、3Rに取り組む全国の団体をつないだネットワークである。リユース食器は、主にイベント等で使用するもので、使用後回収し、洗浄して、繰り返し再使用する食器である。リユース食器を使用することで使い捨て容器の処理にかかる環境負荷を低減することが期待できる。

イ　フリーマーケット、ネットオークション、ネットを介した中古品売買

最近インターネットを介した中古品売買が活況をみせている。以前よりバザー等の会場でのフリーマーケット、またはネットオークションはあったが操作性が格段によくなったこと、自分で値付けができることが人気の要因である。リユースを推進するツールとして可能性がある。

(3)　リサイクル

①食用油の代替燃料化

I市が取り組んだ、廃食用油をバイオディーゼル燃料化した事例である。廃食用油をそのまま排水に流すとそれを処理するのに大量の水が必要となりその対応に苦慮してきたところであり、通常は新聞紙に染みこませるあるいは固形剤を使ってごみとして収集しているものである。手順としては、以下のようになっている。

①　回収してきた油を貯蔵する

↓

②　固形分をフィルターを通して取り除く

↓

③　分離タンクに移し不純物を取り除く

↓

④　触媒とメタノールを加え、化学反応させる

↓

⑤　グリセリンを取り除く

↓

⑥さらに不純物を取り除き純度を高める

この代替燃料は硫黄成分が含まれていないため硫黄酸化物がほとんど排出せず環境に優しい燃料とされる。ただし、石油が高騰したときガソリンの代替と期待されたが、精製に約2日間くらいかかることや製造コストがまだ高いことからさらなる技術の更新が期待されているところである。

イ　動植物性残渣の肥料化・飼料化・飼料化機器

S市の民間企業の事例である（S県の産廃処理、肥料製造業登録を取得）。

動植物性残渣の肥料化・飼料化機器の原理はシンプルで、食品製造工場から持ち込んだ残渣物を不純物を除いて、釜に投入し、150～200℃の蒸気で乾燥させるというものである。生ごみの処理はとかく臭気の問題が生じるがこの処理機ではほとんど臭わない。

肥料（飼料ならばなおさら）にするときの注意点は残渣物の内容がほぼ均一化するような工夫が必要なこと、製造した肥料（飼料）を引き取ってくれる農家と契約をしていることが求められることである。

ウ　木材チップの炭化

T県の業者の事例である。造園業、林業等の雑木を原料とする。処理機は高温炭化装置である。

雑木を整形し、用途によって焼き方（炭化）の仕方を変える。時間をかけて焼き上げたほうが純度の高い炭ができあがる。

生成物は「炭」であるが脱臭剤や私道の舗装用のアスファルトに混合して使用する。

エ　バイオマス発電

「バイオマス」とは、生物資源（bio）の量（mass）を表す概念で、再生可能な、生物由来の有機性資源で化石資源を除いたものである。バイオマス資源としては、廃棄物系バイオマスとして紙、家畜糞尿、食品廃材、建設廃材、黒液、下

水汚泥、生ごみ等が、未利用バイオマスとしては、稲藁、麦藁、籾殻、林地残材（間伐材・被害木など）、資源作物として、飼料作物、デンプン系作物等があげられる。
「バイオマス発電」とは、そのエネルギー源を燃焼したり、あるいは一度ガス化して燃焼したりして発電する仕組みをいう。バイオマス発電には3種類ある。

ⓐ　直接燃焼方式

水分を余り含んでいない乾燥系の原料（稲藁、麦藁、籾殻、林地残材、資源作物等）を直接燃焼して、燃やした熱でお湯を沸かし発生した水蒸気でタービンを回す方式。

ⓑ　生物化学的変換方式

湿潤系の原料（家畜糞尿、食品廃材、下水汚泥等）を微生物を使って発酵させるなど、その過程で発生するメタンガスや水素を利用する発電方式。

ⓒ　熱化学的変換方式

その他（乾燥系・湿潤系でない）に分類された原料（黒液、産業食用油等）を加熱・加圧する方式でガス化し、そのガスを使って燃焼させることで発電を行う方式。

バイオマス発電の特徴としてはカーボンニュートラルという考え方が基礎となっていて、CO2を増加させずにエネルギーを作り出すことができるクリーンな発電方法だということである。特にこの部分は地球温暖化の遠因とされているCO2の削減の有効な手法といえる。さらに、発電燃料としては廃棄されるもの・利用されていないものを使っているので、廃棄物・未利用資源等からエネルギーを取り出して再利用することで無駄なくエネルギーを活用することができる。

課題としてはバイオマス発電の収益性があげられる。

廃木材等バイオ燃料を安定的に収集できるかということが最大の課題であり、また発電所の立地は燃料輸送コストを考えるとなるべく燃料調達地の近くに設置すべく計画を立案することが重要である。

7　まとめ

この原稿ではリサイクル法の経緯、捉え方の推移から、3Rを中心に発想の転換に言及した。また、イノベーションの進展に伴って発想の枠組みさらに素材や技術の面でもリサイクルビジネス自体に可能性があることを述べた。

日本人には「もったいない精神」がある。これをベースに発想していけば日本発の世界に輸出できるイノベーションも可能なのではないか。

〔伊藤浩〕

行政からの視点

——環境政策と住民の視座から見るリサイクルビジネス

リサイクルビジネス事業者と行政の関係は、その業種に必要となる許認可手続を通してのものだけではなく、開業前の事前相談・事前協議から始まり、開業後・操業中、さらには廃業後に至るまで様々に続いていく。

行政がリサイクルビジネス事業への許認可を判断するとき、また、許認可後に気にする点は何なのか。筆者は県や市といった自治体の審議会や委員会の委員を、この10年の間に17ほど経験している。審議会等の事務局を務める自治体職員とのやりとりを通じ得られた知見と、日頃の行政手続実務の現場における肌感覚を合わせ考慮して、以下述べていきたい。

1　環境への関心の高まり

戦後、日本の経済は朝鮮戦争特需を経て高度成長の時代へと突入し、目覚ましい発展を遂げた。しかし、一方ではその反動ともいえる環境悪化が深刻な状況に及ぶに至った。

環境よりも経済を優先に、起こるかどうかわからない健康被害よりもまずは利益第一に、という価値判断がそこにあったというよりは、環境や人体への影響というものに関して企業活動がどのような影響を及ぼすのか。そうしたことに住民や行政、そして企業自体が深い関心を寄せるには至っていなかった面もあったのだろう。

しかしその後、いわゆる四大公害病の広く深い被害を目の当たりにした世間は、企業活動の環境への影響というものを強く意識するものとなった。そして、「公害問題」よりもより広い概念として「環境問題」という言葉が社会に浸透していく[1]とともに、人々の目も行政の目もこれまでにはなかった感度をもって環境と対峙していく姿勢がみられるようになった。

2　行政と住民の目は厳しくなる一方

このように、戦後から高度経済成長期を経てわが国が直面した環境の悪化により、行政と住民は否が応でもこの問題を直視せねばならないことになった。住民は健康への影響を心配し、さらには快適な暮らしに悪い影響が出ないか懸念する。その住民らの不安や、時によっては怒りを受ける側となるのが行政である。

たとえば、事業者の申請により産業廃棄物の最終処分場の設置許可が行政によりなされようとしているケースを考えてみよう。当該最終処分場予定地周辺は豊かで美しい自然環境に恵まれ、都心より離れていることから静かで落ち着いた住環境が形成されていたとする。予定どおりここに施設が設置されると、良好な住環境と自然環境に悪影響を与える蓋然性が高く、また周辺住民への健康被害や生活環境の悪化が見込まれる。

この場合、まず住民としては、自然環境や生活環境の悪化により快適な住環境が侵害されるおそれがあるとして、事業者に対して処分場の設置をしないよう申入れをし、行政に対しては設置の許可を下ろさないよう求めるだろう。

こうした住民側の要求に対し、許可権者である行政は無視することができない。仮に、住民側の主張するおそれがないと判断したとしても、行政として何らかの回答や説明などの対応をしないといけない。むろん、それが行政の責務

1)　高崎経済大学地域政策研究センター編『環境政策の新展開〔第1版〕』(勁草書房、2015年) 11頁〔金光寛之〕。

であるのは当然なのだが、そういういわば建前論的な理由ではなく、政治力学的な要素が常に働くのが、こうした環境問題には多いからである。

というのも、1で述べた環境への関心の高まりは今なお続いており、当該地域を選挙地盤とする地方議員や地方議会に対して、住民側が請願や陳情をすることが考えられるし、陳情・請願という法令上の手続を踏まないにしても、議員から行政に対してさらなる説明を促すよう働きかけることは可能だ。

行政の担当職員としては、議員からの説明要求に応じないということはできず、説明するにしてもおざなりにはできない。ましてや、議会において請願・陳情案件に上がってくることにもなれば、首長の対応にも耳目が集まるなど、社会の関心は大きくなるばかりである。

このように、環境への関心が高い現代社会においては、一環境事業者の求める許可の一つが、自然環境や住環境に与える影響が大きく、もしくは大きいものと感じ取られやすいことから、住民側にしても行政側にしても、他業種に比べより厳しい目でみられていることを強く自覚して事業活動を行うことが求められる。

3　合法であれば問題はないのか　～ラブキャナル事件～

1978年、米国ニューヨーク州はナイアガラの滝に近いラブキャナル運河で起きた環境汚染事件は、現代日本におけるリサイクル事業者、広く環境事業者も押さえておくべき出来事である。この汚染は、化学工場が同運河に棄てた農薬や除草剤などの有害な化学物質が原因であった。

ラブキャナルは19世紀に水路として用いられたのち、1930年代以降は廃棄物の投棄がなされていた。当時の法令には違反しておらず、同工場も1950年頃には大量の有害化学物質を投棄していた[2)]。

その後、この運河は埋め立てられ住宅地や小学校の用地となったが、地下水や土壌は汚染され、そこから漏れ出た有害な化学物質が住民らに健康被害を及ぼすことになり社会問題化したのであった。

---

2)　EICネット http://www.eic.or.jp/ecoterm/?act=view&serial=2648

このことから得られる教訓は、化学物質の運河への投棄当時、その行為は違法ではなかったものの、後に重大な被害をもたらすことがあり、事業活動を行っている現時点で合法でありさえすれば、その後の結果については責任を負わなくて済むだろうという短絡的な思考への戒めである。

4　スーパーファンド法　～責任の広がり～

ラブキャナル事件を機に、米国環境保護庁は1980年、その浄化費用にあてるために「包括的環境対処補償責任法（スーパーファンド法）」を制定し、信託基金が設立された[3)]。

浄化費用は、この信託基金（スーパーファンド）から支出するが、その費用は有害物質に関与したすべての潜在的責任当事者が負担をすることになったことが注目に値する。

潜在的責任当事者には、現在の施設所有・管理者だけでなく、有害物質が処分された当時の所有・管理者、有害物質の発生者、有害物質の輸送業者や融資金融機関をも含む[4)]。

この責任の広さには、目を見張るものがある。そもそも投棄していた化学工場の責任は当然として、その輸送業者や化学工場を運営する会社に融資をした金融機関もまた、間接的に環境汚染を悪化させた責任があるとされたのである。

こうした広い責任を問う法令が定立されるとなれば、事業者としては現在の操業システムやスキームを大幅に見直す必要が出てくるはずだ。

5　コンプライアンスとCSR

住民や行政から関心を引くリサイクル事業者には、自然とコンプライアンス姿勢についても高い期待がかかる。コンプライアンスは「法令遵守」と訳され

---

3)　EICネット http://www.eic.or.jp/ecoterm/?act=view&serial=1399
4)　注3）参照。

ることが多いが、筆者は以前より一貫して「法令等遵守」と日本語では表すようにしている。というのも、この「等」の部分がきわめて重要なのであって、まさにコンプライアンスの真髄は、「等」の部分にあると考えている。

というのも、法令を遵守するのはいわば当たり前なのであって、法令に入らないその他の規律を守ることにこそ、コンプライアンスの意味がある。

では、この「等」には何が含まれるのか。それは、倫理（道徳）、条理（常識）、宗教的戒律などである。

倫理については、昨今「企業倫理」という言葉をよく耳にするようになり、ビジネスの世界において定着しているし、条理に反する企業活動が行われれば、広く世間から非難されるのは、それこそ常識的にわかるであろう。日本ではさほど気にする場面は少ないが、たとえば欧米においてはカソリックの教義や価値観に沿うよう活動し、そうすると信者の人々から高い評価を受けやすいなど企業側にメリットがある。

3に紹介したラブキャナル事件、そしてそれを受けて立法化された**4**で述べたスーパーファンド法をみれば、有害物質が投棄された時点では法令に違反してはいなかったが、その後に汚染をもたらした関係者に広く責任を問うことを住民、行政、議会が望みこれを認めた一連の流れからもわかるように、法令のみを守りこれに違反しなかったとしても事業者の責任を問われることがありうることについては無関心ではいられない。

さらに、日本においてはまた別の面からコンプライアンスが問われることもある。それは、企業の不祥事の会見等でよく聞く「悪いことだと思ってはいたが、違法ではない」というセリフに内包される問題である。この言い方は、「違法でないのだから法的責任はない。よって弊社が謝罪や賠償をするつもりはない」という意味に受け取られやすい。語弊を恐れず平易にいえば「違法でないから悪くない」というニュアンスを感じ取ってしまう表現でもある。そうすると騒ぎは大きくなる一方で、反省していない事業者、倫理観のない経営者、という評価を受けてしまい、経営に大きなダメージを受けることになりかねない。

日本人の価値観をみていると、倫理的で常識的な活動をしている企業が仮に軽微な法令違反事件を起こしたときには、「すべての法令を知り守るのは大変だから、こういうこともあるだろう」と寛大に受け止めるが、通常より非倫理的・非常識的な活動をしているとみられる事業者が不祥事を起こしたときは、「違法ではない」と会社側がコメントしても「法を守ればいいというのではなく、真っ当な活動をすべきだ」との叱責をせずにはいられない風潮があるように思われる。

つまり、法令に沿ってビジネスを行うのみならず、倫理や条理に適った活動をすることが求められており、これに反した場合には社会的な制裁がなされやすい風潮があることに、事業者は大いに留意すべきである。

次に、企業の社会的責任（CSR）は、どのように考えるべきであろうか。

CSRをどのように定義付けるか、これには多くの見解があるところであるが、この章では、事業者が活動を行ううえで自らの業種・業態に関係した社会問題や環境問題に取り組む責務、と大きくとらえておきたい。

責務という語を使うと負担感が強調されるが、CSRは決して事業者に負担を強いるばかりの活動ではなく、以下のようなメリットもあるとされる[5)]。

CSRのメリット
1. 市場における競争優位を獲得できる　ex.環境に優しい製品など
2. 労働者を惹きつける　ex.環境問題を改善している会社に勤務している満足感
3. 企業の環境リスクの軽減　ex.ボイコットや不買運動の防止など
4. 国や自治体による環境規制の策定過程に影響を及ぼすことによって競争の優位性を獲得する

特に4のメリットは、本章の標題に関わるもので重要である。環境規制の策定に影響を及ぼすまでにはいかなくとも、行政や議会の目にCSR活動に取り組んでいる事業者と映ることは肝要である。

行政からすると、住民から苦情の出ないリサイクル事業者・環境事業者というのは、いわばありがたい存在である。行政の職員は、住民から事業者に対するクレームや要望を受けることが多く、これに対応していかなければならないことからすると、住民や従業員から問題点が指摘されない事業者というのは好評価であるし信頼もしやすい存在ということになる。

5）馬奈木俊介＝豊澄智己『環境ビジネスと政策』（昭和堂、2012年）6～8頁。

コンプライアンスやCSRは、遵守しなければならないもの、果たしていかなければならないもの、という受動的で義務的なとらえ方ではなく、事業者の良好なイメージを形成し、住民や行政から信頼され親近感をもたれるよう、戦略的に実践していくことに主眼が置かれるようになってきている。

6　行政の理解を得る

要綱というものがある。法律や条例に拠るものではなく、行政がつくる内部規定である。法律や条例でないことから、国会や地方議会が制定するものではなく、行政が自らつくることができ、これをもとに行政指導が行われることもある。

また、地域環境の改善のために、寄付というかたちで一定額の負担金の支出を求めたり、地元同意書の提出を求める要綱もある[6)]。

要綱は、事業者や住民を法的に縛ることはできないが、それでも行政がつくった決まりなのだから、これには従おうという意識が働きやすい。そこで、つい行政も要綱頼りとなってしまいがちだ。

しかし、このような要綱にもよい点はある。それは地域の実情に合わせた柔軟な対応ができることや、事業者からすると要綱に従っておけば経営上の問題を回避できる面もある点である。

先ほどの例示にあった地元同意書の提出を求めるケースは、その最たるものといえよう。生活環境の悪化を心配する住民が行政に対応策を求めるのはおよそ想定され、住民と事業者の間でトラブルとなることを未然に防ぐためには、事前に地元住民らに対して説明会を開き、また個別に対応して事業への理解を求めるなどして地元からの同意を得ておくことは、操業後のスムーズな事業運営上必要である。

この場合、地元同意書の提出は法令上の義務ではないものの、行政が要綱によって定めていることから、事業者としては「行政からの指導もあり、このように地元の皆さんの理解を得たうえで事業所を開設したく思っています」とい

6)　北村喜宣『自治体環境行政法〔第7版〕』(第一法規、2015年) 48頁。

う姿勢を伝えることができる。

要綱を守るというのは、なんとなく行政の下手に出たようなイメージがなくもない。しかしながら、要綱に従えば、事業者が行政や住民との間で起こりうるトラブルを相当程度未然に防ぐ効果があると考えれば、このメリットは享受しておくのが、実際的で実務的な対応ともいえよう。もちろん、度を越した要綱が存在する場合には、その改善を求めるといった対応をとるべきことはありうる。

要綱行政もまた、コンプライアンスやCSRと同じで、事業者側が戦略的に用いるべきものだといえるのである。

7　住民の信頼を得る

リサイクルビジネスとその周辺環境とは、切っても切り離せない関係にある以上、地元住民の理解を得ながら事業を展開していかなければならないのは、この業種における一種の宿命である。

環境問題は、周辺住民の声として姿を現してくることが多く、ひとたび対応を間違えれば、住民側は事業者のなすことひとつひとつに疑心暗鬼となり、問題の収集がつかなくなるのはこれまでのリサイクルビジネスに関する報道等で知られているとおりだ。

多くの他業種の場合、ビジネスの取引先や仕入先など、相手方になる範囲や層は想定しやすいものであるし、基本的には彼らに対して気を配っていればよい。だが、環境に関する事業は顧客のみならず事業所近辺に住む人々に対して、事業の開始前から操業中に至るまで気を配る必要がある。既述のとおり、スムーズな事業運営には住民の理解が必要とされるからである。

リサイクルビジネスに関係する法令を遵守し、それに関係する行政手続をなしつつ、顧客との対応や従業員の労働管理といったものはまさに「実務」であるが、環境事業者にとってもうひとつの重要な「実務」が「住民との信頼関係の構築・維持」である。その方法についての一例は、後の**10**でみてみよう。

8　経団連地球環境憲章

コンプライアンスやCSRは社会からの要請という受身的な側面があるが、企業憲章（環境憲章）の策定は、事業者としての能動性や積極性を外部に示すことのできる取組みである。

事業者の環境への真摯な取組みや姿勢は、成文化して公表することにより、社内的には活動指針となり、社外的には事業者自身をよりよく知ってもらう方策の一つとなる。

憲章を定めるのは諸外国では早くからみられた動向であったが、一般社団法人日本経済団体連合会（経団連）が、1991年4月に「経団連地球環境憲章」を発表したのを契機として、国内企業にも企業環境憲章を作成するところが出てきた[7)]。全文は本章末の資料を参照されたく、ここでは基本理念の紹介に留める。

経団連地球環境憲章　基本理念

企業の存在は、それ自体が地域社会はもちろん、地球環境そのものと深く絡み合っている。その活動は、人間性の尊厳を維持し、全地球的規模で環境保全が達成される未来社会を実現することにつながるものでなければならない。

われわれは、環境問題に対して社会の構成員すべてが連携し、地球的規模で持続的発展が可能な社会、企業と地域住民・消費者とが相互信頼のもとに共生する社会、環境保全を図りながら自由で活力ある企業活動が展開される社会の実現を目指す。企業も、世界の「良き企業市民」たることを旨とし、また環境問題への取り組みが自らの存在と活動に必須の要件であることを認識する。

これを参考に、まずは「基本理念」から策定してみるのもよいであろう。社内にも社外にも、自社がどのような理念をもってリサイクルビジネス（環境ビジネス）にあたっているかを示すことは、顧客、関係先、行政、そして広く一般からみて、その企業の倫理性や先見性、企業努力というものを知ることのできる貴重な情報となる。

知ってもらうこと、どのような企業か理解してもらうこと。これは、相互に

7)　勝田悟『環境責任 CSRの取り組みと視点』（中央経済社、2016年）80頁。

良好な関係を築くための基礎となろう。

9　環境政策

本章の主眼は、環境事業者に対して行政はどのような点を気にかけているか、を述べるところにある。そして、行政は常に地域住民の動向や意向にかなりの注意を払っており、事業者と住民が衝突しないよう調整をとるのが最たる仕事だと言ってもいいほどである。

では、そのほかに行政はどのような環境行政を行い、それはどのような思考や決定に基づくものであろうか。行政内部の手法を知ることもまた、行政との付き合いが途切れることのない環境事業者にとっては必須である。

環境問題を解決していくために必要な対処をしていく方針・方策のことを「環境政策」と呼び、この中に、事業者に対する行政の関わり方も入ってくる。

また、これを論ずるのが「環境政策論[8]」である。環境に携わる者として触れておくことは大変に有意義だと思えるため、この分野の講演や講義を聴き、また書籍を読むなどして環境政策論に親しめば、中長期的な視点から環境事業の経営を考えることもしやすくなると思われる。

10　まちづくりへの参加　～受け入れられる事業者であるために～

リサイクルビジネスは環境ビジネスであることから、住民に配慮した事業運営が求められる。また、行政は事業者と住民の間に問題が起きず、相互に信頼関係が構築され、これが維持されていくことを強く望んでいる。

では、どのようにすれば住民との間に信頼関係が築けるのだろうか。

もちろん、本章で触れたコンプライアンスの実践、CSRへの取組み、環境憲章の策定なども有用な手立てではある。それに加え、効果的なのはやはり直接住民と触れ合い、交流できる機会をもつことだ。

---

8)　倉阪秀史『環境政策論〔第3版〕』(信山社、2014年)。

筆者の関与先であるリサイクル事業者の例を示すと、季節行事の開催がある。事業所敷地内に設置された破砕装置の駆動音や、頻繁に出入りする車両による交通上の懸念に対して、時折地域住民から苦情が出ていた。迷惑をかけてすみませんと社長自ら家々を回り、可能な限りの改善策を講じてはいたものの、しばらくするとやはり同種の苦情がやってくる。その繰り返しであった。

そこで、お詫びのときと報告のときだけ住民と顔を合わせるのではなく、定期的に交流してみてはどうだろうか。ただ、目的もなく交流はしにくいものなので、季節の行事を事業所で行い、そこに周辺の住民を招いてみてはどうか、と提案した。

以降、その会社では正月の餅つき大会と夏祭りの開催が恒例行事となった。いずれの催しもこどもたちに人気を博したため、家族連れで事業所を訪れる人が多く、世話役を務める企業の従業員と招かれた住民らが自然と話せる状況が生まれ、そのうちに住民の方が行事の手伝いを申し出てくれるまでになり、年に二度の開催を地域が待ち遠しく思ってくれるまでになった。

互いの顔が見え、話もしやすい雰囲気が醸成されると、苦情も次第に減りいまでは滅多にない状況である。

こうした人間付き合いが、リサイクルビジネスを行ううえでの潤滑油となり、日頃の業務と同様の重要性をもちうる。こうした交渉リスクの低下につながる活動もまた、まさにリサイクルビジネスの「実務」の一環であると強く思うところである。

経団連地球環境憲章

1991年4月23日
社団法人　経済団体連合会

前文

わが国は、高度経済成長期に経験した公害問題と2次にわたる石油危機を貴重な教訓として積極的な努力を重ね、今日、産業公害の防止や安全衛生、産業部門の省エネルギー、省資源の面で世界最先端の技術・システム体系を構築するに至っている。

しかし、今日の環境問題は産業公害の防止対策のみでは十分な解決は望めない。都市における廃棄物処理問題や生活排水による水質汚濁問題を取り上げてみても、都市構造や交通体系等を幅広く見直し、生活基盤の整備や国民意識の変革など、社会全体での本格的な取り組みが求められている。

一方、温暖化問題や熱帯林の減少、砂漠化、酸性雨、海洋汚染など、いわゆる地球的規模の環境問題が国際的な課題となっている。とくに地球温暖化は、その対策が国民生活や経済活動のあらゆる局面にかかわる問題であるだけに、総合的な対策、とりわけ技術によるブレークスルーが必要であり、また一国のみの対策では解決が困難な課題である。

われわれは、大量消費文化に裏付けられた「豊かさ」の追求がもたらす諸問題を見直し、地球上に存在する貧困と人口問題を解決し、世界的規模で持続的発展を可能とする健全な環境を次代に引き継いでいかなければならない。そのためには、各国政府、企業、国民が自らの役割を認識するとともに、国際協力を通じて人類の福祉の向上と地球的規模での環境保全に努めなければならない。

わが国は自国のみの環境保全の達成に満足することなく、産業界、学界、官界挙げて環境保全、省エネルギー、省資源の分野において革新的な技術開発に努めるとともに、環境保全と経済発展を両立させた経験を踏まえ、国際的な環境対策にも積極的に参加することが求められている。地球温暖化問題についても、国際協力を通じて科学的な究明の努力を継続することはもちろん、可能な対策から直ちに実行に移していかなければならない。

環境問題の解決に真剣に取り組むことは、企業が社会からの信頼と共感を得、消費者や社会との新たな共生関係を築くことを意味し、わが国経済の健全な発展を促すことにもなろう。経団連は、このような認識に基づき、各会員に対して、行政、消費者はじめ社会各層との対話と相互理解・協力の下に、以下の理念と指針に基づく行動をとることを強く期待する。

基本理念

企業の存在は、それ自体が地域社会はもちろん、地球環境そのものと深く絡み合っている。その活動は、人間性の尊厳を維持し、全地球的規模で環境保全が達成される未来社会を実現することにつながるものでなければならない。

われわれは、環境問題に対して社会の構成員すべてが連携し、地球的規模で持続的発展が可能な社会、企業と地域住民・消費者とが相互信頼のもとに共生する社会、環境保全を図りながら自由で活力ある企業活動が展開される社会の実現を目指す。企業も、世界の「良き企業市民」たることを旨とし、また環境問題への取り組みが自らの存在と活動に必須の要件であることを認識する。

行動指針

持続的発展の可能な環境保全型社会の実現に向かう新たな経済社会システムの構築に資するため、以下により事業活動を営むものとする。

1. 環境問題に関する経営方針

すべての事業活動において、⑴全地球的な環境の保全と地域生活環境の向上、⑵生態系および資源保護への配慮、⑶製品の環境保全性の確保、⑷従業員および市民の健康と安全の確保、に努める。

2. 社内体制

⑴ 環境問題を担当する役員の任命、環境問題を担当する組織の設置等により、社内体制を整備する。

⑵ 自社の活動に関する環境関連規定を策定し、これを遵守する。なお、社内規定においては、環境負荷要因の削減等に関する目標を示すことが望ま

しい。また、自社の環境関連規定等の遵守状況について、少なくとも年1回以上の内部監査を行う。

3. 環境影響への配慮

⑴　生産施設の立地をはじめとする事業活動の全段階において、環境への影響を科学的な方法により評価し、必要な対応策を実施する。

⑵　製品等の研究開発、設計段階において、当該製品等の生産、流通、適正使用、廃棄の各段階での環境負荷をできる限り低減するよう配慮する。

⑶　国、地方自治体等の環境規制を遵守するにとどまらず、必要に応じて自主基準を策定して環境保全に努める。

⑷　生産関連資材等の購入において、環境保全性、資源保護、再生産性等に優れた資材等の購入に努める。

⑸　生産活動等において、エネルギー効率に優れ、環境保全性等に優れた技術を採用する。また、リサイクル等により資源の有効利用と廃棄物の減少を図るとともに、環境汚染物質の適正な管理、廃棄物の処理を行う。

4. 技術開発等

地球環境問題解決のために、省エネルギー、省資源環境保全を同時に達成することを可能とする革新的な技術と製品・サービスを開発し、社会に提供するよう努める。

5. 技術移転

⑴　環境対策技術、省エネルギー・省資源技術、ノウハウ等について、国内外を問わず、適切な手段により積極的に移転する。

⑵　政府開発援助の実施に当っても、環境・公害対策に配慮しつつ参加する。

6. 緊急時対応

⑴　万一、事業活動上の事故および製品の不具合等による環境保全上の問題が生じた場合には、広く関係者等に十分説明するとともに、環境負荷を最小化するよう、必要な技術、人材、資機材等を投入して適切なる措置を講ずる。

⑵　自社の責によらず大規模な災害、環境破壊が生じた場合にあっても、技

術等を提供する等により積極的に対応する。

7. 広報・啓蒙活動

⑴ 事業活動上の環境保全、生態系の維持、安全衛生措置について、積極的に広報・啓蒙活動を行う。

⑵ 公害を防止し、省エネルギー・省資源を達成するため、日常のきめ細かい管理が重要なことにつき、従業員の理解を求める。

⑶ 製品の利用者に対して、適正な使用や再資源化、廃棄方法に関する情報を提供する。

8. 社会との共生

⑴ 地域環境の保全等の活動に対し、地域社会の一員として積極的に参画するとともに、従業員の自主的な参加を支援する。

⑵ 事業活動上の諸問題について社会各層との対話を促進し、相互理解と協力関係の強化に努める。

9. 海外事業展開

海外事業の展開に当っては、経団連「地球環境問題に対する基本的見解」（平成2年4月作成）に指摘した10の環境配慮事項を遵守する（別添参照）。

10. 環境政策への貢献

⑴ 行政当局、国際機関等における環境政策の手段・方法が合理的かつ効果的なものとなるよう、事業活動において得られた諸情報の提供に努めるとともに、行政との対話に積極的に参加する。

⑵ 行政当局、国際機関等における環境政策の立案や消費者のライフスタイルのあり方について、事業活動上の経験をもとに合理的なシステムを積極的に提言する。

11. 地球温暖化等への対応

⑴ 地球温暖化問題等について、その原因、影響等に関する科学的研究、各種対応策の経済分析等に協力する。

⑵ 地球温暖化問題など科学的になお未解明な環境問題についても、省エネルギーや省資源の面で有効かつ合理性のある対策については、これを積極的に推進する。

⑶ 途上国の貧困と人口問題の解決等を含め、国際的な環境対策に民間部門

の役割が求められる分野で積極的に参加する。

以　上

(別添)

海外進出に際しての環境配慮事項

策定趣旨

経団連をはじめとする関係経済団体は、わが国企業が1960年代後半から発展途上国に対する海外投資を中心に海外投資活動を多面的に展開することになったことを踏まえて、1973年に受入国に歓迎される投資と長期的観点からの企業の発展と受入国の開発・発展が両立することを目指して「発展途上国における投資行動の指針」を策定した。しかし、その後わが国企業の海外投資が先進国でも多様に展開されるようになったのを背景に、1987年に「海外投資行動指針」を策定した。しかし、この両指針とも環境配慮については、わずかに投資先国社会との協調、融和のために「投資先国の生活・自然環境の保全に十分に努めること」という一行を設けたにすぎない。

しかし、昨今の日本企業の国際的展開および発展途上国の経済開発に伴う公害問題の発生などに鑑みると、上記一項目をさらに具体的にブレークダウンして、進出企業の参考に供することが必要になってきた。

もとより、途上国に進出する場合、(1)途上国政府の政策的な面もあり現地企業との提携・合弁会社となる場合が多く、経営の主体が現地途上国企業側にあり、環境保全への投資より生産設備への投資が優先される、(2)環境規制値はあるものの技術面、監視組織面で管理が十分でない場合がある、(3)事前に進出国の環境状況関連情報を入手して対策を講じる必要があっても、基礎的データの不備や入手の困難性等、日本企業だけで解決出来ない問題も多い。しかし、こうした問題はあるものの進出先国の環境保全に万全の策を講じることは、進出企業の良き企業市民としての責務であり、各企業がこの配慮事項を参考にして具体的方針等を策定することを期待する。

10の環境配慮事項

1. 環境保全に対する積極的な姿勢の明示

進出先社会における良き企業市民という観点から、環境保全について最新の知見と適切な技術により積極的に対応する旨を明示するとともに、環境保全の重要性について提携先等進出先国関係者にも十分に理解が得られるように努めること。

2. 進出先国の環境基準等の遵守とさらなる環境保全努力

大気、水質、廃棄物等の環境対策においては、最低限進出先国の環境基準・目標等を遵守することは当然であるが、進出先国の基準がわが国よりゆるやかな場合、あるいは基準がない場合には進出先国の自然社会環境を勘案し、わが国の法令や対策実態をも考慮し、進出先国関係者とも協議の上で進出先国の地域の状況に応じて、適切な環境保全に努めること。なお、有害物質の管理については日本国内並の基準を適用すべきである。

3. 環境アセスメントと事後評価のフィードバック

企業進出に当たっては、環境アセスメントを十分に行って、適切な対応策を講ずるとともに、企業活動開始後においても活動実績とデータ等の蓄積を踏まえて、必要に応じて環境状況の事後評価を行い、対応策に万全を期す。

4. 環境関連技術・ノウハウの移転促進

わが国の進んだ環境管理、測定及び分析などに係わる技術・ノウハウを進出先に移転することが、進出先国のみならず地球的規模での環境保全に貢献するとの認識のもとで、進出先国の関係者と相談し、その技術・ノウハウの移転促進・定着化に出来うる限り協力するよう努めること。

5. 環境管理体制の整備

わが国企業の環境配慮に対する積極的姿勢を示し、環境管理を適切に行うために、環境管理の担当セクションおよび責任者をおき、環境管理に対する責任の明確化等により環境管理体制の整備を行うとともに、環境管理に関する人材育成に努めること。

6. 情報の提供

進出先社会との摩擦を避け、協調融和を図るためには、進出先の従業員、住民、地域社会との日頃からの交流が重要であり、環境対策に関しても適切な形で情報を流すなどして、常日頃から理解を得るように努めること。

7. 環境問題をめぐるトラブルへの適切な対応

トラブルが発生した場合には、進出先国関係者の協力を得て、社会・文化的摩擦になる前に科学的合理的な議論の場で対応出来るように努めること。

8. 科学的・合理的な環境対策に資する諸活動への協力

進出先国の環境保全対策推進の上で、科学的かつ合理的な環境対策に資する諸活動には出来うる限り協力するように努めること。

9. 環境配慮に対する企業広報の推進

海外におけるわが国企業活動の実態が、内外において十分に理解されていない現状に鑑み、企業はデータ等を示すなどして環境配慮に関する諸活動を積極的に広報し、情報不足や誤解に基づく非難は避けるように努めること。

10. 環境配慮の取組みに対する本社の理解と支援体制の整備

日本の本社等は海外における企業の環境配慮に対する取組みの重要性を理解し、必要に応じて技術・情報・専門家等の提供・派遣により支援するよう社内体制等の整備に努めること。

以　上

■執筆者一覧■

＊代表編者

小賀野　晶一（おがの　しょういち）

中央大学法学部教授

主な著書・論文：小賀野晶一『基本講義　民法総則・民法概論（成文堂・2019、）、小賀野晶一『基本講義　環境問題・環境法』（成文堂・2019）、小賀野晶一『民法と成年後見法――人間の尊厳を求めて』（成文堂・2019）、小賀野晶一＝松嶋隆弘編『民法（債権法）改正の概要と要件事実』（三協法規出版・2017）

執筆担当：第1編第1章❶

＊編　者

松嶋　隆弘（まつしま　たかひろ）

日本大学教授（総合科学研究所）・弁護士（みなと共和法律事務所）

主な著書・論文：松嶋隆弘編『会社法講義30講』（中央経済社・2015）、上田純子＝松嶋隆弘編『会社非訟事件の実務』（三協法規出版・2017）、小賀野晶一＝松嶋隆弘編『民法（債権法）改正の概要と要件事実』（三協法規出版・2017）

執筆担当：第1編第1章❷・第1編第3章❷

野村　創（のむら　はじめ）

弁護士（野村総合法律事務所）

執筆担当：第2編第4章

常住　豊（つねずみ　ゆたか）

行政書士・税理士（行政書士・税理士　常住事務所）、東京都行政書士会会長、日本行政書士会連合会会長

執筆担当：第2編コラム

伊藤　浩（いとう　ひろし）
　行政書士（伊藤浩行政書士事務所））、東京行政書士会人権擁護推進委員会委員長、日本行政書士会連合会行政書士制度調査室委員、東京行政書士協同組合　副理事長、一般社団法人　日本不動産仲裁機構　専務理事
主要著書・論文：許認可等申請マニュアル（加除式）（共編著）（新日本法規出版・2018年）、いま知って欲しい　養子縁組のはなし（共著）（日本法令・2014年）、ペット業　開業・営業ガイド（共著）（角川学芸出版・2005年）、あなたのペットトラブル解決します（共著）（角川学芸出版・2005年）
執筆担当：第2編第3章・第2編コラム

＊執筆者（五十音順）

伊藤　秀明（いとう　ひであき）
　元自治体職員
執筆担当：第1編コラム

井上　雅弘（いのうえ　まさひろ）
　弁護士（銀座誠和法律事務所）
主な著書・論文：最新取締役の実務マニュアル（共著）（新日本法規・2007年、民法（債権法）改正の概要と要件事実（共著）（三協法規出版・2017年）、認知症と民法＜公私で支える高齢者の地域生活＞（共著）（勁草書房・2019年）
執筆担当：第1編第4章❸

大久保　拓也（おおくぼ　たくや）
　日本大学法学部教授
主な著書・論文：上田純子＝松嶋隆弘編『会社非訟事件の実務』（三協法規出版株式会社、平成29年）（共著）、山川一陽＝松嶋隆弘編著『相続法改正のポイントと実務への影響』（日本加除出版株式会社、平成３０年）（共著）
執筆担当：第1編第5章

帷子翔太（かたくら　しょうた）
　日本大学大学院法務研究科助教　弁護士（ルーチェ法律事務所）

執筆担当：第1編第3章❸

金澤　大祐（かなざわ　だいすけ）

　弁護士、日本大学商学部専任講師

主な著書・論文：会社非訟事件の実務（共著）（三協法規出版・2017年）、「取締役の第三者に対する責任と役員責任査定制度の交錯」（日本大学法科大学院法務研究15号・2018年）大学グローバル

執筆担当：第1編第3章❶

金井　憲一郎（かない　けんいちろう）

　中央大学商学部兼任講師

主な著書・論文：「石牟礼道子と環境法：環境法本質論との関りを中心として」（多摩大学グローバルスタディズ学部紀要第11号・2019年）、「成年後見制度利用促進基本計画の概要とその若干の考察」（多摩大学グローバルスタディズ学部紀要第10号・2018年）

執筆担当：第2編第5章❷

亀井　隆太（かめい　りゅうた）

　横浜商科大学商学部准教授

主な著書・論文：民法（債権法）改正の概要と要件事実（共著）（三協法規出版・2017年）、認知症と民法＜公私で支える高齢者の地域生活＞（共著）（勁草書房・2019年）

執筆担当：第2編第5章❶

徳永　浩（とくなが　ひろし）

　特定行政書士（行政書士　徳永法務事務所）、佐賀県行政書士副会長

主な著書・論文：条解　行政書士法（ぎょうせい・2017年）、特定行政書士業務ガイドライン（共著）（日本行政書士会連合会・2019年）

執筆担当：第2編第5章

中川裕貴子

弁護士（小田原三の丸法律事務所）

主な著書・論文：民法（債権法）改正の概要と要件事実（共著）（三協法規出版・2017年）

執筆担当：第１編第４章❺

中込　一洋（なかごみ　かずひろ）

弁護士（司総合法律事務所）

主な著書・論文：逆転の交渉術（幻冬舎、平成25年9月）、民法（債権法）改正の概要と要件事実（共著）（三協法規出版・2017年）、Before/After民法改正（共編著）（弘文堂・2017月）

執筆担当：第１編第４章❼

野村　摂雄（のむら　せつお）

公益財団法人日本海事センター　主任研究員、・明治学院大学法学部　非常勤講師

主な著書・論文：Q&A　企業法務における損害賠償の実務（共著）（ぎょうせい、2008年）、演習ノート環境法（共著）（法学書院、2010年）、環境法のフロンティア（共著）（成文堂、2015年）、「外航海運に対する環境規制の最近の動向」環境管理第51巻第2号（産業環境管理協会、2015年）、「米国の地球温暖化対策の動向」環境法研究41号（有斐閣、2016年）、ほか多数。

執筆担当：第１編第４章❻

平沼　大輔（ひらぬま　だいすけ）

弁護士（平沼高明法律事務所）

主な著書・論文：認知症と民法＜公私で支える高齢者の地域生活＞（共著）（勁草書房・2019年）、事例にみる弁護過誤（共著）（第一法規・2014年）、論点体系　保険法１（共著）（第一法規・2014年）

執筆担当：第１編第２章❷・❸

平沼　直人（ひらぬま　なおと）

弁護士（平沼高明法律事務所）、昭和大学医学部客員教授

主な著書・論文：「ガイドブック　食の安全――知識と法律」（法学書院・2008年）、「株主総会における大地震・新型インフルエンザ等の異常事態に関する法律実務」（日本大学法科大学院法務研究7号・2011年）

執筆担当：第1編第2章❶

平林　真一（ひらばやし　しんいち）

弁護士（弁護士法人　FLAT）

執筆担当：第1編第4章❷

谷田部　智敬（やたべ　としひろ）

行政書士（やたべ行政書士事務所・代表）

主な著書・論文：許認可等申請マニュアル（共著）（新日本法規　2018年）、執筆担当：第2編第2章

山口　祐輔（やまぐち　ゆうすけ）

弁護士（松本・山下綜合法律事務所）

主な著書・論文：慰謝料算定の実務（第2版）（共著）（ぎょうせい・2013年）、民法（債権法）改正の概要と要件事実（共著）（三協法規出版・2017年）

執筆担当：第1編第4章❹

渡邉　兼也（わたなべ　けんや）

弁護士（隼綜合法律事務所）

執筆担当：第2編第1章

渡部　朗子（わたべ　さやこ）

高岡法科大学講師

主な著書・論文：身上監護の成年後見法理（信山社・2015年）、「大原原発差止訴訟控訴審判決――人格権侵害の具体的危険性の判断基準」（税務事例52巻3号）

執筆担当：第1編第4章❶

リサイクルの法と実例

令和元年 9 月 20 日　印刷　　　定価本体 4,000 円（税別）
令和元年 10 月 10 日　発行

代表編者　小賀野　晶一

発行者　野村　哲彦
発行所　三協法規出版株式会社
〒 502-8082　岐阜市岐阜市矢島町 1-61
TEL　058-215-6370（代表）
FAX 058-215-6377
URL　http://www.sankyohoki.co.jp/
E-mail　info@sankyohoki.co.jp
企画・製作　有限会社　木精舎
〒 112-0002　東京都文京区小石川 2-23-12-501
印刷・製本　萩原印刷株式会社

ISBN 978-4-88260-284-2 C2032